大数据应用人才能力培养新形态系列

U0733654

Hadoop

大数据开发基础与实战

微课版

千锋教育 | 策划　汪金龙 康利娟 | 主编　郝惠惠 武俊芳 杨瑜 | 副主编

人民邮电出版社

北京

图书在版编目（CIP）数据

Hadoop大数据开发基础与实战：微课版 / 汪金龙，
康利娟主编. -- 北京：人民邮电出版社，2025.6
（大数据应用人才能力培养新形态系列）
ISBN 978-7-115-64345-2

Ⅰ. ①H… Ⅱ. ①汪… ②康… Ⅲ. ①数据处理软件—
教材 Ⅳ. ①TP274

中国国家版本馆CIP数据核字(2024)第087161号

内 容 提 要

本书主要讲解了 Hadoop 大数据开发基础与实战的相关内容。全书共 11 章，主要内容包括第 1 章初识 Hadoop、第 2 章 Hadoop 集群的搭建、第 3 章分布式协调框架 ZooKeeper、第 4 章分布式文件系统 HDFS、第 5 章分布式计算框架 MapReduce、第 6 章 YARN 框架与 HA 模式、第 7 章数据仓库 Hive、第 8 章分布式存储系统 HBase、第 9 章数据同步工具 Sqoop、第 10 章 Flume、第 11 章综合项目——基于 Hadoop 的云盘设计与实现。读者通过对本书的学习，能够掌握 Hadoop 分布式计算和存储技术，并根据实际业务需求结合其他组件合理使用 Hadoop 的存储系统和计算引擎。

本书既可作为高等院校计算机类相关专业的教材，也可作为相关技术爱好者的入门用书。

◆ 主　　编　汪金龙　康利娟
　　副 主 编　郝惠惠　武俊芳　杨　瑜
　　责任编辑　李　召
　　责任印制　胡　南

◆ 人民邮电出版社出版发行　　北京市丰台区成寿寺路 11 号
　　邮编　100164　电子邮件　315@ptpress.com.cn
　　网址　https://www.ptpress.com.cn
　　固安县铭成印刷有限公司印刷

◆ 开本：787×1092　1/16
　　印张：18.75　　　　　　　　　2025 年 6 月第 1 版
　　字数：531 千字　　　　　　　 2025 年 6 月河北第 1 次印刷

定价：69.80 元

读者服务热线：(010)81055256　印装质量热线：(010)81055316
反盗版热线：(010)81055315

前 言

大数据时代，人们如何高效地处理、分析和存储海量数据已成为大数据技术领域的核心议题。近年来，作为开源的大数据处理框架，Hadoop 逐渐获得了业界的认可，并以独特的分布式存储和计算能力成为处理巨量数据的有力工具。Hadoop 生态圈包含 Hive、HBase、Sqoop 等多种强大的组件，使 Hadoop 应用更为广泛。为了满足大数据领域专业人才的培养需求，编写一本系统介绍 Hadoop 及其生态圈的教材是必要的。

本书以理论与实践相结合的方式介绍了 Hadoop 的基础知识和实战项目，详细分析和讲解了 Hadoop 相关的技术难点、使用的热点技术与新开发工具，书中案例和综合项目的设计贴合实际企业项目。通过本书的学习，读者可灵活使用 Hadoop 中的各种组件与框架，将书中的知识和技术应用到实际企业或生活中，有助于丰富读者的理论知识，提升读者的实践能力。

本书特点

1. 案例式教学，理论结合实战

（1）经典案例涵盖主要知识点

✧ 根据每章重要知识点精心挑选案例，促进隐性知识与显性知识的转化，将书中隐性的知识外显，或将显性的知识内化。

✧ 案例包含运行效果、实现思路、代码详解；案例设置结构清晰，方便教学和自学。

（2）综合项目帮助读者掌握前沿技术

✧ 引入综合项目，进行精细化讲解，厘清代码逻辑，从动手实践的角度帮助读者逐步掌握前沿技术，为高质量就业赋能。

2. 立体化配套资源，支持线上线下混合式教学

✧ 文本类：教学大纲、教学 PPT、课后习题及答案。

✧ 素材类：源码包、实战项目、相关软件安装包。

✧ 视频类：微课视频。

✧ 平台类：教师服务与交流群。

3. 全方位的读者服务，提高教学和学习效率

✧ 人邮教育社区（www.ryjiaoyu.com）。教师可通过社区搜索图书，获取本书的出版信息及相关配套资源。

◆ 锋云智慧教辅平台（www.fengyunedu.cn）。教师可登录锋云智慧教辅平台获取免费的教学和学习资源。该平台是千锋专为高校打造的智慧学习云平台，传承了千锋教育多年来在 IT 职业教育领域积累的丰富资源与经验，可为高校师生提供全方位教辅服务。教师可依托千锋先进的教学资源，重构 IT 教学模式。

◆ 教师服务与交流群（QQ 群号：777953263）。该群是人民邮电出版社和图书编者一起建立的，专门为教师提供教学服务，分享教学经验、案例资源，答疑解惑，提高教学质量。

教师服务与交流群

致谢及意见反馈

本书的编写和整理工作由北京千锋互联科技有限公司高教产品部完成，其中主要的参与人员有汪金龙、康利娟、郝惠惠、武俊芳、杨瑜、李鑫淼、柴永菲、苏雪华、邢梦华、吕春林等。除此之外，千锋教育的 500 多名学员参与了本书的试读工作，并站在初学者的角度对本书提出了许多宝贵的修改意见，在此一并表示衷心的感谢。

在本书的编写过程中，我们力求完美，但书中难免有一些不足之处，欢迎各界专家和读者朋友提出宝贵的意见。我们的联系方式：textbook@1000phone.com。

编者

2025 年 1 月

目 录

第 9 章
数据同步工具 Sqoop

第 10 章
Flume

第 11 章
综合项目——基于 Hadoop 的 云盘设计与实现

第 1 章 初识 Hadoop

学习目标

- 了解大数据，掌握大数据的定义和基本特征。
- 了解大数据技术，掌握大数据的存储与管理、分析与挖掘、展现与应用等技术。
- 熟悉 Hadoop，能够归纳 Hadoop 的优缺点、3.0 版本的新特性和核心组件。
- 熟悉 Hadoop 生态圈的框架、数据分析系统和处理流程，能够实现 Web 日志数据挖掘系统案例。

随着数字化时代的到来，人们生产和消费类的数据量不断增长，如智能工厂、社交网络、电子商务、移动设备和云计算等新兴技术应用带来了海量的数据。这些数据具备高度的商业价值和社会价值，数字资产的概念和数字资产的价值评估也悄然被社会和各行各业所接受。Hadoop 作为一种分布式计算框架，能够将数据存储在大规模集群中，然后通过分布式计算高效地处理数据。它的高可靠性、高可扩展性和高性能使越来越多的企业开始采用 Hadoop 进行大数据（Big Data）的处理。本章将对大数据、大数据技术和 Hadoop 等内容进行讲解。

1.1 大数据概述

大数据是由维克托·迈尔−舍恩伯格和肯尼斯·库克耶于 2008 年共同提出的。大数据的"大"是相对传统意义的数据而言的，这些数据信息是海量且动态变化和快速增长的。在社会领域中，大数据能够有效地帮助我们了解和解决各种社会问题，如疾病预防和控制、环境保护和能源管理等。借助大数据的采集、分析和数据可视化技术，我们可以更好地理解应用需求，为其提供更加个性化的解决方案和服务，真正做到决胜于千里之外，为生活特别是企业经营带来巨大的经济社会价值。

微课视频

1.1.1 什么是大数据

大数据是指无法在一定时间范围内用常规软件工具进行采集、管理和处理的数据集合，是需要新处理模式才能具有更强的决策力、洞察发现力和流程优化能力的信息资产，具有海量、高增长率和多样化的特点。

通俗来讲，大数据就是一套完整的"数据+业务+需求"的解决方案。大数据的战略意义不单在于拥有巨量的数据信息，更在于对这些含有意义的数据进行专业化处理，提高对数据的"加工"能力，通过"加工"实现数据的"增值"，真实做到产业价值在数据方面的价值延伸。

1.1.2 大数据的特征

通常情况下，大数据具有 3 个典型特征，分别是 Volume（海量性）、Velocity（高速性）、Variety（多样性），即 3V。在新一代信息技术发展和产业升级的过程中，大数据又新增了 2 个特征：价值性（Value）和真实性（Veracity）。大数据的 5V 特征如图 1-1 所示。

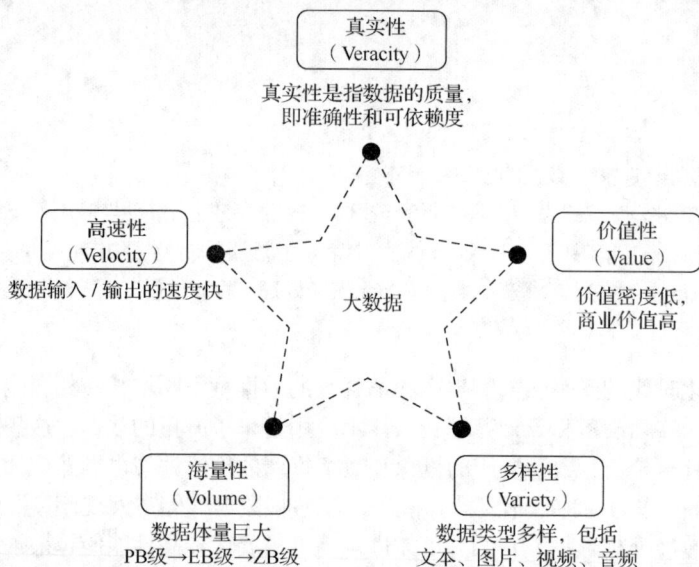

图 1-1　大数据的 5V 特征

图 1-1 中，大数据的 5V 特征的解释如下所示。

1. Volume（海量性）

大数据的特征之一就是数据规模巨大。随着互联网、物联网等技术的发展，人和事物的所有轨迹都可以被记录下来，数据呈现爆发性增长，每天都有 TB、PB 甚至 ZB 级的数据量需要进行分析处理。数据相关的计量单位及其换算关系如表 1-1 所示。

表 1-1　数据相关的计量单位及其换算关系

计量单位	换算关系
Byte	1Byte = 8bit
KB	1KB = 1024Byte
MB	1MB = 1024KB
GB	1GB = 1024MB
TB	1TB = 1024GB
PB	1PB = 1024TB
EB	1EB = 1024PB
ZB	1ZB = 1024EB

2. Velocity（高速性）

数据的高速增长和处理难度是大数据的显著特征。有一个著名的"1 秒定律"，即要在秒级时间范围内给出分析结果。超出这个时间，数据就会失去价值。随着互联网、移动设备、传感器等技术的广泛应用，每秒钟产生的数据量不断攀升。以社交媒体为例，每天全球用户产生的数据量已经达到了数十亿条，这些数据需要在很短的时间内进行采集、传输、存储、分析和处理。同时，随着物联网的发展，各种传感器和设备不断产生各种数据，这些数据也要求能够及时采集和处理。

< 2 >

3．Variety（多样性）

数据类型多样是指数据的种类和来源是多样化的，数据格式包括结构化、半结构化以及非结构化等几种类型；数据不仅产生于组织内部运作的各个环节，也来自组织外部。在大数据时代，随着互联网、传感器技术、智能设备以及网络协作技术的飞速发展，组织中的数据也变得更加复杂，因为它不仅包含传统的关系型数据，还包含来自网页、互联网日志文件（包括点击流数据）、搜索索引、社交媒体论坛、电子邮件、文档、主动和被动系统的传感器数据等结构化、半结构化和非结构化数据。数据格式变得越来越多样，涵盖了文本、音频、图片、视频、模拟信号等不同的类型。

4．Value（价值性）

尽管组织内部和外部以毫秒级产生海量数据，但是能发挥其价值的仅仅是其中很小一部分，更大的价值隐藏在大数据背后。虽然大数据中具有价值的数据所占的比例较小，数据价值密度低，但是大数据真正的价值体现在从大量不相关的各类数据中挖掘出对未来趋势与模式预测分析有价值的数据，使用机器学习、人工智能或数据挖掘方法进行深度分析，给出优化策略，并运用于工业、农业、商业、金融、交通、医疗、能源等领域，以期发挥更高的价值。

5．Veracity（真实性）

数据的重要性在于对决策的支持。数据的规模大小并不能决定其能否为决策提供帮助，其真实性和质量才是获得真知和思路的重要因素，是制定成功决策较为坚实的基础。数据清理无法修正这种不确定性。然而，尽管存在不确定性，数据仍然包含宝贵的信息。我们必须承认、接受大数据的不确定性，并确定如何充分利用这一点。例如采取数据融合，即通过结合多个可靠性较低的来源创建更准确、更有用的数据点，或者使用鲁棒优化技术和模糊逻辑方法等先进的数学方法来提高其准确性和可依赖度。

1.1.3　大数据的发展趋势

随着大数据基础配套政策举措的渐次落地，数字化生产、数字化运营和数字化生活正在成为我国社会的新常态。大数据作为信息时代的核心资源，其发展趋势与前景备受关注。大数据行业的未来趋势包括：对数据安全与隐私保护的需求日渐高涨，单一大数据平台向大数据、人工智能、云计算融合的一体化平台发展，具有更大潜在价值的预测性和指导性应用将是发展的重点等。我国的大数据应用广泛存在于工业互联网、健康、智能制造、政府决策和公共服务等重点领域。

虽然大数据当前仍处于起步阶段，还面临着很多的困难与挑战，但是大数据的发展前景是非常乐观的。下面从 7 个方面进行介绍。

1．数据安全

随着应用越来越广泛，大数据已成为信息时代的核心战略资源，数据信息安全问题日益严重。《中华人民共和国数据安全法》于 2021 年 9 月 1 日起生效施行，要求强化平台的数据管理责任，明确数据安全责任人，并加强重要数据的安全评估和出境管理。因此，数据安全已经成为大数据发展中的一个关键问题。大数据安全的主要挑战之一是保护数据的机密性与完整性，避免数据滥用。为了应对这些挑战，需要制定完善的数据安全策略和措施。例如，采用加密技术对数据进行保护，制定严格的数据访问权限，建立完善的安全监控系统等。

2．AI 与大数据的融合

随着人工智能（Artificial Intelligence，AI）技术的不断发展，AI 与大数据的融合已经成为大数据应用的重要趋势。大数据可以为 AI 提供大量的数据支持，而 AI 则可以通过深度学习等技术对大

< 3 >

数据进行更加准确的分析和预测。未来，大数据和 AI 的融合将会为大数据带来更加广泛的应用，如智能制造、自动驾驶、智能家居等。

3．数据治理

随着大数据的不断增长，数据治理变得越来越重要。数据治理是指对数据进行管理和监督，确保数据的质量和可用性。数据治理的关键在于制定数据治理策略和规范，建立数据分类和标准化体系，规范数据的收集、存储、共享和使用。数据治理可以帮助企业更好地利用大数据，提高数据价值和应用效率。

4．数据分析可视化

数据分析可视化是指将数据以可视化的形式呈现，如图表、仪表盘等，以帮助人们更加清晰地理解数据。随着数据分析的不断深入，数据分析可视化也越来越受到关注。通过数据分析可视化，用户可以更加直观地了解数据，从而更加准确地做出决策。因此，在未来，数据分析可视化将成为数据分析的一个重要方向。

5．数据分析自动化

数据分析自动化是指利用人工智能、自然语言处理等技术对数据进行自动化分析和处理。自动化的数据分析可以减少人工分析的时间和成本，提高数据分析的效率和精度。未来，数据分析自动化将成为大数据应用的一个重要发展趋势，可以广泛应用于市场营销、金融、医疗等领域。

6．数据共享与开放

数据共享与开放是大数据发展的一个趋势。数据共享指的是多个组织或个人将自己的数据资源共享，从而提高数据的利用率；数据开放则是指政府、企业、机构等将其拥有的数据公开，供其他人免费或付费使用。在数据共享和开放的基础上，各个行业的数据可以实现跨界互通，促进数据的流通和应用，进而形成数据生态系统。同时，在实现数据共享和开放的过程中，数据安全和隐私是需要考虑的重要问题，需要制定合适的政策和规范，确保数据共享的合法性和安全性，保护个人和企业的数据隐私。

7．增强型分析

增强型分析是大数据发展的另一个趋势。它是在传统数据分析的基础上结合机器学习、自然语言处理、深度学习等技术，实现对数据更深层次的分析和挖掘。增强型分析可以提高数据分析的准确度和效率，发现更多的模式和趋势，为决策提供更精准的支持。增强型分析还可以实现数据分析自动化，通过人工智能技术实现数据的自动采集、清洗、分析和展示，减少人工干预，提高分析效率和精度。

1.2　大数据的应用

1．大数据在能源领域的应用

能源大数据理念是将电力、石油、燃气等能源领域数据与人口、地理、气象等其他领域数据进行综合采集、处理、分析、应用的相关技术与思想。当前，我国正处于能源低碳转型爬坡过坎的攻坚期。与发达国家相比，中国实现碳达峰、碳中和远景目标的时间更紧，幅度更大，困难更多，任务异常艰巨，需要实现全社会经济体系、能源体系、技术体系等体系的系统性低碳绿色变革。

<4>

　　大数据可以帮助能源公司更好地实时监测能源的生产和使用情况，并通过能源消耗情况及时调整生产计划和资源分配，以达到节能减排的效果，为可持续发展做出积极贡献。智慧电力科技有限公司的智慧供配电大数据云平台展示了大数据在能源领域的应用，如图 1-2 所示。

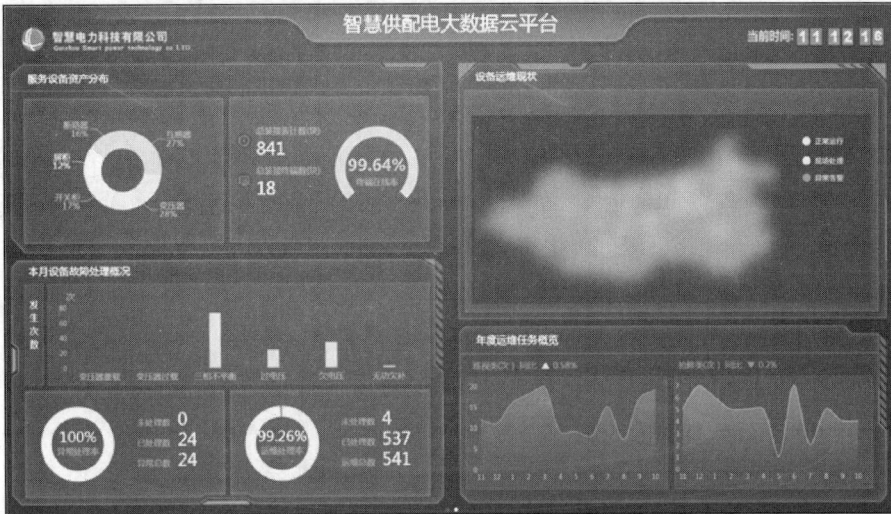

图 1-2　智慧供配电大数据云平台

2. 大数据在智慧城市领域的应用

　　智慧城市的概念现在可直接等同于数字城市，是指利用信息处理技术和网络技术完成城市基本功能的自动智能处理。城市大数据广泛存在于经济、社会各个领域和部门，是政务、行业、企业等各类数据的总和。城市大数据的异构特征显著，数据类型繁杂，数据体量大，增长速度快，处理速度和实时性需求高，且具有跨部门、跨行业流动的高变动性特征。

　　大数据技术的应用可以帮助城市管理者更好地了解城市运行状况。这些内容大多是与互联网技术、视频监控技术、传感器技术、移动互联技术、智能化处理技术等直接相关的海量数据。智慧城市建设将海量数据资源进行收集、整合、存储与分析，并使用智能感知、分布式存储、数据挖掘、实时动态可视化等大数据技术实现资源的合理配置。因此，城市大数据是实现城市智慧化的关键支撑，是推动"政通、惠民、兴业"的重要引擎。图 1-3 展示了大数据在智慧城市领域的应用。

图 1-3　大数据在智慧城市领域的应用

< 5 >

3．大数据在医疗领域的应用

医疗健康大数据是指在与人类健康相关的活动中产生的与生命健康和医疗有关的数据。根据健康活动的来源，医疗健康大数据可以分为临床大数据、健康大数据、生物大数据、运营大数据。这些数据在临床科研、公共卫生、行业治理、管理决策、惠民服务和产业发展等方面影响着整个医疗行业的变革。

医生对患者诊疗和治疗过程中产生的数据包括患者的基本数据、电子病历、诊疗数据、医学影像数据、医学管理数据、经济数据、医疗设备和仪器数据等，其以患者为中心，是医疗数据的主要来源。通过收集、整合、分析和挖掘海量医疗数据，可以为体检中心、医疗机构和患者提供更好的诊疗服务和治疗方案。医疗健康大数据的获取、转化及应用已成为各国生命经济发展的新引擎，是国家重要的基础性战略资源，是以创新推进供给侧结构性改革的重大民生工程。图 1-4 展示了大数据在医疗领域的应用。

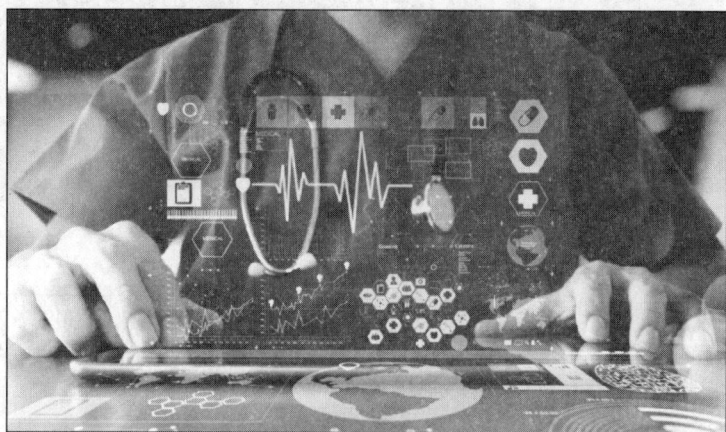

图 1-4　大数据在医疗领域的应用

1.3 大数据技术简介

大数据技术是 IT 领域的新一代技术与架构，是从各种类型的数据中快速获得有价值信息的技术。大数据本质也是数据，其关键技术依然不外乎以下四大项：大数据采集和预处理；大数据存储与管理；大数据分析和挖掘；大数据展现与应用。随着大数据等新兴技术的发展和应用，我国"十四五"规划中提出的碳达峰、碳中和、数字化转型、数字经济等一系列战略目标将获得更强的技术支撑。本节将围绕大数据存储与管理技术、大数据分析与挖掘技术以及大数据展现与应用技术进行讲解。

1．大数据存储与管理技术

在一般的大数据存储层，关系型数据库、NoSQL 数据库和分布式存储系统这三种存储方式都可能存在，业务应用可根据实际的情况选择不同的存储模式。为了提高业务存储和读取的便捷性，可将存储层封装成一套可统一访问的数据服务（Data as a Service，DaaS）。DaaS 可以实现业务应用和存储基础设施的彻底解耦，用户并不需要关心底层存储细节，只需关心数据的存取。

2．大数据分析与挖掘技术

面对不同的分析或预测需求，大数据所需要的分析挖掘算法和模型是完全不同的。大数据分析和挖掘就是从大量的、不完全的、有噪声的、模糊的、随机的实际应用数据中,提取隐含在其中的有用信息和知识的过程。大数据分析和挖掘涉及的技术方法很多,根据挖掘任务的不同可将其分为分类或预测模型发现、关联规则发现、依赖关系或依赖模型发现、异常和趋势发现等;根据挖掘方法将其分为机器学习、统计方法、神经网络等。其中,机器学习可细分为归纳学习、遗传算法等;统计方法可细分为回归分析、聚类分析、探索性分析等;神经网络可细分为前馈网络、反馈网络等。

3.大数据展现与应用技术

大数据的应用对象不仅是程序员和专业工程师。如何利用大数据技术将数据分析结果和决策建议展现给普通用户或者决策者,这就需要熟练使用数据展现的可视化技术,它是目前解释大数据的有效手段之一。利用数据可视化技术,数据结果可以可视化、图形化、智能化的形式呈现给用户,供其分析、决策使用。常见的大数据可视化技术有标签云、历史流、空间信息流等。

大数据领域采用分布式文件系统来存储数据,其中最著名的就是 Hadoop 分布式文件系统(Hadoop Distributed File System,HDFS)。HDFS 采用分布式存储和分布式处理的方法,将大数据分散存储在集群的各个节点上,并通过网络进行数据的读/写操作。

数据分析是指在大数据应用中对数据进行高效的处理和分析。大数据往往需要进行复杂的数据分析和挖掘,需要采用特定的技术和工具来实现。目前,最流行的大数据处理框架是 Apache Hadoop 和 Apache Spark。Hadoop 是一个开源框架,用于分布式处理大规模的数据集,它可以实现数据存储、数据处理和数据分析等功能。而 Spark 是一个基于内存的大数据处理框架,它比 Hadoop 处理大规模数据集的速度更快,提供的机器学习和图形计算的功能也更多。

总的来说,大数据技术是指通过各种数据源(包括结构化、半结构化和非结构化数据)的采集,通过数据集成和整合的过程,对数据进行处理和分析,以提取有价值的信息和知识。数据存储和数据分析是大数据技术的两个核心需求,而分布式文件系统和分布式处理框架是实现这两个需求的关键技术。大数据体系如图 1-5 所示。

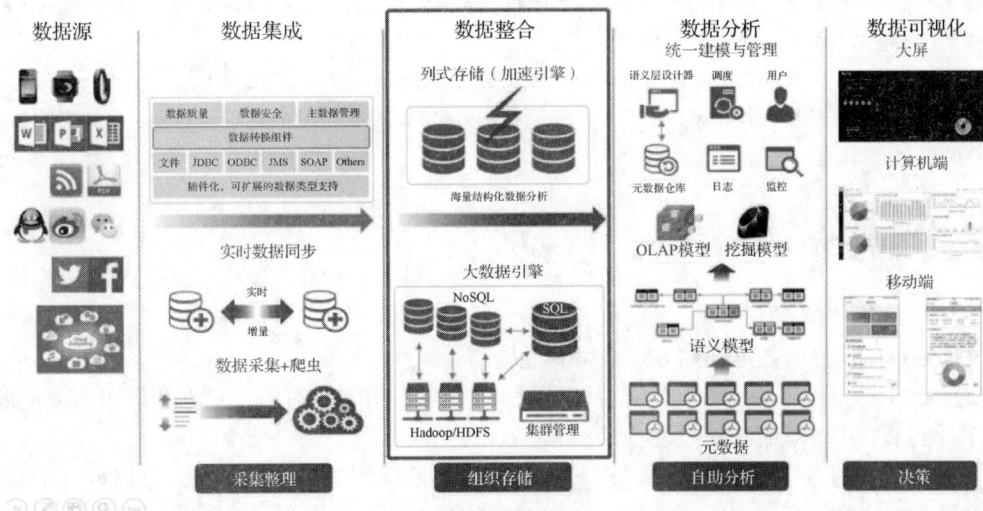

图 1-5 大数据体系

1.4 Hadoop 概述

Hadoop 是由 Apache 基金会开发的分布式系统基础架构,主要用于解决海量数

< 7 >

据的存储和分析计算问题。广义上来说，Hadoop 通常是指 Hadoop 生态圈。本节将围绕 Hadoop 的概念、优缺点、产生和发展历程、各个版本、3.0 的新特性、生态圈的相关组件、国内的就业情况和国内外的应用案例进行讲解。

1.4.1 Hadoop 简介

Hadoop 的核心组件包括分布式文件系统 HDFS、分布式计算框架 MapReduce 和资源调度器 YARN（Yet Another Resource Negotiator，另一种资源协调者），它们协同工作，实现了海量数据的分布式存储和分布式计算。HDFS 是一种高容错性的分布式文件系统，可在低成本硬件上部署，提供高吞吐量的数据存储服务；MapReduce 提供了处理和生成大规模数据集的并行计算能力，可将大规模数据集分成小的数据块并行处理，然后将结果合并；YARN 作为资源调度器，为 MapReduce 提供了硬件资源调度功能。

除此之外，Hadoop 还有一个庞大的生态圈，包括 Hive、HBase、Flume、Kafka、Sqoop、Spark、Flink 等工具和组件，它们为 Hadoop 提供了更加全面的数据处理和分析功能，使 Hadoop 成为当今比较流行的大数据处理和分析平台。

拓展阅读

分布式系统简介

分布式系统是由一组通过网络进行通信，为了完成共同的任务而协调工作的计算机节点组成的系统。由于大数据技术领域的各类技术框架基本上都是分布式系统，因此，理解 Hadoop、Storm、Spark 等技术框架都需要具备基本的分布式系统概念。

分布式软件系统简单来说就是一群独立计算机共同对外提供服务，但是对于系统的用户来说，就像是一台计算机在提供服务一样。分布式意味着可以采用更多的普通计算机（相对于昂贵的大型机而言）组成分布式集群对外提供服务。计算机越多，CPU（Central Processing Unit，中央处理器）、内存、存储资源等也就越多，能够处理的并发访问量也就越大。

在分布式系统中，计算机之间的通信和协调主要通过网络进行，所以在空间上几乎没有任何限制。这些计算机可能被放在不同的机柜上，也可能被部署在不同的机房中，还可能在不同的城市中，甚至分布在不同的国家和地区。

1.4.2 Hadoop 的优缺点

1. Hadoop 的优点

① Hadoop 采用冗余数据存储方式，可靠性较高。

② Hadoop 通过可用的计算机集群分配数据，完成存储和计算任务。这些集群可以方便地扩展到数以千计的节点中，具有高扩展性。

③ Hadoop 能够在节点之间动态地移动数据，并保证各个节点的动态平衡，处理速度非常快，具有高效性。

④ Hadoop 能够自动保存数据的多个副本，并且能够自动将失败的任务重新分配，具有高容错性。

2. Hadoop 的缺点

① Hadoop 不适用于低延迟数据访问。

② Hadoop 不能高效存储大量小文件。

③ Hadoop 不支持多用户写入并任意修改文件。

< 8 >

1.4.3 Hadoop 的产生和发展历程

Hadoop 最初起源于 Nutch。Nutch 是一个由 Java 实现的开源搜索引擎，其设计目标是构建一个大型的全网搜索引擎。这个搜索引擎具备网页抓取、索引、查询等功能，但随着抓取网页数量的增加，Nutch 遇到了严重的问题，即如何存储数十亿个网页的信息并对信息建立索引。

谷歌在 2003 年与 2004 年发表的两篇论文为以上问题提供了解决方案。论文内容主要涉及以下两个框架：①分布式文件系统——GFS（Google File System，谷歌文件系统），主要用于海量数据的存储；②分布式计算框架（MapReduce），主要用于海量数据的索引计算问题。

Nutch 的开发人员根据谷歌的 GFS 和 MapReduce，完成了开源版本的 NDFS（Nutch Distributed File System，Nutch 分布式文件系统）和 MapReduce。2006 年 2 月，Nutch 的 NDFS 和 MapReduce 发展成为独立的项目 Hadoop。

2008 年，Hadoop 成为 Apache 的顶级项目。同年，Hadoop 成为最快的 TB 级数据排序系统。自此以后，Hadoop 逐渐被企业应用于生产，其处理大数据的速度也越来越快。目前，Hadoop 已经被主流企业广泛使用。

1.4.4 Hadoop 的版本介绍

Hadoop 自诞生以来，主要出现了 Hadoop 1.0、Hadoop 2.0、Hadoop 3.0 系列的多个版本。下面对这 3 个系列进行介绍。

1. Hadoop 1.0 简介

Hadoop 1.0 的核心组件由分布式存储系统 HDFS 和分布式计算框架 MapReduce 组成，其中 HDFS 由一个 NameNode（名称节点）和多个 DataNode（数据节点）组成，MapReduce 由一个 JobTracker（作业跟踪器）和多个 TaskTracker（任务跟踪器）组成。Hadoop 1.0 的核心组件如图 1-6 所示。

2. Hadoop 2.0 简介

Hadoop 2.0 在 Hadoop 1.0 的基础上做了改进。相比 Hadoop 1.0，Hadoop 2.0 的三大核心组件分别是 HDFS、MapReduce 和 YARN，功能更加强大，具有更好的扩展性和容错性，并支持多种计算框架。Hadoop 2.0 的核心组件如图 1-7 所示。

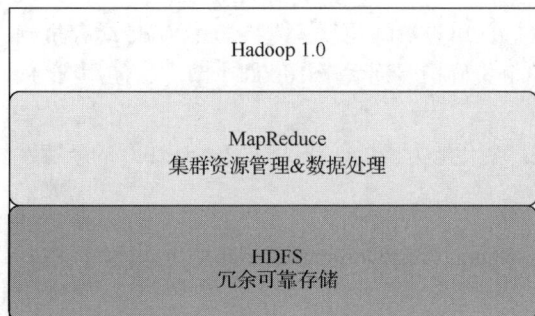

图 1-6　Hadoop 1.0 的核心组件　　图 1-7　Hadoop 2.0 的核心组件

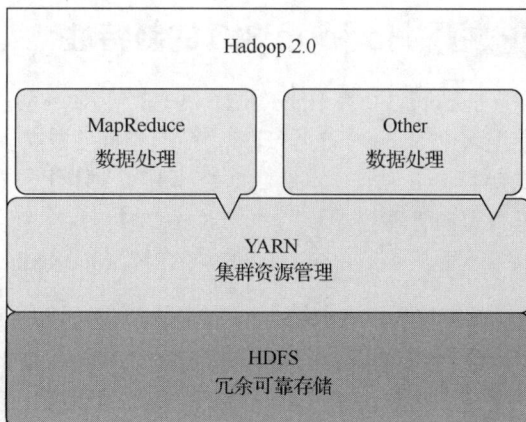

3. Hadoop 3.0 简介

Hadoop 3.0 是本书截稿前 Hadoop 的最新版本。相对于 Hadoop 2.0，Hadoop 3.0 运行时使用的 JDK

< 9 >

（Java Development Kit，Java 开发工具）版本最低为 JDK8，其为系统提供了更高的性能、更强的容错能力和更高效的数据处理能力。

Hadoop 3.0 的三大核心组件与 Hadoop 2.0 一样，也是 HDFS、MapReduce 和 YARN。Hadoop 3.0 的 6 个模块分别是 HDFS、MapReduce、YARN、Ozone、Submarine、Common，下面对这 6 个模块进行介绍。

（1）HDFS

HDFS 用于存储大规模数据集，它具有高容错性和高可靠性，并支持数据的冗余备份和高吞吐量的数据访问。

（2）MapReduce

MapReduce 是 Hadoop 的分布式计算框架，用于处理大规模数据集。MapReduce 将处理数据的整个计算过程分为 Map 任务和 Reduce 任务。Map 任务从输入的数据集中读取数据，并对读取的数据进行指定的逻辑处理；然后生成键值对形式的中间结果，并将该结果写入本地磁盘中。Reduce 的任务是读取 Map 任务输出的中间结果，然后对中间结果进行聚合处理并输出。

（3）YARN

YARN 是从 JobTracker 的资源管理功能中独立出来形成的一个用于作业调度和资源管理的框架。YARN 作为一个通用的资源管理平台，将 Container（容器）作为资源划分的最小单元，所划分的资源包括 CPU 和内存。YARN 还支持各种计算引擎，例如支持离线处理的 MapReduce、支持迭代计算和微批处理的 Spark 以及支持实时处理的 Flink。此外，它还提供了接口，以便让用户实现自定义的分布式应用。

（4）Ozone

Ozone 是 Hadoop 的对象存储层，用于存储和管理大规模的非结构化数据。它提供了高可扩展性和高性能的对象存储服务。

（5）Submarine

Submarine 是一个机器学习引擎，旨在将深度学习任务与 Hadoop 集成。它提供了对常见深度学习框架的支持，例如 TensorFlow、PyTorch 等框架，还可以在 Hadoop 集群上并行执行深度学习作业。

（6）Common

Common 提供了 Hadoop 的基础库和工具，支持 Hadoop 的其他组件。

1.4.5 Hadoop 3.0 的新特性

Hadoop 3.0 在 Hadoop 2.0 的基础上对一系列功能进行了增强，包括支持 HDFS 中的擦除编码、使用多个 NameNode 管理多个命名空间、支持 NameNode 单点故障恢复、支持 DataNode 缓存机制、支持 Native Task（本地数据处理引擎）优化、支持单个集群扩展到大于 10000 个节点、使用 YARN 进行资源管理等。

下面从 Common、HDFS、YARN、MapReduce、端口变化等方面的改进简述 Hadoop 3.0 的新特性。

1. Common 改进

① 精简 Hadoop 内核，包括剔除过期的 API（Application Programming Interface，应用程序接口）和实现，将默认组件实现替换成高效的实现。

② 重构 Shell 脚本。Hadoop 3.0 对 Hadoop 的管理脚本进行了重构，修复了大量漏洞，增加了新特性，支持动态命令等。

③ 添加 Classpath isolation，以防不同版本的 JAR（Java Archive，Java 归档文件）包冲突，如 Google Guava 在混合使用 Hadoop、HBase 和 Spark 时，很容易产生冲突。

< 10 >

2．HDFS 改进

Hadoop 3.0 改进了 HDFS 的存储架构，首先引入了命名空间和存储层次结构，提高了存储的扩展性和容错性；其次支持数据的擦除编码，使 HDFS 在不降低可靠性的前提下，节省了一半的存储空间；最后还引入了一些其他新特性，如存储策略和支持使用多个 NameNode 管理多个命名空间，提高了 HDFS 的可靠性和灵活性。

3．YARN 改进

Hadoop 3.0 引入了全新的资源调度器（称为容器调度器），它支持多级调度和资源隔离，使 Hadoop 可以更好地管理多个应用程序和多个用户之间的资源分配。

4．MapReduce 改进

Hadoop 3.0 对 MapReduce 框架进行了改进，优化了 Native Task，增加了 MapReduce 内存参数自动推断的功能，从而提高了 MapReduce 的可靠性和容错性。此外，Hadoop 3.0 引入了一个全新的任务调度器，支持容器级别的资源隔离和调度；引入了 MapReduce 任务级别的故障恢复机制，在任务失败时可以更快地重新启动和恢复。

5．Hadoop 3.0 的端口变化

Hadoop 3.0 对部分服务的默认端口进行了修改，如表 1-2 所示。

表 1-2　Hadoop 3.0 中的端口变化

分类	应用	Hadoop 2.0 的端口	Hadoop 3.0 的端口
NN Ports	NameNode	8020	9820
NN Ports	NN HTTP UI	50070	9870
NN Ports	NN HTTPS UI	50470	9871
SNN ports	SNN HTTP	50091	9869
SNN ports	SNN HTTP UI	50090	9868
DN ports	DN IPC	50020	9867
DN ports	DN	50010	9866
DN ports	DN HTTP UI	50075	9864
DN ports	NameNode	50475	9865

6．其他改进

Hadoop 3.0 的改进内容除了上面 5 个主要方面之外，还有一些其他的改进。

① Hadoop 3.0 引入了分层存储体系结构，支持多种存储介质，包括内存、SSD（Solid State Disk，固态硬盘）和磁盘。这样可以更好地利用不同类型的存储设备，提高存储和计算的效率。

② Hadoop 3.0 引入了 Erasure Coding（纠删码）支持，这是一种替代传统副本复制的数据保护机制。纠删码可以在存储数据时提供更高的存储效率，以更少的存储开销提供相同的数据可靠性。

③ Hadoop 3.0 改进了安全性能，引入了基于令牌的身份验证机制，提供了更安全的集群通信；还引入了用户和组的命名空间，简化了用户和权限管理。

④ Hadoop 3.0 改进了配置和属性管理机制，引入了一种新的配置加载和解析机制，使配置文件的管理更加简单和可靠；还引入了属性标签（Property Tags）的概念，用于对配置属性进行分类和组织。

以上是 Hadoop 3.0 中的一些主要改进和新特性。通过这些改进，Hadoop 在性能、可扩展性和可靠性方面得到了显著的提升，使其更适合处理大规模的数据处理。

< 11 >

1.4.6 Hadoop 生态圈的相关组件

除了 HDFS、MapReduce、YARN 三大核心组件之外，Hadoop 生态圈还有其他一些组件，例如 Flume、Oozie 等。Hadoop 生态圈的主要组件如图 1-8 所示。

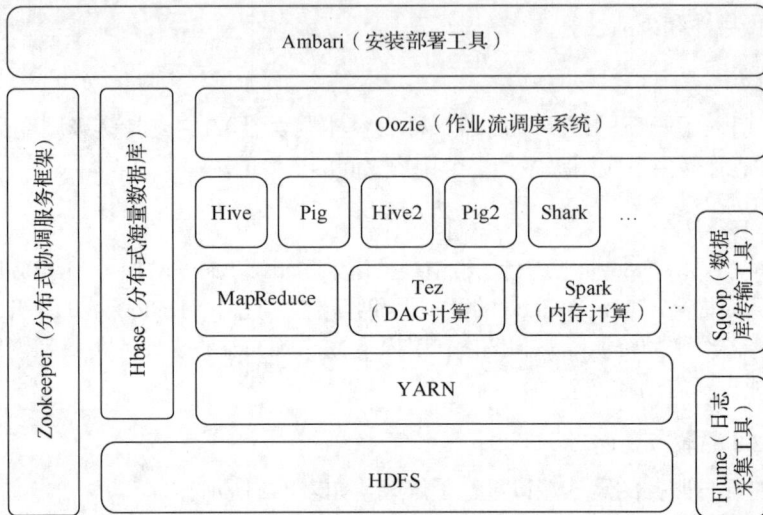

图 1-8　Hadoop 生态圈的主要组件

图 1-8 中，Hadoop 生态圈各组件的含义如表 1-3 所示。

表 1-3　Hadoop 生态圈各组件的含义

组件	含义
Zookeeper	分布式协调服务框架
Oozie	作业流调度系统
Hive	数据仓库工具
Hbase	分布式海量数据库
Flume	日记采集工具
Sqoop	数据传输工具

表 1-3 中的组件在后面的章节中会详细讲解。

1.4.7 国内 Hadoop 的就业情况分析

1．Hadoop 在国内的就业前景

① 大数据产业已纳入国家规划。

② 各大城市都在进行智慧城市项目建设，而智慧城市的根基就是大数据综合平台。

③ 互联网时代数据的种类、数量都呈现爆发式增长，各行业对数据的价值日益重视。

④ 相对于传统 JavaEE 技术领域，大数据技术领域人才稀缺。

⑤ 随着现代社会的发展，数据处理和数据挖掘的重要性只增不减。因此，大数据技术是一个尚在蓬勃发展且具有广阔前景的领域。

2．Hadoop 在国内的就业职位要求

大数据技术是个复合专业，包括应用开发、软件平台、算法、数据挖掘等，因此其就业选择是

< 12 >

多样的。就 Hadoop 而言，技术人员通常需要具备以下技能或知识。

① Hadoop 分布式集群的平台搭建。

② HDFS 的原理理解及使用。

③ MapReduce 的原理理解及编程。

④ Hive 的熟练应用。

⑤ Flume、Sqoop、Oozie 等辅助工具的熟练使用。

⑥ Shell、Python 等脚本语言的熟练使用。

3．Hadoop 相关职位的薪资水平

Hadoop 的人才需求目前主要集中在北上广深一线城市，从业者薪资待遇普遍高于传统 JavaEE 开发人员，如图 1-9 所示。

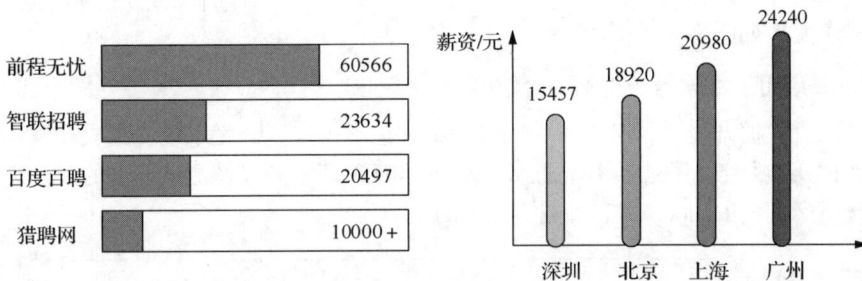

图 1-9　Hadoop 相关职位的薪资水平

1.4.8　国内外 Hadoop 应用案例介绍

Hadoop 的应用比较广泛，常用于用户画像、网站点击流日志数据的挖掘和数据服务基础平台建设等。下面具体进行介绍。

1．Hadoop 用于用户画像

用户画像是真实用户的虚拟代表，是建立在一系列真实数据之上的目标用户模型，是在充分了解用户的各种信息后，将这些信息集合在一起，通过数据标签构建出具有某种独特特征与气质的形象，就形成了用户的独特画像，如图 1-10 所示。

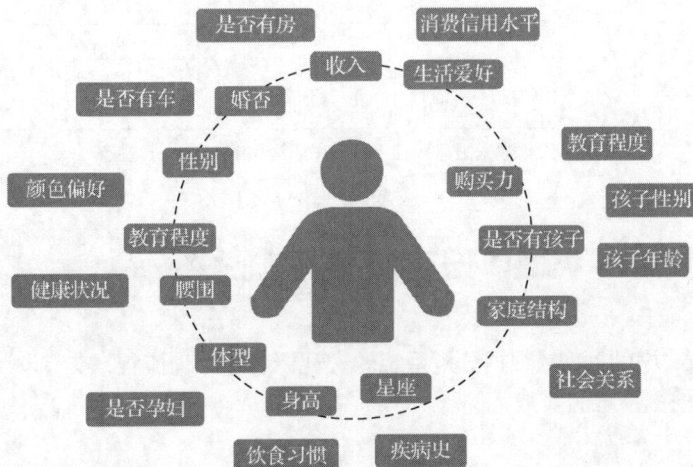

图 1-10　用户画像

< 13 >

2．Hadoop 用于网站点击流日志数据的挖掘

网站点击流日志数据的挖掘是指采用数据挖掘技术，对站点用户访问 Web 服务器过程中产生的日志数据进行分析处理。这种挖掘，在金融行业是对个人征信的分析，在证券行业是对投资模型的分析，在交通行业是对车辆、路况监控的分析，在电信行业是对用户上网行为的分析。Hadoop 并不会跟某种具体的行业或者某个具体的业务挂钩，它只是一种用来做海量数据分析处理的工具，例如统计某网站访问数据的来源，如图 1-11 所示。

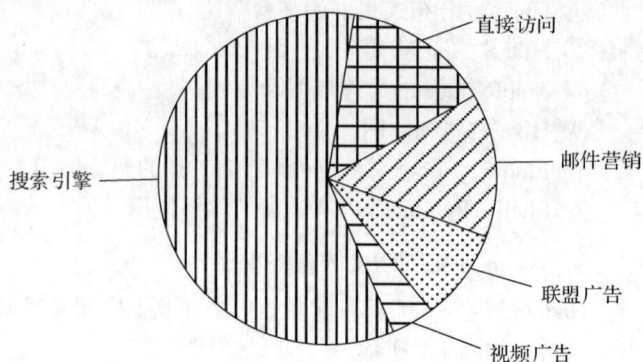

图 1-11　统计某网站访问数据的来源

3．Hadoop 应用于数据服务基础平台建设

一个成熟的大数据开发平台必不可少的核心组件包括工作流调度系统、集成开发环境、元数据管理系统、数据交换服务、数据可视化服务、数据质量管理服务以及测试环境的建设等。数据服务基础平台建设所运用的 Hadoop 生态如图 1-12 所示。

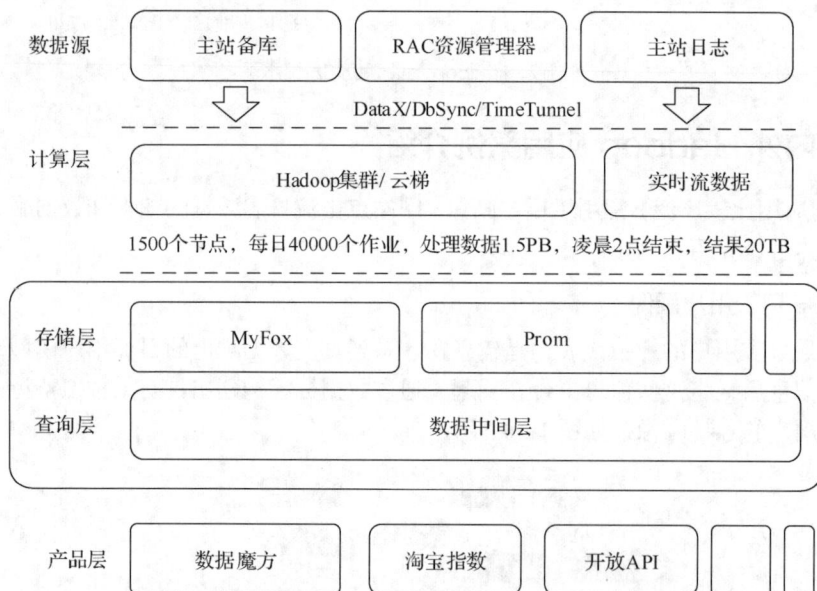

图 1-12　数据服务基础平台建设所运用的 Hadoop 生态

1.5 实战演练：Web 日志数据挖掘系统

为了理解 Hadoop 中的框架、数据分析系统的宏观概念和处理流程，本节设计了一个 Web 日志数据挖掘系统的实战案例。

【实战描述】

Web 点击流日志包含着网站运营的重要信息。通过日志分析，可以了解网站的

微课视频

< 14 >

访问量。访问人数多的网页是比较有价值的，从网页中可以获取广告转化率、访客的来源信息及访客的终端信息等。应用广泛的数据分析系统"Web 日志数据挖掘"如图 1-13 所示。

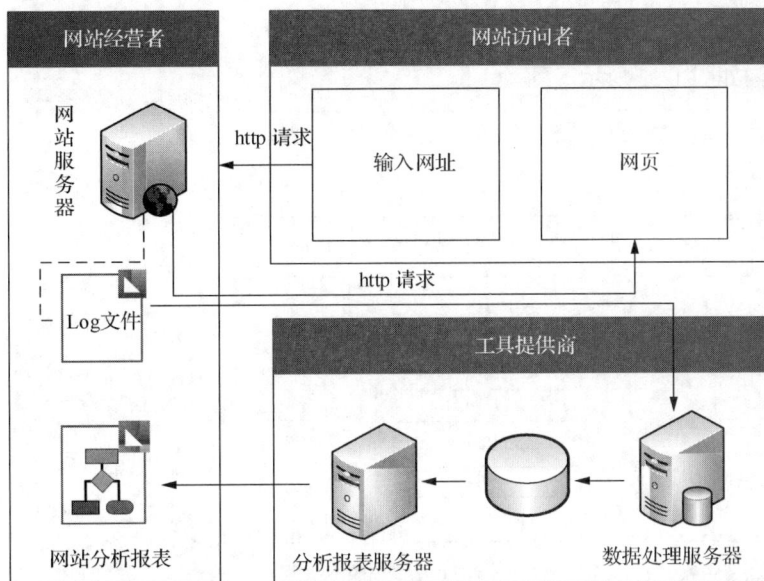

图 1-13　Web 日志数据挖掘

【实战分析】

1. 数据来源

本项目的数据主要来自用户的点击行为。获取方式是在页面预埋一段 JavaScript 程序，为页面上想要监听的标签绑定事件。只要用户点击或移动到标签，即发送 Ajax 请求到后台 Servlet 程序，用 Log4j 记录下事件信息，从而在 Web 服务器（Nginx、Tomcat 等）上形成不断增长的日志文件。

2. 数据处理流程

（1）流程图解析

本项目与典型的 BI（Business Intelligence，商业智能）系统极其类似，整体流程如图 1-14 所示。

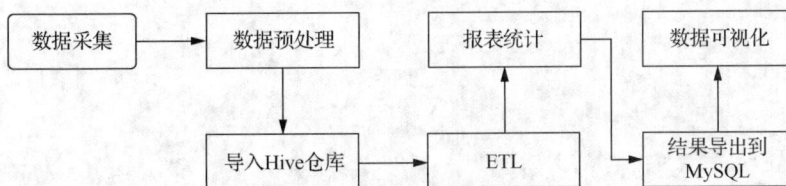

图 1-14　项目的整体流程

图 1-14 所示流程中各个环节的介绍如下。

① 数据采集：定制开发采集程序或使用开源框架 Flume。

② 数据预处理：定制开发 MapReduce 程序。

③ 数据仓库技术：基于 Hadoop 的 Hive。

④ 数据处理：基于 Hadoop 的 ETL 和 Spark SQL。

⑤ 数据可视化：定制开发 Web 程序或使用 Kettle 等产品。

< 15 >

整个过程的流程调度使用 Hadoop 生态圈中的 Oozie 工具或其他类似的开源产品。

由于本项目的前提是处理海量数据，因此流程中各环节所使用的技术与传统 BI 完全不同，这些技术在后续课程中会进行讲解。

（2）项目技术架构

项目技术架构如图 1-15 所示。

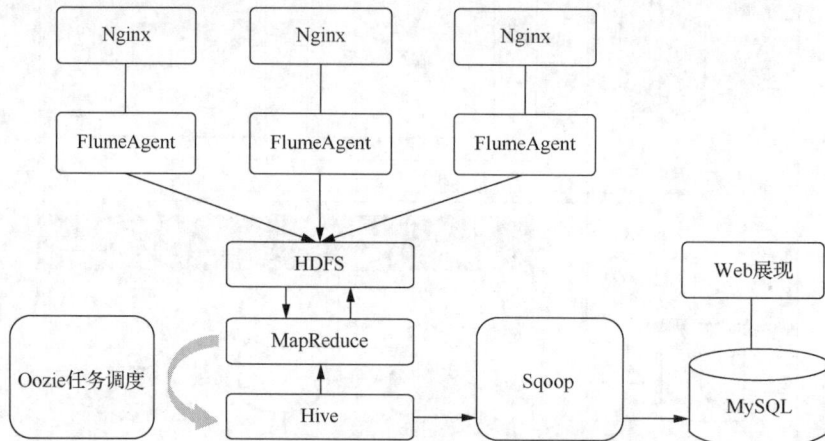

图 1-15　项目技术架构

【实战结果】

经过完整的数据处理流程后，系统会周期性输出各类统计指标的报表。在生产实践中，最终需要将这些报表数据以可视化的形式展现出来。本项目采用 Web 程序来实现数据可视化，效果如图 1-16 所示。

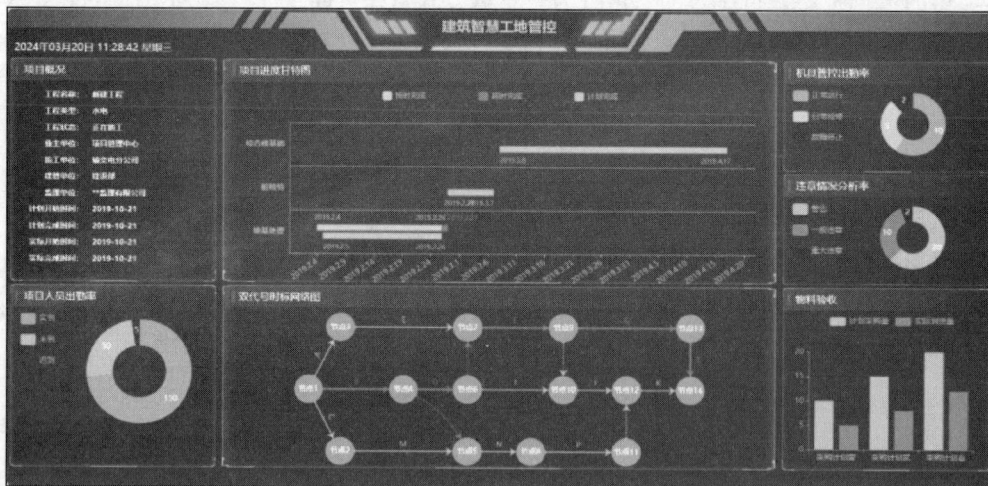

图 1-16　项目效果

本章小结

本章主要讲解了 Hadoop 的基础知识，包括大数据概述、大数据技术简介、Hadoop 概述与实战演练：Web 日志数据挖掘系统。通过对本章内容的学习，读者可以了解大数据的定义、Hadoop 3.0 的新特性与 Hadoop 的数据处理流程，为后续深入学习 Hadoop 的其他知识奠定基础。

< 16 >

习题

一、填空题

1. 大数据的 5V 特征包含 Volume、Velocity、Variety、_____、_____。
2. Hadoop1.0 的核心组件为_____、_____。
3. Hadoop3.0 的三大核心组件为_____、_____、_____。
4. 目前 Apache Hadoop 发布的版本主要有_____、_____、_____。

二、选择题

1. 下列关于 Hadoop 的优点描述正确的是（　　）。
   A. Hadoop 适用于低延迟数据访问
   B. Hadoop 能高效存储大量小文件
   C. Hadoop 采用冗余数据存储方式，可靠性较高
   D. Hadoop 支持多用户写入并任意修改文件
2. 下列关于 Hadoop 的模块描述错误的是（　　）。
   A. HDFS 用于存储大规模数据集，它具有高容错性和高可靠性
   B. MapReduce 是 Hadoop 的分布式计算框架，用于处理大规模数据集
   C. Common 提供了 Hadoop 的基础库和工具，支持 Hadoop 的其他组件
   D. Ozone 是 Hadoop 的对象存储层，用于存储和管理大规模的结构化数据
3. 下列关于 Hadoop 3.0 新特性的描述正确的是（　　）。
   A. 剔除过期的 API 和实现，将默认组件实现替换成高效的实现
   B. Hadoop 3.0 对 Hadoop 的管理脚本进行了重构，但是不支持动态命令
   C. 引入了全新的资源调度器，但是它不支持多级调度和资源隔离
   D. Hadoop 3.0 的端口与 Hadoop 2.0 的端口一样
4. 下列选项中，不属于 Hadoop 三大核心组件的是（　　）。
   A. HDFS　　　　　　B. MapReduce　　　　C. YARN　　　　　　D. Common
5. 下列选项中，属于 Hadoop 3.0 在 YARN 方面的改进的是（　　）。
   A. 支持数据的擦除编码，节省了一半存储空间
   B. 剔除过期的 API 和实现，将默认组件实现替换成高效的实现
   C. 引入了全新的资源调度器，支持多级调度和资源隔离
   D. 引入了一个全新的任务调度器，支持容器级别的资源隔离和调度

三、简答题

1. 请简述什么是大数据。
2. 请简述大数据的特征。
3. 请简述 Hadoop 的优缺点。
4. 请简述 Hadoop 3.0 的新特性。

< 17 >

第 2 章 Hadoop 集群的搭建

学习目标

- 掌握虚拟机的安装和克隆，能够创建、复制或克隆虚拟机实例。
- 掌握 Linux 常用命令，能够对文件和目录进行浏览、切换、创建、删除等操作。
- 掌握 Linux 系统的网络配置步骤，能够对 Linux 系统进行网络设置和管理。
- 掌握 Hadoop 集群的搭建和配置，能够部署与配置 Hadoop 集群。
- 掌握 Hadoop 集群的测试与使用方式，能够正确使用 Hadoop 集群。

"工欲善其事，必先利其器。"在深入学习 Hadoop 并掌握其相关应用前，必须首先学会如何搭建集群环境。本章将从虚拟机的安装、配置、Linux 基本命令以及 Hadoop 集群的搭建、测试和使用等几个方面，带领读者从零开始搭建一个简单的 Hadoop 集群，并初步体验 Hadoop 集群的使用方法。

2.1 安装准备

Hadoop 可以安装在 Linux 系统和 Windows 系统上使用。相对而言，Linux 系统更具便捷性和稳定性。在实际开发过程中，Hadoop 集群更多运行于 Linux 系统之上。本节将针对 Linux 系统上的 Hadoop 集群的搭建以及使用进行讲解。

微课视频

2.1.1 虚拟机安装

搭建 Hadoop 集群需要大量的计算资源，这对于个人用户而言显然是不切实际的，因此可以使用虚拟机软件，如 VMware Workstation，在一台电脑中创建多个 Linux 虚拟机环境。下面将逐步演示如何使用 VMwareWorkstation 虚拟软件工具安装和配置 Linux 系统虚拟机。

1. 创建虚拟机

① 下载并安装好 VMware Workstation 虚拟软件（以下简称 VM）工具。安装成功后打开 VM 工具，进入 VM 窗口，如图 2-1 所示。

② 在图 2-1 中单击"创建新的虚拟机"选项，进入"新建虚拟机向导"界面；根据安装提示选择"典型"模式，单击"下一步"按钮，如图 2-2 所示。

③ 进入"安装客户机操作系统"向导界面后，选择"稍后安装操作系统"，单击"下一步"按钮，如图 2-3 所示。

④ 进入"选择客户机操作系统"向导界面后，在"客户机操作系统"下选中"Linux"选项，在版本下拉列表中选择"CentOS 7 64 位"，单击"下一步"按钮，如图 2-4 所示。

⑤ 进入"命名虚拟机"向导界面后，为新建的虚拟机重新命名为"qf01"，并指定操作系统的存储位置。自定义设置完成之后，单击"下一步"按钮，如图 2-5 所示。

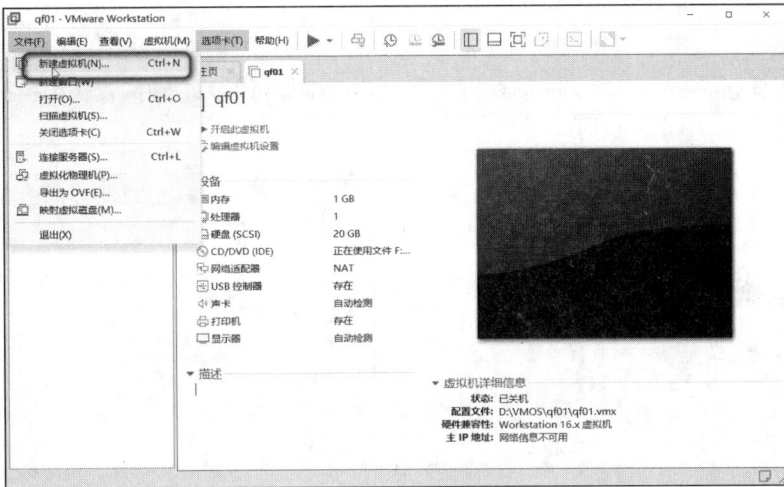

图 2-1　VM 窗口

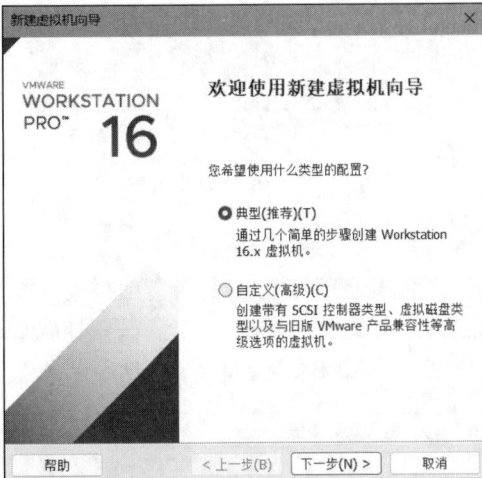

图 2-2　"新建虚拟机向导"界面

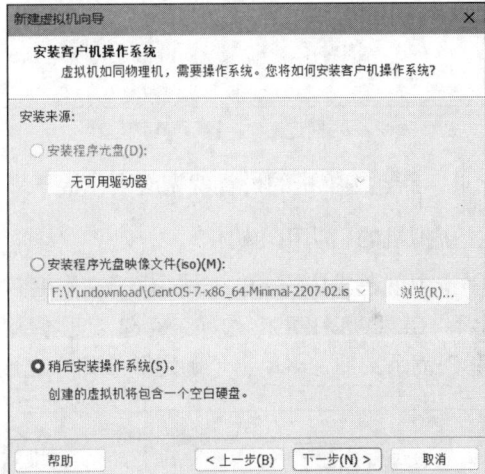

图 2-3　"安装客户机操作系统"向导界面

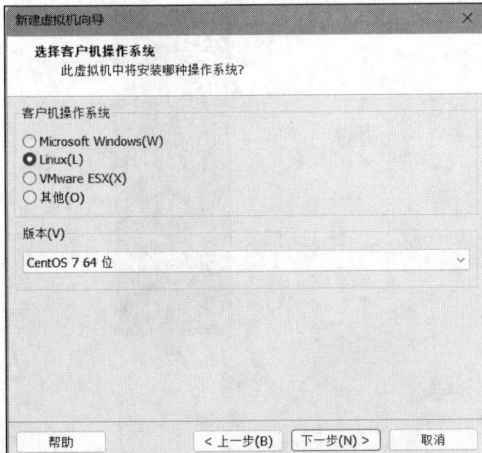

图 2-4　"选择客户机操作系统"向导界面

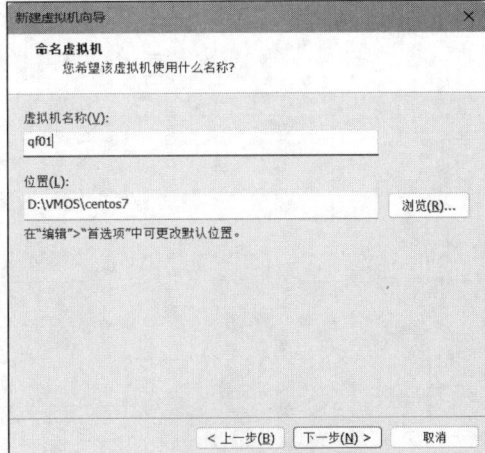

图 2-5　"命名虚拟机"向导界面

< 19 >

⑥ 进入"指定磁盘容量"向导界面后，根据实际需要并结合电脑硬件情况设定操作系统的磁盘容量，此处使用默认值 20GB；然后选择"将虚拟机磁盘拆分成多个文件"选项，单击"下一步"按钮，如图 2-6 所示。

⑦ 在图 2-6 中完成磁盘容量设置后，根据提示使用默认安装方式，单击"下一步"按钮，进入"已准备好创建虚拟机"界面；查看当前设置的要创建的虚拟机参数，确认无误后单击"完成"按钮，即可完成新建虚拟机的设置，如图 2-7 所示。

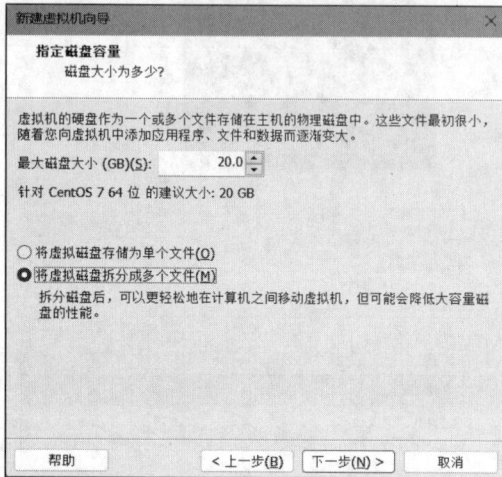

图 2-6　"指定磁盘容量"向导界面　　　　图 2-7　"已准备好创建虚拟机"界面

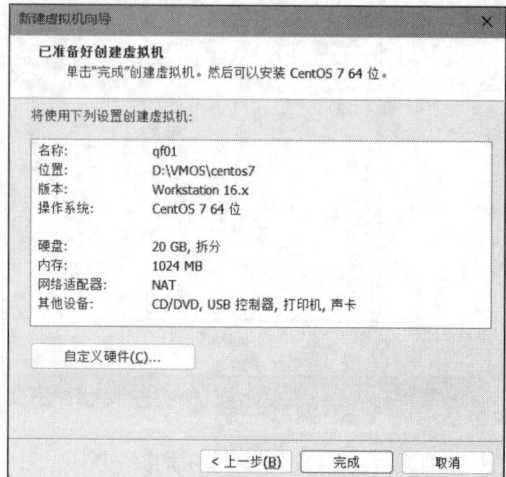

至此，新建虚拟机的设置就完成了，接下来对该虚拟机进行启动和初始化。

2. 虚拟机的启动和初始化

① 选中创建成功的 qf01 虚拟机，在右键菜单中选择"设置"选项，打开"虚拟机设置"对话框；选择"CD/DVD(IDE)"选项，勾选"使用 ISO 镜像文件"选项；单击"浏览"按钮挂载 CentOS7 64 位 ISO 镜像文件，再单击"确定"按钮，完成镜像文件的挂载操作，如图 2-8 所示。

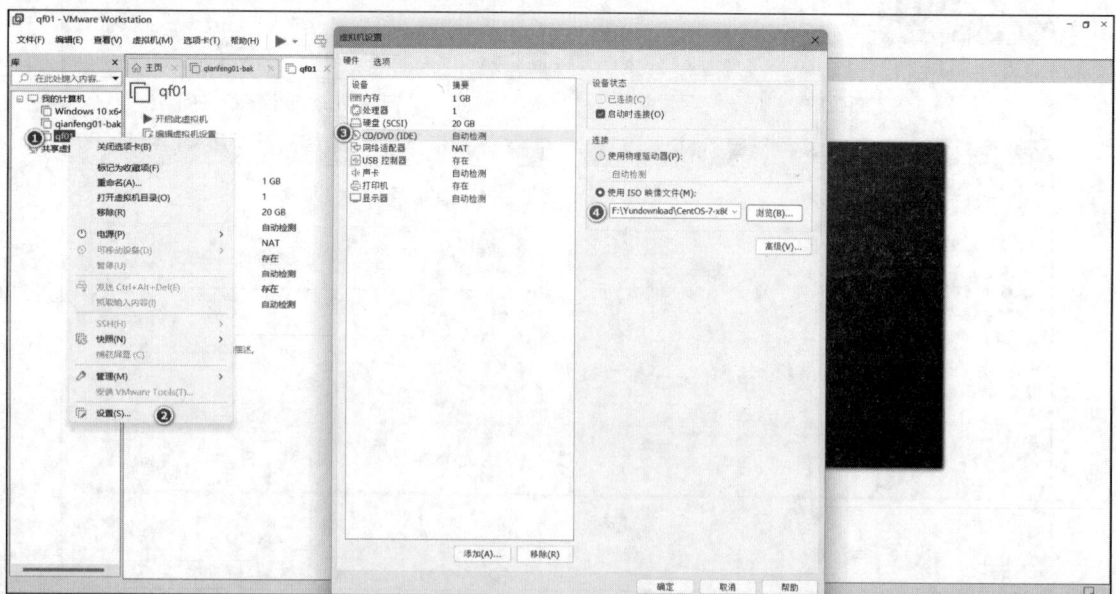

图 2-8　挂载 CentOS7 64 位 ISO 镜像文件

< 20 >

② 设置完操作系统的镜像文件后，选择当前 qf01 主界面的"开启此虚拟机"选项启动 qf01 虚拟机，准备安装 CentOS7 操作系统，如图 2-9 所示。

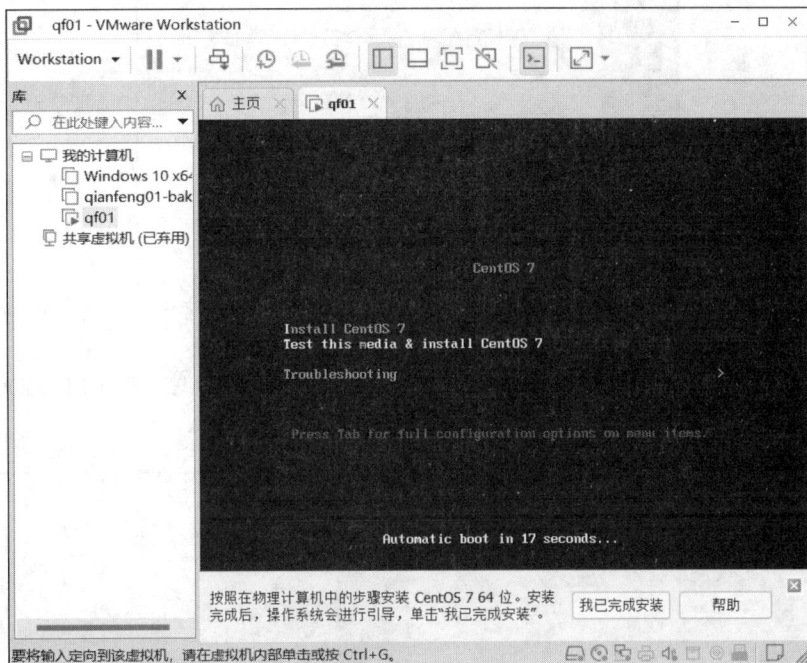

图 2-9　启动 qf01 虚拟机

③ 在图 2-9 中使用上下键（方向键）选择"Install CentOS 7"，并按下 Enter 键初始化 CentOS7 操作系统，等待系统加载完成，如图 2-10 所示。

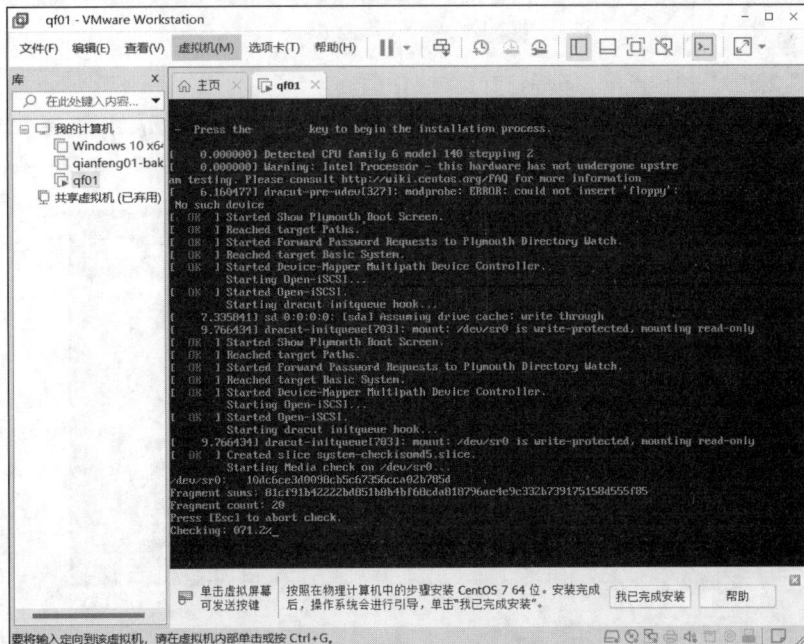

图 2-10　初始化 CentOS7 操作系统

④ 系统安装结束后，进入语言选择界面。本书选择"English"，如图 2-11 所示。

< 21 >

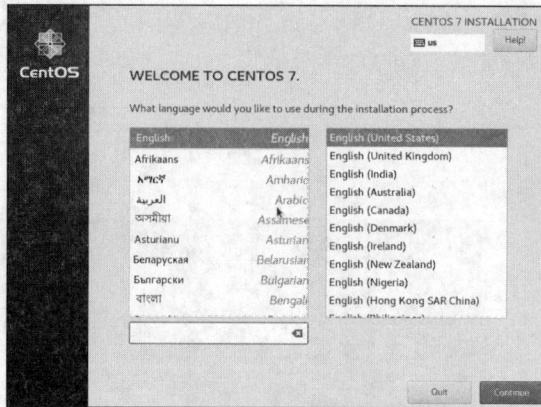

图 2-11 语言选择界面

⑤ 单击图 2-11 中的"Continue"按钮，进入系统安装配置界面，在该界面中对"LOCALIZATION" "SOFTWARE""SYSTEM"进行设置，如图 2-12 所示。

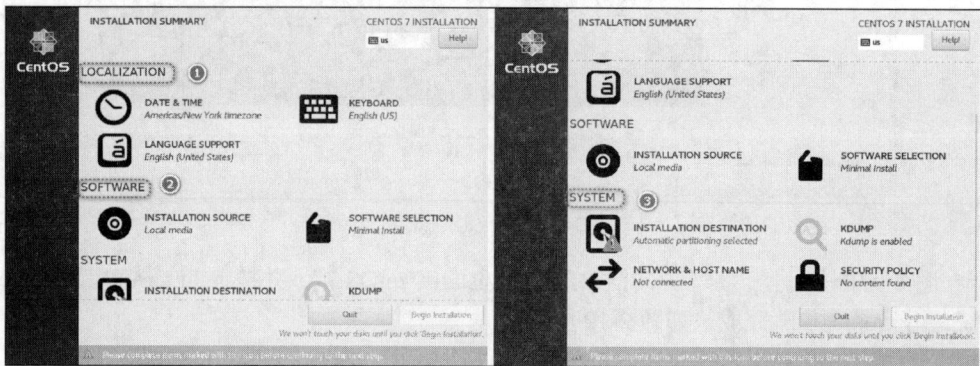

图 2-12 系统安装配置界面

接下来对图 2-12 中的重点配置分别进行详细介绍。

a. LOCALIZATION 设置。单击"DATE&TIME"选项，进入时区配置界面；选择 Asia 和 Shanghai，调整系统日期和系统时间，如图 2-13 所示。

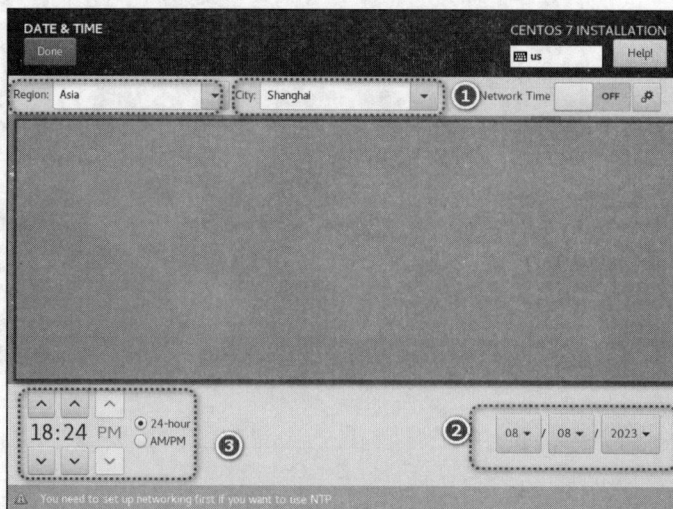

图 2-13 时区配置界面

< 22 >

在图 2-13 中单击"Done"按钮，返回系统安装配置界面。

b. 单击图 2-12 中的"LANGUAGESUPPORT"选项，进入语言支持配置界面；选择"中文"和"简体中文"，如图 2-14 所示。

在图 2-14 中单击"Done"按钮，返回系统安装配置界面。

c. 单击图 2-12 中的"SOFTWARE SELECTION"选项，进入 SOFTWARE SELECTION 界面；在该界面中选择操作系统形式，此处选择最小化安装，亦可根据喜好选择带有图形界面的形式，如图 2-15 所示。

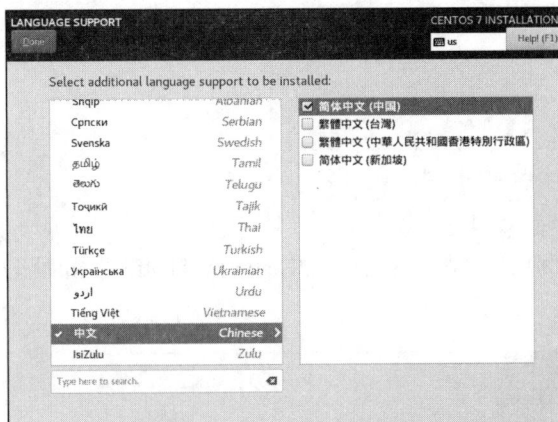

图 2-14　语言支持配置界面

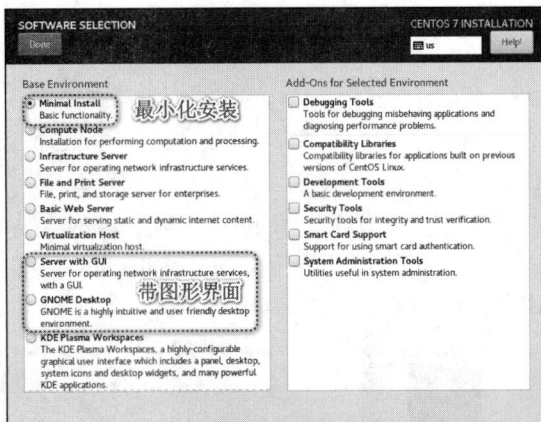

图 2-15　SOFTWARE SELECTION 界面

在图 2-15 中单击"Done"按钮，返回系统安装配置界面。

d. 单击图 2-12 中的"INSTALLATION DESTINATION"，进入安装目录配置界面；在该界面中选择系统默认配置，如图 2-16 所示。

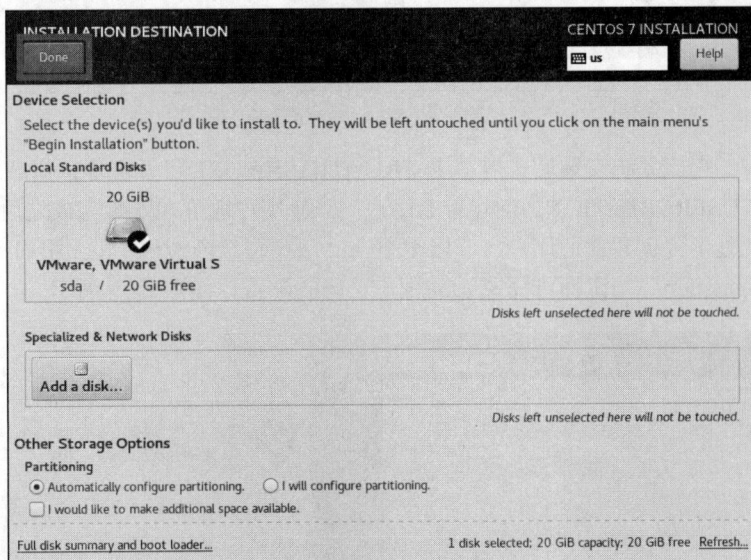

图 2-16　安装目录配置界面

在图 2-16 中单击"Done"按钮，返回系统安装配置界面。

e. 单击图 2-12 中的 NETWORK&HOSTNAME，进入网络与主机名配置界面；在该界面中单击"Ethernet（ens33）"右边的按钮，开启网络，如图 2-17 所示。

< 23 >

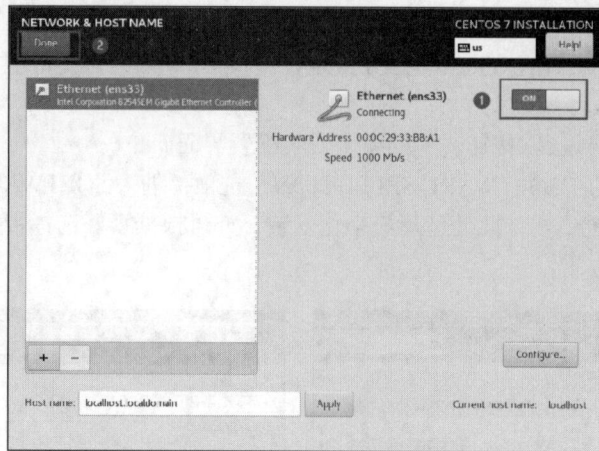

图 2-17　网络与主机名配置界面

在图 2-17 中单击 "Done" 按钮，返回系统安装配置界面。

⑥ 将图 2-12 中的 "Begin Installation" 按钮变为可选择模式；单击 "Begin Installation" 开始正式安装 CentOS7，如图 2-18 所示。

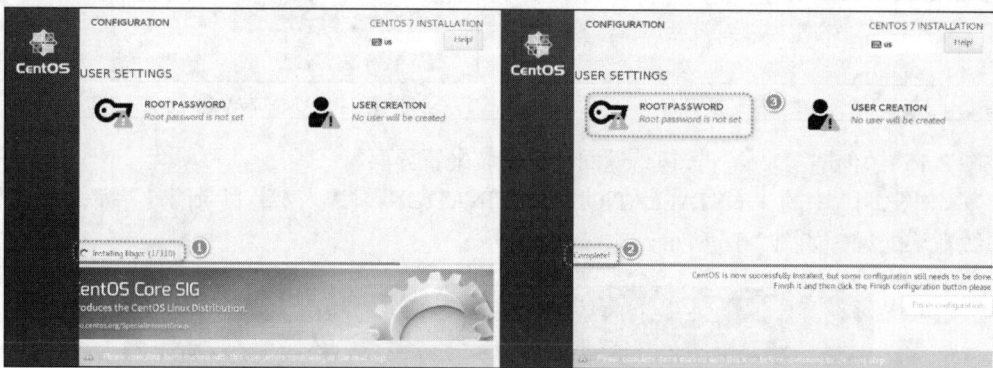

图 2-18　安装 CentOS7

⑦ 图 2-18 中，完成系统安装后，可单击 "ROOTPASSWORD" 设置虚拟机超级管理员 root 的密码，也可单击 "USERCREATION" 创建普通用户。普通用户也可在安装完成之后再创建。为保证实验的可靠性，此处不再创建普通用户，直接使用 root 用户登录虚拟机。root 用户密码设置完成后，单击 "Finishconfiguration" 按钮即可完成 root 用户密码的配置，如图 2-19 所示。

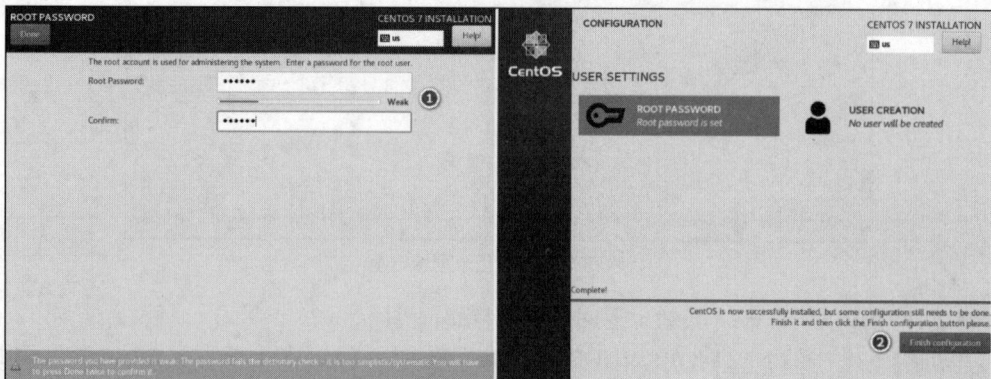

图 2-19　设置超级管理员 root 的密码

< 24 >

执行完上述操作后，虚拟机就会进入初始化过程，稍等片刻后就会跳转到 CentOS7 系统安装成功的界面。在安装成功界面中单击"Reboot"按钮重新启动 CentOS7 虚拟机，至此，就完成了 CentOS7 虚拟机的安装，如图 2-20 所示。

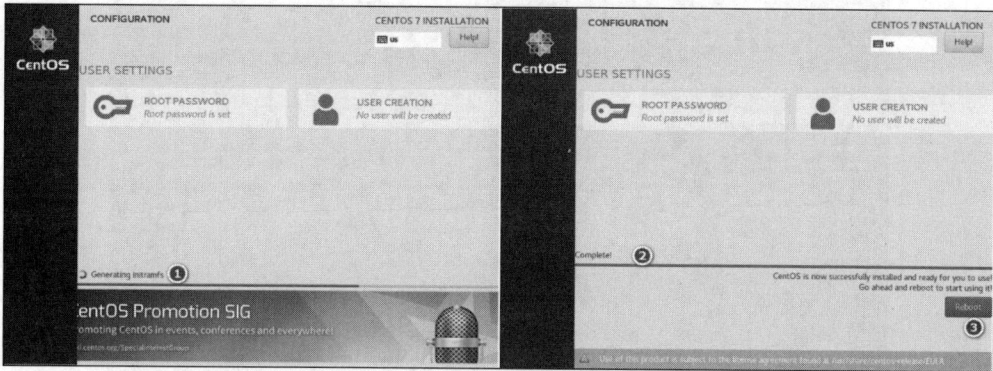

图 2-20　CentOS7 系统安装成功的界面

⑧ 由于后续需要使用 ifconfig 命令（安装外部软件）和 SSH（Secure Shell，安全外壳）服务，而 CentOS7 安装后没有 ifconfig 命令和 SSH 服务，因此为方便后续操作，可使用 yum 命令安装网络工具包 net-tools.x86_64，步骤如下。

a. 首先在系统提示符状态下输入安装网络工具包 net-tools.x86_64 的命令，如下所示：

```
yum install net-tools.x86_64
```

在安装网络工具包的过程中，系统会提示"Is this ok [y/d/n]"；输入 y，并按下 Enter 键，即可完成网络工具包的安装，如图 2-21 所示。

图 2-21　安装网络工具包 net-tools.x86_64

b. 然后在系统提示符状态下输入安装 SSH 服务的命令，如下所示：

```
yum install openssh-server
```

< 25 >

在安装 SSH 服务的过程中，系统会提示 "Is this ok [y/d/n]"；输入 y，并按下 Enter 键，即可完成 SSH 服务的安装，如图 2-22 所示。

图 2-22　安装 SSH 服务

2.1.2　虚拟机克隆

在 2.1.1 小节中，我们已完成搭载一台 CentOS 镜像文件的 Linux 系统。由于搭建 Hadoop 集群至少需要搭建 3 个 Linux 系统，因此我们还需要搭建 2 个 Linux 系统。此时可以使用虚拟机克隆的方式部署另外 2 个 Linux 操作系统。

克隆是指对原始虚拟机的全部状态进行复制。克隆完成后，克隆的虚拟机会独立存在，与原始虚拟机中的操作相对独立，互不影响。克隆虚拟机的操作只能在虚拟机关机状态下进行，操作步骤如下。

① 打开 VM，确认 qf01 虚拟机处于关闭状态。

② 选择虚拟机 qf01 并右击，在弹出的快捷菜单中选择"管理"→"克隆"选项，打开"克隆虚拟机向导"界面，如图 2-23 所示。

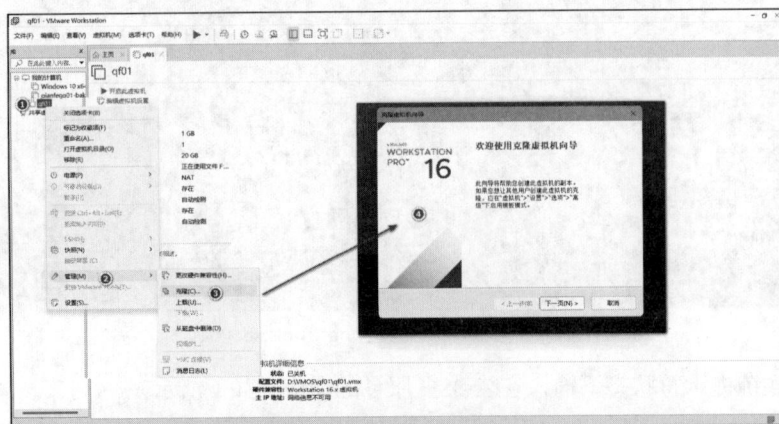

图 2-23　"克隆虚拟机向导"界面

< 26 >

③ 根据提示，连续单击每个向导界面中的"下一页"按钮；进入"克隆类型"界面后，单击"创建完整克隆"单选按钮，如图 2-24 所示。

④ 在图 2-24 中单击"下一页"按钮，进入"新虚拟机名称"界面；在该界面中设置虚拟机名称为 qf02，并指定虚拟机的存储位置，单击"完成"按钮，如图 2-25 所示。

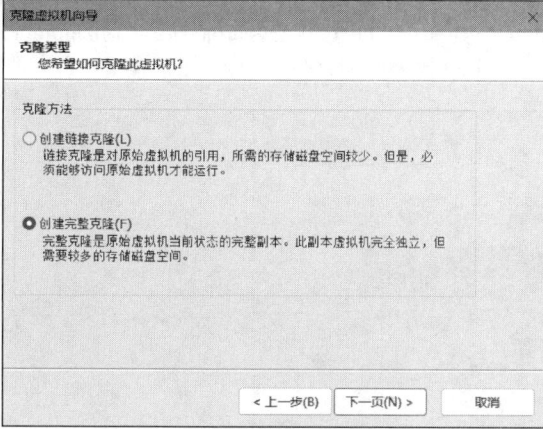

图 2-24　"克隆类型"界面　　　　图 2-25　"新虚拟机名称"界面

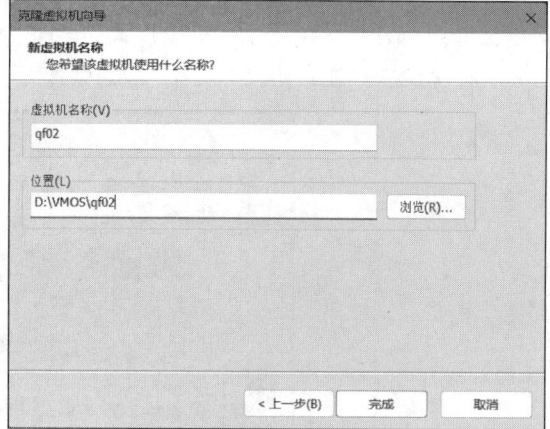

在图 2-25 中，设置好新虚拟机的名称和位置之后，单击"完成"按钮就会进入新虚拟机的克隆过程。克隆完成后，在 VM 的库列表中可以看到已经克隆完毕的 qf02 虚拟机。同样地，重复 qf02 虚拟机的克隆操作，创建 qf03 虚拟机。

2.1.3　Linux 系统网络配置

VM 的虚拟网络类型主要有 3 种，分别是桥接模式、NAT（Network Address Translation，网络地址转换）模式和仅主机模式。每种类型的用途各不相同，简要说明如下。

① 桥接模式可以将虚拟机直接连接到外部网络。

② NAT 模式允许虚拟机共享主机的 IP（Internet Protocol，互联网协议）地址。

③ 仅主机模式可以在专用网络内连接虚拟机。

本书将使用 NAT 模式配置虚拟网络，具体步骤如下。

1. 主机名和 IP 映射配置

开启克隆的虚拟机 qf01，输入 root 用户的用户名和密码后登录虚拟机系统；然后在终端窗口中进行主机名和 IP 映射的配置，具体步骤如下。

（1）配置主机名

配置主机名的具体命令如下所示：

```
$ vim/etc/hostname
```

执行上述命令后，将打开主机名编辑界面；在该界面中对主机名进行重新编辑，以自定义主机名配置，如图 2-26 所示。

图 2-26　主机名编辑界面

< 27 >

在 Hadoop 集群搭建过程中，通常将主机名依次设置为 qf01、qf02 和 qf03。

（2）配置 IP 映射

配置 IP 映射之前，需要明确当前虚拟机的 IP 地址和主机名，并且确保 IP 地址位于 VMware 虚拟网络的 IP 地址范围之内。因此需要先查询可选的 IP 地址范围，再进行 IP 映射配置。

① 首先，单击 VMware 工具菜单栏中的"编辑"→"虚拟网络编辑"菜单项，打开虚拟网络编辑器对话框；在该对话框中选择"NAT 模式"类型的 VMnet8，再单击"DHCP（Dynamic Host Configuration Protocol，动态主机配置协议）设置"按钮会弹出一个"DHCP 设置"对话框，如图 2-27 所示。

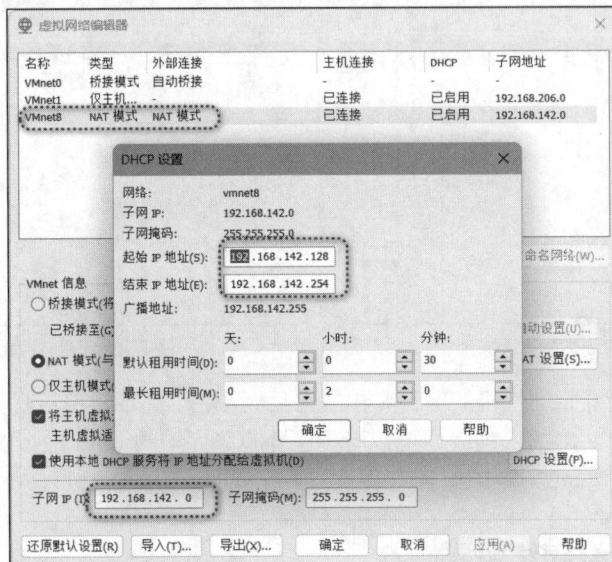

图 2-27 "DHCP 设置"对话框

从图 2-27 中可以看出，此处 VM 工具允许的虚拟机 IP 地址的可选范围为 192.168.142.128～192.168.142.254（不同计算机的网络可能不同）。因此，在进行 IP 映射配置时，需要明确要使用的 IP 地址范围，并避免使用已使用的 IP 地址。

② 然后执行如下命令对 IP 映射文件 hosts 进行编辑：

```
$ vi/etc/hosts
```

③ 执行上述命令后，会打开一个 hosts 映射文件。为了保证后续相互关联的虚拟机能够通过主机名进行访问，可自定义配置对应的 IP 和主机名映射，如图 2-28 所示。

从图 2-28 可以看出，此处将主机名 qf01、qf02、qf03 分别与 IP 地址 192.168.142.131、192.168.142.132 和 192.168.142.133 进行了匹配映射。读者在进行 IP 映射配置时，可以根据自己的 DHCP 设置主机名和配置 IP 映射。

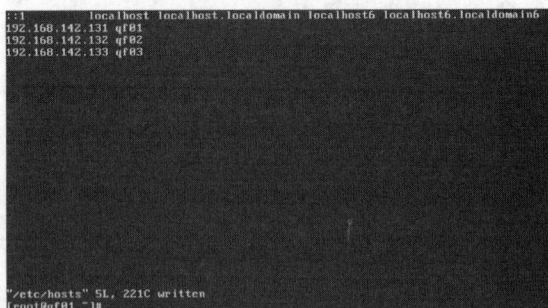

图 2-28 配置对应的 IP 和主机名映射

2．网络参数配置

为保证虚拟机能够准确搭建 Hadoop 集群，需要进行网络参数配置，具体步骤如下。

① 修改虚拟机的网卡配置文件，配置网卡设备的 MAC（Media Access Control，媒体存取控制）地址，具体命令如下：

< 28 >

```
$ vi/etc/udev/rules.d/70-persistent-net.rules
```

执行上述命令后,将看到当前虚拟机的网卡设备参数,如图 2-29 所示。

由于 qf02、qf03 虚拟机是克隆的,因此在虚拟机中会存在 eth0 和 eth1 两块网卡,而 qf01 虚拟机只有一块 eth0 网卡。删除克隆系统中多余的 eth1 网卡,只保留 eth0 一块网卡即可。具体操作方式为删除 eth0 网卡,并将 eth1 网卡的参数 NAME="eth1"修改为 NAME="eth0"。

② 修改 IP 地址文件,设置静态 IP,具体命令如下:

```
$ vi /etc/sysconfig/network-scripts/ifcfg-eth0
```

执行上述命令后,可查看虚拟机的 IP 地址配置信息,如图 2-30 所示。

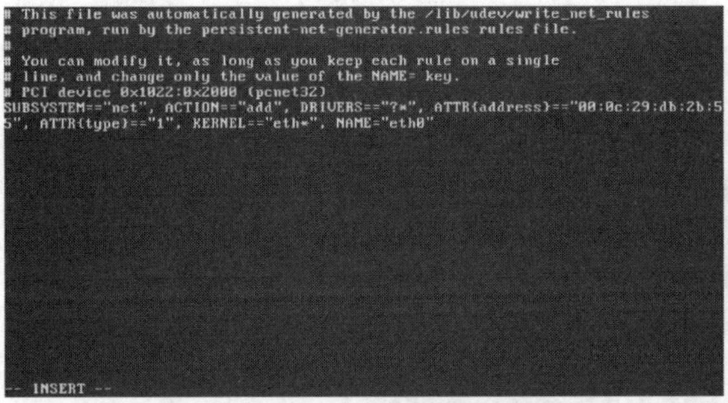

图 2-29   当前虚拟机的网卡设备参数 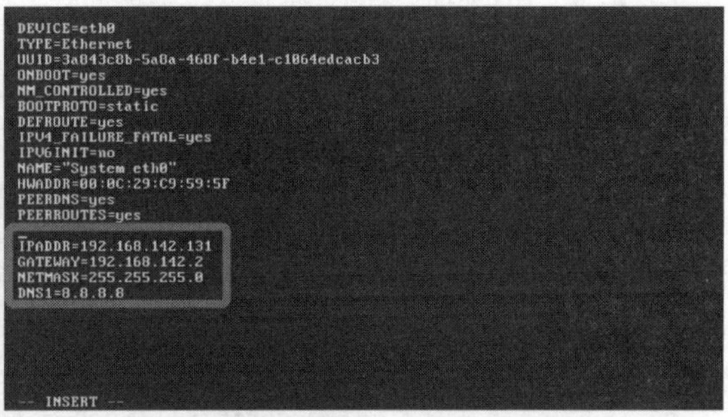   图 2-30   IP 地址配置信息

图 2-30 中,IP 地址需要配置以下参数。

ONBOOT=yes:表示启动当前的网卡。

BOOTPROTO=static:表示使用静态路由协议,可以保持 IP 固定。

IPADDR:表示虚拟机的 IP 地址。此处设置的 IP 地址应与前面 IP 映射配置时的 IP 地址保持一致,否则无法通过主机名找到对应 IP。

GATEWAY:表示虚拟机网关,一般将 IP 地址最后一个位数变为 2。

NETMASK:表示虚拟机子网掩码,配置为 255.255.255.0。

DNS1:表示域名解析器。

3. 配置效果验证

使用 reboot 命令重启虚拟机,使当前配置生效。系统重启完毕之后,使用 ifconfig 命令查看 IP 配置是否生效,如图 2-31 所示。

从图 2-31 中可以看出,qf01 主机的 IP 地址已经设置为 192.168.142.131。执行"ping 192.168.142.132"命令检测集群通信是否正常,如图 2-32 所示。

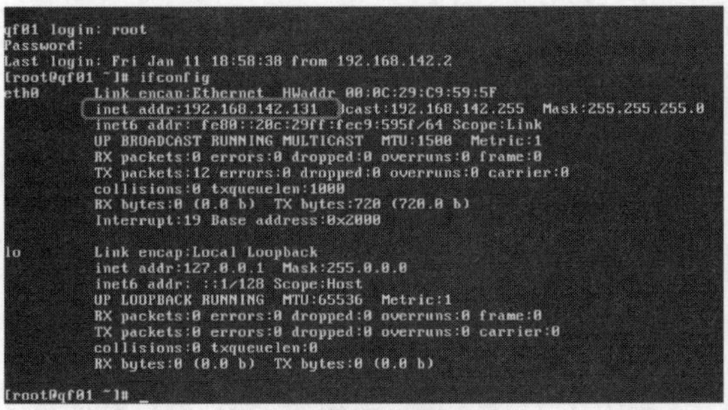

图 2-31   查看 IP 配置 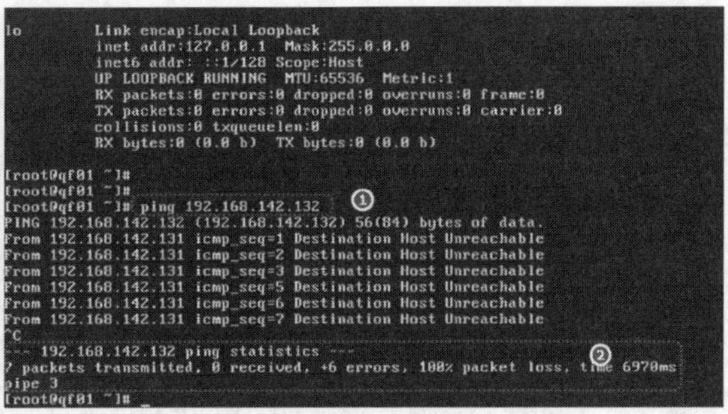   图 2-32   检测集群通信是否正常

< 29 >

从图 2-32 中可以看到，虚拟机可以正常接收数据，并且延迟正常，说明网络连接正常。至此，当前虚拟机的网络配置完成。

2.1.4　SSH 服务配置

SSH 是一种专为远程登录会话和其他网络服务提供安全保障的协议。当一台计算机中的某些软件需要频繁使用 SSH 协议远程连接其他计算机时，人工填写大量其他计算机的密码会导致很多无用操作，影响工作效率。为了避免这类问题的出现，在兼顾安全的前提下，可以设置 SSH 免密登录。

1．SSH 远程登录功能设置

在使用 SSH 服务之前，需要确保服务器已经安装并开启了 SSH 服务。在 CentOS 系统中，可以通过执行 "rpm -qa | grep ssh" 命令查看当前机器是否已经安装了 SSH 服务，同时使用 "ps -e | grep sshd" 命令检查 SSH 服务是否已经正常启动，如图 2-33 所示。

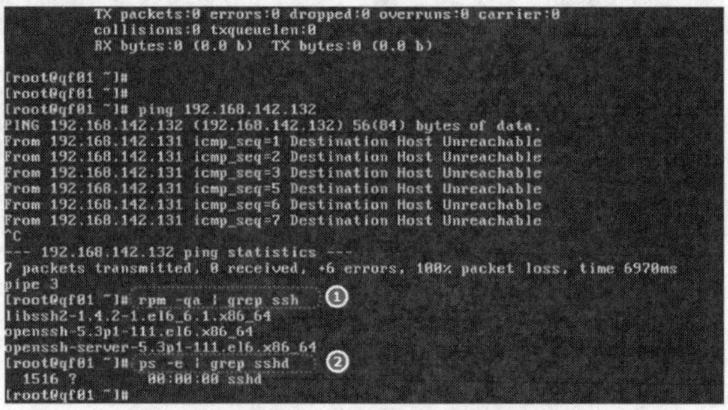

图 2-33　查看是否安装和启动 SSH 服务

从图 2-33 中可以看出，CentOS 虚拟机已经默认安装并启动了 SSH 服务，因此无须进行额外的安装即可进行远程连接访问。

当目标服务器已经安装 SSH 服务并且支持远程连接访问时，便可以通过一个远程连接工具来连接访问目标服务器。下面以实际开发中常用的远程连接工具 MobaXtem 为例，演示如何连接和使用远程服务器。

MobaXterm 是一个增强型的 Windows 终端，其为 Windows 桌面提供了所有重要的远程网络终端工具和 UNIX 命令。常见的远程网络终端工具有 SSH、X11、RDP（Remote Display Protocol，远程显示协议）、VNC（Virtual Network Computer，虚拟网络计算机）、FTP（File Transfer Protocol，文件传输协议）、SFTP（SSH File Transfer Protocol，安全文件传输协议）、Telnet、Serial、Mosh、WSL（Windows Subsystem for Linux，用于 Linux 的 Windows 子系统）等，常见的 UNIX 命令有 bash、ls、cat、sed、grep、awk、rsync 等。本书以 MobaXtem23.2 版本为例进行介绍。下载 MobaXtem23.2 并安装完成后，可以按照以下步骤进行远程连接访问。

① 打开 MobaXtem 远程连接工具，单击导航栏上的 Session 选项卡，会弹出一个 "Sessionsettings" 对话框；在该对话框中单击 "SSH" 创建快速连接，并在创建的快速连接界面中设置虚拟机的主机名和用户名信息，如图 2-34 所示。

在图 2-34 所示的快速连接界面中，设置目标主机名为 192.168.142.131（即 qf01 虚拟机的 IP 地址），登录用户名为 root，其他相关设置通常情况下使用默认值即可。

② 在图 2-34 中单击 "OK" 按钮后，MobaXtem 远程连接工具将自动连接到远程目标服务器，如图 2-35 所示。进入图 2-35 所示的界面后，就表示已经成功通过 MobaXtem 远程连接了 qf01 服务器，可以在 MobaXtem 客户端中操作该虚拟机了。

< 30 >

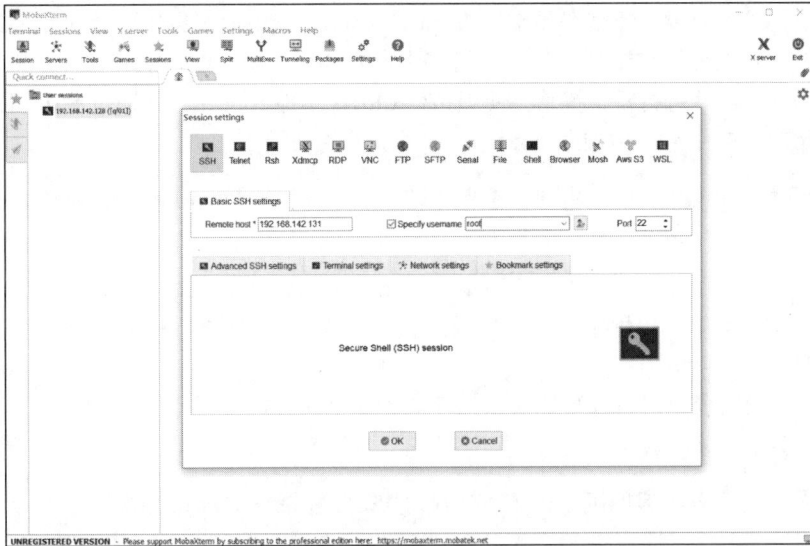

图 2-34　快速连接界面

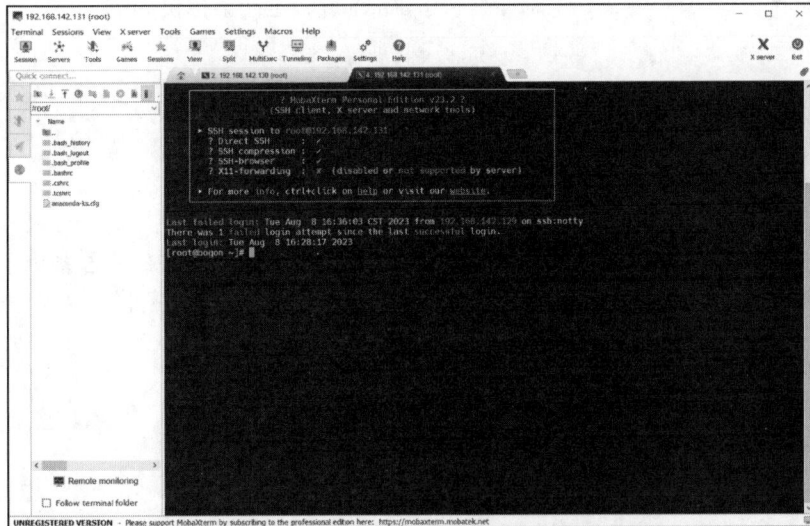

图 2-35　使用 MobaXtem 远程连接 qf01 服务器

2．SSH 免密登录功能设置

如果一台机器需要使用 SSH 远程登录到其他机器，可以在这台机器上设置 SSH 免密登录。SSH 免密登录是通过配置公钥和私钥（公私钥认证）来实现的。在本书中，SSH 免密登录是指虚拟机 qf01 通过 SSH 免密登录虚拟机 qf02 和 qf03。

① 分别删除虚拟机 qf01、qf02 和 qf03 的 ~/.ssh 目录。在使用 rm -rf 命令时，需要注意避免误删文件，具体命令如下：

```
[root@qf01 ~]# rm -rf .ssh
[root@qf02 ~]# rm -rf .ssh
[root@qf03 ~]# rm -rf .ssh
```

② 在虚拟机 qf01 上新建 SSH 公私密钥对，具体命令如下：

```
[root@qf01 ~]# ssh-keygen -t rsa -P '' -f ~/.ssh/id_rsa
```

< 31 >

③ 在虚拟机 qf01 上设置免密登录虚拟机 qf01、qf02 和 qf03。在实际工作中，ssh-copy-id 命令的作用是将本地用户的公钥复制到远程主机指定用户的认证库中，使本地用户通过 SSH 免密登录远程主机的指定用户。此处进行模拟操作，使虚拟机 qf01（本地 root 用户）通过 SSH 免密登录虚拟机 qf01、qf02 和 qf03（3 台远程主机的 root 用户），具体命令如下：

```
[root@qf01 ~]# ssh-copy-id root@qf01
[root@qf01 ~]# ssh-copy-id root@qf02
[root@qf01 ~]# ssh-copy-id root@qf03
```

当在命令提示符窗口中出现(yes/no)?时，输入 yes，按下 Enter 键即可完成通过 SSH 免密登录虚拟机 qf01、qf02 和 qf03 的操作。

④ 验证 SSH 免密登录是否设置成功，具体命令如下：

```
[root@qf01 bin]# ssh qf02
```

出现如下内容时，表明虚拟机 qf01 已成功通过 SSH 登录虚拟机 qf02：

```
[root@qf02 ~]#
```

在命令提示符窗口中输入 "exit" 命令，按下 Enter 键，退回虚拟机 qf01。

2.2 Linux 常用命令

在 Linux 系统中，查看系统状态、操作目录和文件等信息都需要使用命令，因此掌握 Linux 中的常用命令是很有必要的。本节将针对 Linux 系统中常见的查看系统信息的命令、磁盘操作命令、目录与文件操作命令以及权限操作命令进行讲解。

微课视频

2.2.1 查看系统、进程和网络信息的命令

1．查看系统信息的命令

Linux 中查看系统信息的命令如表 2-1 所示。

表 2-1　查看系统信息的命令

命令	说明
uname -a	显示当前系统的相关信息
uname -r	显示系统的内核版本
uname -m	显示计算机类型
cat /proc/version	查看当前操作系统的相关信息
cat /etc/redhat-release	查看当前操作系统的发行版信息
date	查看系统时间

2．查看当前主机名

查看当前主机名的命令如下：

```
hostname
```

< 32 >

3．查看网卡信息

查看网卡信息的命令如下：

```
ifconfig
```

4．查看进程状态

查看进程状态的命令如下：

```
ps -aux
```

5．动态显示进程状态

动态显示进程状态的命令如下：

```
top
```

6．以树状图显示进程间的关系

以树状图显示进程间关系的命令如下：

```
pstree
```

7．结束正在运行的指定进程

结束正在运行的指定进程的命令如下：

```
kill -9 进程ID
```

在上述命令中，"-9"表示无条件终止进程。

8．下载网络文件

下载网络文件的命令如下：

```
wget 下载地址
```

2.2.2　磁盘操作命令

磁盘操作命令包括显示系统磁盘的空间用量命令以及用户与组的操作命令。下面对这些命令进行介绍。

1．显示系统磁盘的空间用量命令

显示系统磁盘的空间用量命令如表 2-2 所示。

表 2-2　显示系统磁盘的空间用量命令

命令	说明
df -h	显示磁盘分区信息
fdisk -l	查看磁盘分区
fdisk/dev/sdb	管理磁盘分区
du -sh 目录或文件	查看目录或文件占用的空间大小

2．用户与组的操作命令

用户与组的操作命令如表 2-3 所示。

< 33 >

表 2-3　用户与组的操作命令

命令	说明
useradd xiaoqian	创建普通用户
passwd xiaoqian	设置用户密码
su - xiaoqian	切换用户
groupadd qf	创建用户组
gpasswd -a xiaoqian qf	将用户添加到组中
gpasswd -d xiaoqian qf	将用户从组中删除
groupdel qf	删除组
userdel xiaoqian	删除用户

2.2.3　目录与文件操作命令

1. 目录操作命令

目录操作包括创建目录、查看目录、切换目录、删除目录，其命令如表 2-4 所示。

表 2-4　目录操作命令

命令	说明
mkdir 目录名	创建一个空目录
mkdir -p aba/abb/abc	创建多级目录
pwd	查看当前所在目录
ls -l（可以简写为 ll）	查看目录与文件的属性
ls -a	查看隐藏的目录与文件
cd qf/aba/	切换目录
cd -	返回上次目录
rmdir abc	只能删除空目录
rmdir -p abc/abd	连同上层空目录一起删除

2. 文件操作命令

文件操作包括创建文件、查看文件、复制文件、移动文件、删除文件，其命令如表 2-5 所示。

表 2-5　文件操作命令

命令	说明
touch abc.txt	创建一个空文件
echo hello > word.txt	新建 word.txt 文件，并写入内容 hello
ll abc.txt	查看文件信息
cat/etc/hosts	查看文件内容
more/etc/profile	逐页显示文件内容
head/etc/passwd	查看文件前几行的内容
tail/var/log/messages -	查看文件后几行的内容
grep 'root' /etc/passwd	对文件内容进行过滤，搜索关键词
cp/tmp/file1.txt /opt	复制文件

< 34 >

续表

命令	说明
cp -r/tmp/test01 /opt	复制目录
mv/opt/test01 /tmp	移动文件
rm linux.txt	删除文件
tar -cvf folder.tar file1.txt file2.txt	将多个文件打成一个包
tar -xvf folder.tar -C /home/xiaoqian	解包到指定目录
tar -zcvf file.tar.gz folder1 floder2	将多个文件打包并压缩
tar -zxvf /data3/data0.tar.gz -C /data2	将文件解包并解压缩到指定目录

2.2.4 权限操作命令

Linux/UNIX 的文件调用权限分为三级，分别是文件所有者、同组用户和其他用户。只有文件所有者和超级用户可以修改文件或目录的权限。可以使用绝对模式（八进制数字模式）和符号模式指定文件的权限。文件的操作权限如表 2-6 所示。

表 2-6　文件的操作权限

权限项	文件类型	读	写	执行	读	写	执行	读	写	执行
字符表示	(d|l|c|s|p|)	(r)	(w)	(x)	(r)	(w)	(x)	(r)	(w)	(x)
数字表示		4	2	1	4	2	1	4	2	1
权限分配		文件所有者			用户组			其他用户		

常用的 Linux 文件权限有以下 5 种：

```
444 -r--r--r--
644 -rw-r--r--
666 -rw-rw-rw-
751 -rwxr-xr-x
777 -rwxrwxrwx
```

下面以最后一行为例进行说明。最后一行为-rwxrwxrwx，一共有 10 位。每位的含义如下。

① 第 1 位可为-、d 或 l，表示目录或文件，其中-表示文件，d 表示目录，l 表示软链接文件或软链接目录。

② 第 2、3、4 位表示文件所有者对文件或目录的权限，第 5、6、7 位表示同组用户对文件或目录的权限，第 8、9、10 位表示其他用户对文件或目录的权限。

③ r 表示只读权限，w 表示写入权限，x 表示执行权限。在修改文件或目录权限时，r 可以用数字 4 表示，w 可以用数字 2 表示，x 可以用数字 1 表示。

④ +表示为指定的用户添加权限，-表示为指定的用户删除权限，具体示例如下：

```
chmod 777 1.txt        #为文件的所有用户设置读、写、执行权限
chmod a+x 2.txt        #为文件的所有用户设置执行权限
chmod u+x 1.txt        #为文件的所有者添加执行权限
chmod o-w 1.txt        #为文件的其他用户删除写入权限
```

需要注意的是，在修改文件或目录权限时，文件所有者（user）用 u 表示，同组用户（group）用 g 表示，其他用户（other）用 o 表示，所有用户（all）用 a 表示。

< 35 >

2.3 Hadoop 集群的搭建

在开发大数据的过程中，可以通过在虚拟机上安装多台 Linux 系统来搭建 Hadoop 集群。前面已经讲解了虚拟机的安装、网络配置以及 SSH 服务配置，本节将对 Hadoop 集群搭建进行详细讲解。

微课视频

2.3.1 Hadoop 集群的部署模式

在使用 Hadoop 之前，首先要了解 Hadoop 的安装模式。Hadoop 的安装模式分为 3 种，分别是单机模式（Standalone Mode）、全分布式模式（Cluster Mode）和伪分布式模式（Pseudo-Distributed Mode），具体介绍如下。

（1）单机模式

在单机模式下无须运行任何守护进程，所有的程序完全运行在本地。此时它不需要与其他节点进行交互，不使用 HDFS，也不加载任何 Hadoop 守护进程。单机模式不需要启动任何服务，一般只用于调试使用。

（2）全分布式模式

Hadoop 的守护进程运行在由多个主机搭建的集群上，不同的节点担任不同角色，是真正的生产环境。在 Hadoop 集群中，服务器节点分为主节点（Master，1 个）和从节点（Slave，多个）。伪分布式模式是集群模式的特例，将主节点和从节点合二为一。

（3）伪分布式模式

伪分布式模式是全分布式模式的一个特例。Hadoop 程序的守护进程运行在一个节点上，伪分布式模式用于调试 Hadoop 分布式程序中的代码以及验证程序是否准确执行。

2.3.2 安装 JDK

安装和使用 Hadoop 集群前，需要先安装并配置好 Java 开发工具包 JDK。下面将演示如何在上文规划的 Hadoop 集群主节点 qf01 中安装和配置 JDK，具体步骤如下。

① 从 Orace 官网下载 JDK 安装包 jdk-8u121-linux-x64.rpm，将该安装包放在/root/Downloads 目录下。

② 安装 JDK 的具体命令如下：

```
[root@qf01 ~]# tar -zxvf jdk-8u121-linux-x64.rpm -C /usr/local/
```

③ 安装完 JDK 后，还需要配置 JDK 系统环境变量。使用 vi/etc/profile 命令打开 profile 文件，在文件底部添加如下内容：

```
# 配置 JDK 系统环境变量
export JAVA_HOME=/usr/local/jdk-8u121
export PATH=$PATH:$JAVA_HOME/bin
```

上述系统环境变量中，环境变量 JAVA_HOME 的值是 JDK 的安装目录，变量 PATH 的值是 JDK 中 bin 目录的路径。在/etc/profile 文件中配置完上述 JDK 系统环境变量后，保存退出，然后执行 source/etc/profile 命令方可使配置文件生效。

④ 在完成 JDK 的安装和配置后，为了检测安装效果，可以输入以下命令：

```
$ java -version
```

< 36 >

执行上述命令后，如果显示 JDK 的版本信息，则说明 JDK 安装和配置成功。

2.3.3   安装 Hadoop

Hadoop 是 Apache 软件基金会面向全球开源的产品之一，读者可以从 Apache Hadoop 官网下载并使用该产品。本书以安装 Hadoop3.3.0 版本为例进行讲解。

① 将 Hadoop 的安装包 hadoop-3.3.0.tar.gz 放到主节点 qf01 的/root/Downloads 目录下，并解压到/usr/local/目录下，具体命令如下：

```
[root@qf01 ~]# tar -zxvf/root/Downloads/hadoop-3.3.0.tar.gz -C /usr/local/
```

② 打开文件/etc/profile，配置 Hadoop 环境变量，具体命令如下：

```
[root@qf01 ~]# vi /etc/profile
```

③ 编辑/etc/profile 时，可以依次按下 G 键和 O 键将光标移动到文件末尾，并添加如下内容：

```
# Hadoop environment variables
export JAVA_HOME=/usr/java/jdk1.8.0_121
export HADOOP_HOME=/usr/local/hadoop-3.3.0
export PATH=$PATH:$JAVA_HOME/bin:$HADOOP_HOME/bin:$HADOOP_HOME/sbin
```

编辑完成后，先按下 Esc 键，然后按下 Shift+：组合键，输入 wq 保存并退出。

④ 使配置文件生效的具体命令如下：

```
[root@qf01 ~]# source /etc/profile
```

下面测试 Hadoop 是否安装成功。

① 首先查看 Hadoop 版本，具体命令如下：

```
[root@qf01 ~]# hadoop version
```

② 输出如下内容即说明 Hadoop 安装成功，且安装的版本为 Hadoop 3.3.0：

```
Hadoop 3.3.0
```

在 Hadoop 解压目录下，可以通过 ll 命令查看 Hadoop 的目录结构。下面对主要的目录进行简单介绍。

bin：操作 Hadoop 相关服务（HDFS、YARN）的脚本存放在此目录下，但是通常使用的脚本是 sbin 目录下的。

etc：Hadoop 配置文件存放在此目录下，主要包含 core-site.xml、hdfs-site.xml、mapred-site.xml 等从 Hadoop1.0 继承而来的配置文件和 yarn-site.xml 等 Hadoop2.0 新增的配置文件。

lib：Hadoop 对外提供的编程动态库和静态库存放在此目录下。

sbin：Hadoop 管理脚本存放在此目录下，主要包含 HDFS 和 YARN 中各类服务的启动/关闭脚本。

src：Hadoop 的源码包存放在此目录下。

2.3.4   Hadoop 集群的配置

为了在多台机器上进行 Hadoop 集群搭建，还需要对相关配置文件进行修改，以保证集群服务协调运行。

Hadoop 集群搭建的主要配置文件与功能如表 2-7 所示。

< 37 >

表 2-7　Hadoop 集群搭建的主要配置文件与功能

配置文件	功能描述
hadoop-env.sh	配置 Hadoop 运行所需的环境变量
yarn-env.sh	配置 YARN 运行所需的环境变量
core-site.xml	Hadoop 核心全局配置文件，可在其他配置文件中引用该文件
hdfs-site.xml	HDFS 配置文件，继承 core-site.xml 配置文件
mapred-site.xml	MapReduce 配置文件，继承 core-site.xml 配置文件
yarn-site.xml	YARN 配置文件，继承 core-site.xml 配置文件

表 2-7 中，hodoop-env.sh 和 yarn-env.sh 配置文件指定 Hadoop 和 YARN 所需的运行环境，hadoop-env.sh 配置文件用来保证 Hadoop 系统能够正常执行 HDFS 的守护进程 NameNode、SecondaryNameNode 和 DataNode，yarn-env.sh 配置文件用来保证 YARN 的守护进程 ResourceManager 和 NodeManager 能正常启动。其他 4 个配置文件用来设置集群的运行参数，在这些配置文件中可以使用 Hadoop 默认配置文件中的参数来优化 Hadoop 集群，从而使集群更加稳定高效。

Hadoop 提供的默认配置文件 core-default.xml、hdfs-default.xml、mapred-default.xml 和 yarn-default.xml 中的参数很多，在此不再列举说明。具体使用时可以通过 Hadoop 官方文档中的 Configuration 部分进行学习和查看。

下面详细讲解 Hadoop 集群的配置，具体步骤如下。

1. 配置 Hadoop 集群主节点

① 修改 hadoop-env.sh 文件。进入主节点 qf01 解压包下的/etc/hadoop/目录，使用 "vi hadoop-env.sh" 命令打开其中的 hadoop-env.sh 文件；找到 JAVA_HOME 参数的位置，进行如下修改（注意 JDK 路径）：

```
export JAVA_HOME=/export/servers/jdk
```

上述配置文件中设置的 JDK 系统环境变量 JAVA_HOME 是 Hadoop 运行时需要的，它能够使 Hadoop 启动时执行守护进程。

② 在虚拟机 qf01 上切换到/usr/local/hadoop-3.3.0/etc/hadoop/目录下，具体命令如下：

```
[root@qf01 ~]# cd /usr/local/hadoop-3.3.0/etc/hadoop
```

③ 配置 core-site.xml 文件。core-site.xml 是 Hadoop 的核心配置文件，用于配置 HDFS 的地址、端口号以及临时文件目录。下面介绍配置 core-site.xml 文件的步骤。

a. 打开 core-site.xml 文件，具体命令如下：

```
[root@qf01 hadoop]# vi core-site.xml
```

b. 将 core-site.xml 文件中的内容替换为以下内容：

```
<configuration>
    <!-- 指定文件系统的名称-->
    <property>
        <name>fs.defaultFS</name>
        <value>hdfs://qf01:9870</value>
    </property>
    <!-- 配置 Hadoop 运行时产生数据的临时存储目录 -->
    <property>
        <name>hadoop.tmp.dir</name>
```

< 38 >

```
        <value>/tmp/hadoop-qf01</value>
    </property>
    <!-- 配置操作 HDFS 的缓存大小 -->
    <property>
        <name>io.file.buffer.size</name>
        <value>4096</value>
    </property>
</configuration>
```

上述文件配置了 HDFS 的主进程 NameNode 运行主机（Hadoop 集群的主节点）以及 Hadoop 运行时生成数据的临时存储目录。

④ 配置 hdfs-site.xml 文件。hdfs-site.xml 文件用于设置 HDFS 的 NameNode 和 DataNode 两大进程。打开该配置文件并添加配置内容，具体步骤如下所示。

a. 打开 hdfs-site.xml 文件，具体命令如下：

```
[root@qf01 hadoop]# vihdfs-site.xml
```

b. 将 hdfs-site.xml 文件中的内容替换为以下内容：

```
<configuration>
    <!-- 配置 HDFS 块的副本数（全分布模式下的默认副本数是 3，最大副本数是 512） -->
    <property>
        <name>dfs.replication</name>
        <value>3</value>
    </property>
    <!-- 配置- secondary namenode 所在主机的 IP 和端口-->
    <property>
        <name>dfs.namenode.secondary.http-address</name>
        <value>qf02:9868</value>
</property>
```

上述文件配置了 HDFS 数据块的副本数量（默认值为 3，此处可省略），并根据需要设置了 Secondary NameNode 所在主机的 IP 地址。

⑤ 配置 mapred-site.xml 文件。mapred-site.xml 文件用于指定 MapReduce 运行时框架的一些参数和属性，例如内存限制、任务调度策略等，是 MapReduce 的核心配置文件。/etc/hadoop/目录中默认不存在 mapred-site.xml 文件，需要首先使用 "cp mapred-site.xml.template mapred-site.xml" 命令将名为 mapred-site.xml.template 的文件复制并重命名为 "mapred-site.xml"，然后打开 mapred-site.xml 文件进行修改，具体步骤如下所示。

a. 打开 mapred-site.xml 文件的具体命令如下：

```
[root@qf01 hadoop]# vimapred-site.xml
```

b. 将 mapred-site.xml 文件中的内容替换为以下内容：

```
<configuration>
    <!-- 指定 MapReduce 的运行框架 -->
    <property>
        <name>mapreduce.framework.name</name>
        <value>yarn</value>
    </property>
</configuration>
```

⑥ 配置 yarn-site.xml 文件。在此文件中，指定 YARN 集群的管理者，具体步骤如下所示。

< 39 >

a. 打开 yarn-site.xml 文件的具体命令如下：

```
[root@qf01 hadoop]# vi yarn-site.xml
```

b. 将 yarn-site.xml 文件中的内容替换为以下内容：

```
<configuration>
    <!-- 指定启动 Yarn 的 ResourceManager 服务的主机 -->
    <property>
        <name>yarn.resourcemanager.hostname</name>
        <value>qf01</value>
    </property>
    <!-- 设置 NodeManager 启动时加载 Shuffle 服务 -->
    <property>
        <name>yarn.nodemanager.aux-services</name>
        <value>mapreduce_shuffle</value>
    </property>
</configuration>
```

上述文件中，配置 YARN 主进程 ResourceManager 服务的主机为 qf01；将 NodeManager 运行时的附属服务设置为 mapreduce_shuffle，才能正常运行 MapReduce 的默认程序。

⑦ 设置从节点，即修改 workers 文件。此文件用来记录 Hadoop 集群所有从节点（HDFS 的 DataNode 和 YARN 的 NodeManager）的主机名，以配合使用脚本一键启动集群的从节点（保证关联节点配置了 SSH 免密登录）。修改 workers 文件的具体步骤如下：

a. 打开 workers 文件的具体命令如下：

```
[root@qf01 hadoop]# viworkers
```

b. 填写所有需要配置成从节点的主机名。具体做法是将 workers 文件中的内容替换为以下内容：

```
qf01
qf02
qf03
```

需要注意的是：每个主机名占一行。

2. 将集群主节点的配置文件分发给其他子节点

完成 Hadoop 集群主节点 qf01 的配置后，还需要将系统环境的配置文件、JDK 的安装目录和 Hadoop 的安装目录分发给节点 qf02 和 qf03，具体命令如下：

```
[root@qf01 ~]# scp /etc/profile qf02:/etc/profile
[root@qf01 ~]# scp /etc/profile qf03:/etc/profile
[root@qf01 ~]# scp -r /usr/local/hadoop-3.3.0 qf02:/usr/local/
[root@qf01 ~]# scp -r /usr/local/hadoop-3.3.0 qf03:/usr/local/
```

执行完上述所有命令后，需要在 qf02 和 qf03 节点上分别执行 source /etc/profile 命令刷新配置文件。至此，整个集群所有节点都有了 Hadoop 运行所需要的环境和文件，Hadoop 集群的安装配置也就完成了。

2.4 Hadoop 集群的测试

微课视频

搭建完 Hadoop 集群之后，需要对其进行测试。测试的内容包括格式化文件系统、启动和关闭

< 40 >

Hadoop 进程命令、启动和查看 Hadoop 进程以及监控 HDFS 集群和 YARN 集群。本节将对这些内容进行讲解。

2.4.1　格式化文件系统

初次启动 HDFS 集群之前，必须对主节点进行格式化处理。格式化处理的命令有两种方式。第 1 种格式化处理的命令如下：

```
[root@qf01 ~]# hdfsnamenode -format
```

第 2 种格式化处理的命令如下：

```
[root@qf01 ~]# hadoop namenode -format
```

执行上述任意一条命令均可以对 Hadoop 集群进行格式化。执行格式化指令之后，若出现 "has been successfully formatted" 信息，表明 HDFS 文件系统已成功格式化，即可正式启动集群；否则，需要检查看命令是否正确，或此前 Hadoop 集群的安装和配置是否正确。

此外需要注意的是，上述格式化命令只需要在 Hadoop 集群初次启动前执行一次即可，后续重复启动集群时无须执行格式化命令。

2.4.2　启动和关闭 Hadoop 进程命令

Hadoop 集群的启动需要启动内部包含的两个集群框架：HDFS 集群和 YARN 集群。启动方式有单节点逐个启动和使用脚本一键启动两种。启动和关闭 Hadoop 进程的常用命令及说明如表 2-8 所示。

表 2-8　启动和关闭 Hadoop 进程的常用命令及说明

命令	说明
start-dfs.sh	启动 Hadoop 的 HDFS 进程：NameNode、SecondaryNameNode、DataNode
stop-dfs.sh	关闭 Hadoop 的 HDFS 进程：NameNode、SecondaryNameNode、DataNode
hadoop-daemon.sh start namenode	单独启动某个节点的 NameNode 进程
hadoop-daemon.sh stop namenode	单独关闭某个节点的 NameNode 进程
hadoop-daemon.sh start datanode	单独启动某个节点的 DataNode 进程
hadoop-daemon.sh stop datanode	单独关闭某个节点的 DataNode 进程
hadoop-daemons.sh start namenode	启动所有节点的 NameNode 进程
hadoop-daemons.sh stop namenode	关闭所有节点的 NameNode 进程
hadoop-daemons.sh start datanode	启动所有节点的 DataNode 进程
hadoop-daemons.sh stop datanode	关闭所有节点的 DataNode 进程
hadoop-daemon.sh start secondarynamenode	单独启动 SecondaryNameNode 进程
hadoop-daemon.sh stop secondarynamenode	单独关闭 SecondaryNameNode 进程
start-yarn.sh	启动 Hadoop 的 YARN 进程：ResourceManager、NodeManager
stop-yarn.sh	关闭 Hadoop 的 YARN 进程：ResourceManager、NodeManager
yarn-daemon.sh start resourcemanager	单独启动 ResourceManager 进程
yarn-daemon.sh stop resourcemanager	单独关闭 ResourceManager 进程
yarn-daemons.sh start nodemanager	单独启动 NodeManager 进程
yarn-daemons.sh stop nodemanager	单独关闭 NodeManager 进程

< 41 >

2.4.3 启动和查看 Hadoop 进程

在虚拟机 qf01 上启动 Hadoop 进程，具体命令如下：

```
[root@qf01 hadoop]# start-dfs.sh
[root@qf01 hadoop]# start-yarn.sh
```

查看 Hadoop 进程的方法如下所示。

① 在虚拟机 qf01 中查看 Hadoop 进程，操作命令和返回结果如下：

```
[root@qf01 hadoop]# jps
3856 NameNode
5284 Jps
3974 DataNode
4472 NodeManager
4362 ResourceManager
```

提示

上述命令以 3856 NameNode 为例，3856 是进程 ID。

② 在虚拟机 qf02 中查看 Hadoop 进程，操作命令和返回结果如下：

```
[root@qf02 hadoop]# jps
3398 DataNode
3575 NodeManager
4490 Jps
```

③ 在虚拟机 qf03 中查看 Hadoop 进程，操作命令和返回结果如下：

```
[root@qf03 hadoop]# jps
2978 DataNode
3043 SecondaryNameNode
3221 NodeManager
3805 Jps
```

如果看到规划的 Hadoop 进程均已启动，说明 Hadoop 全分布式集群搭建成功。

需要注意的是，由于只在 root 用户下搭建了 Hadoop 全分布式集群，再次启动虚拟机时，需要切换到 root 用户下进行相关操作。

2.4.4 监控 HDFS 集群和 YARN 集群

Hadoop 集群正常启动后，默认开放 9870 和 8088 两个端口，分别用于监控 HDFS 集群和 YARN 集群。在本地操作系统的浏览器中输入集群服务的 IP 和对应的端口号即可访问。

为了后续方便查看，可以在本地宿主机的 hosts 文件（Windows 10 操作系统下路径为 C:\Windows\System32\drivers\etc\hosts）中添加集群服务的 IP 映射，具体示例如下（读者可以根据自己的集群构建进行相应的配置）：

```
192.168.142.131 qf01
192.168.142.132 qf02
192.168.143.133 qf03
```

使用外部 Web 浏览器访问虚拟机服务时，还需要对外部开放 Hadoop 集群服务的端口号。为了后续学习方便，这里直接关闭所有集群节点的防火墙，具体操作如下。

< 42 >

① 首先在所有集群节点上关闭系统防火墙服务，具体命令如下：

```
[root@qf01 ~]# service iptables stop
```

② 然后在所有集群节点上禁用防火墙的开机启动功能，具体命令如下：

```
[root@qf01 ~]# chkconfigiptables off
```

③ 执行完上述操作后，通过宿主机的 Web 浏览器分别访问 http://qf01:50070（集群服务 IP+端口号）和 http://qf01:8088，监控 HDFS 集群和 YARN 集群的状态，效果分别如图 2-36 和图 2-37 所示。

图 2-36　监控 HDFS 集群的状态

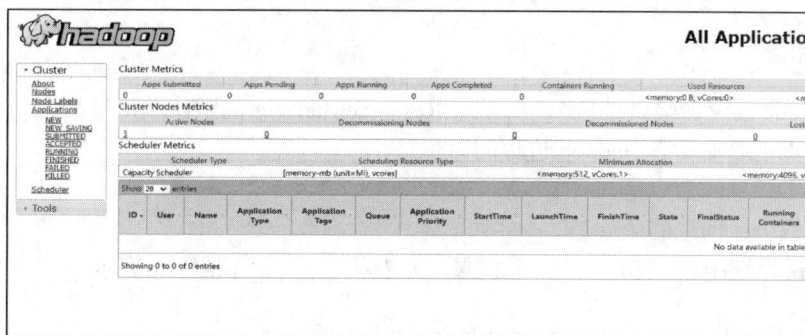

图 2-37　监控 YARN 集群的状态

从图 2-36 和图 2-37 中可以看到，HDFS 集群 YARN 集群的状态均能通过 Web 方式正常访问，并且状态显示正常。

2.5　Hadoop 集群的使用

下面通过简单的案例，来初步了解 Hadoop 集群的使用。

① 在集群主节点 qf01 上的/root/目录下，使用"vi word.tx"命令新建一个 word.txt 文件，并插入如下文本内容：

```
hadoop hive
hive hbase
flume sqoop
```

微课视频

② 上传 word.txt 到 HDFS 的/目录下，具体命令如下：

```
[root@qf01 ~]# hdfs dfs -put /word.txt /
```

< 43 >

③ 查看上传的 word.txt 文件，具体命令如下：

```
[root@qf01 ~]# hdfs dfs -cat /word.txt
```

④ 查看本地 word.txt 文件，具体命令如下：

```
[root@qf01 ~]# cat word.txt
```

可以通过 Web 页面下载上传的 word.txt 文件。如果上传的 word.txt 文件与本地的 word.txt 文件内容一致，则表明 Hadoop 集群搭建成功。

本章小结

本章主要讲解了虚拟机的安装与克隆、Linux 系统网络配置、SSH 服务配置、Linux 的常用命令、Hadoop 集群的搭建、测试和使用。其中 Hadoop 集群的搭建、测试和使用是本章的重要内容，需要读者掌握，为后续搭建、测试和使用 Hadoop 集群奠定基础。

习题

一、填空题

1. NameNode 的默认端口号是_____，ResourceManager 的默认端口号是_____。
2. 在主节点上启动所有 Hadoop 进程的命令是_____。
3. 查看网卡信息的命令是_____。
4. 显示磁盘分区信息的命令是_____。
5. 在 Linux 系统中，r 表示_____权限，w 表示_____权限，x 表示_____权限。

二、选择题

1. 下列选项中，可以显示当前目录的命令是（   ）。
   A. cd   B. pwd   C. who   D. ls
2. 下列选项中，可以查看主机名称的命令是（   ）。
   A. ifconfig   B. hostname   C. top   D. wget
3. 下列选项中，可以对磁盘分区进行管理的命令是（   ）。
   A. df -h   B. fdisk -l   C. du -sh   D. fdisk /dev/sdb
4. 下列选项中，可以删除文件信息的命令是（   ）。
   A. ls -a   B. ll abc.txt   C. rm linux.txt   D. rmdir abc
5. 下列选项中，可以查看文件信息的命令是（   ）。
   A. ls -a   B. ll abc.txt   C. rm linux.txt   D. rmdir abc

三、简答题

1. 请简述 HDFS 集群部署的 3 种模式。
2. 请简述 Linux 系统网络配置的步骤。

< 44 >

第 3 章　分布式协调框架 ZooKeeper

学习目标

- 掌握 ZooKeeper 的设计目标。
- 掌握 ZooKeeper 的工作原理。
- 掌握 ZooKeeper 的安装方式与常用命令，能够在单机模式与全分布式模式下安装与配置 ZooKeeper 集群。
- 掌握 ZooKeeper 的客户端实战步骤，能够创建和管理 ZooKeeper 客户端的节点。
- 掌握 ZooKeeper 的典型应用场景。

　　ZoopKeeper 是 Hadoop 集群管理中必不可少的组件，它提供了一套分布式集群管理机制。在 ZoopKeeper 的协调下，Hadoop 集群可以实现高可用性，从而保证了集群的稳定性。对于实际生产环境来说，这具有非常重要的意义。本章将围绕初识 ZoopKeeper、ZoopKeeper 的安装和常用命令、ZoopKeeper 客户端实战以及 ZoopKeeper 的典型应用场景进行介绍。

3.1　初识 ZooKeeper

微课视频

3.1.1　ZooKeeper 简介

　　ZooKeeper 是一个开源的分布式协调框架，由 Apache 软件基金会开发和维护。它为分布式应用程序提供了高度可靠的协调功能，使开发人员可以构建可扩展的分布式系统。ZooKeeper 用于实现分布式系统中常见的发布/订阅、负载均衡、命令服务、分布式协调/通知、集群管理、Master 选举、分布式锁和分布式队列等功能。

　　ZooKeeper 具有以下 6 个特性。

　　① 顺序一致性：从一个客户端发起的事务请求，最终都会严格按照其发起的顺序被应用到 ZooKeeper 中。

　　② 原子性：ZooKeeper 的客户端在读取数据时，只有成功和失败两种状态，不会出现只读取部分数据的情况。

　　③ 单一视图：所有客户端看到的服务器端数据模型都是一致的。

　　④ 可靠性：具有简单、健壮、良好的性能，组成 ZooKeeper 框架的服务器必须互相知道其他服务器的存在。

　　⑤ 实时性：ZooKeeper 保证客户端将在一段时间间隔范围内获得服务器的更新信息或者失效信息。一旦数据发生变更，其他节点会实时感知到。

⑥ 等待无关（wait-free）：指慢速或失效的客户端不会干扰快速客户端的请求，从而确保每个客户端都能有效地等待并获得响应。

3.1.2 ZooKeeper 的设计目标

ZooKeeper 致力于为那些高吞吐的大型分布式系统提供高性能、高可用且具有严格顺序访问控制能力的分布式协调服务。ZooKeeper 具有以下 4 个设计目标。

1．简单的数据模型

ZooKeeper 通过树形结构来存储数据，它由一系列名为 ZNode 的数据节点组成。ZooKeeper 将数据全部存储在内存中，以此来实现高吞吐，减少访问延迟。

2．构建集群

ZooKeeper 集群由一组 ZooKeeper 服务构成，集群中每台机器都会单独在内存中维护自身的状态，并且每台机器之间都保持通信，只要集群中有半数机器能够正常工作，那么整个集群就可以正常提供服务。ZooKeeper 集群如图 3-1 所示。

图 3-1 中包括服务器（Server）和客户端（Client）两部分。

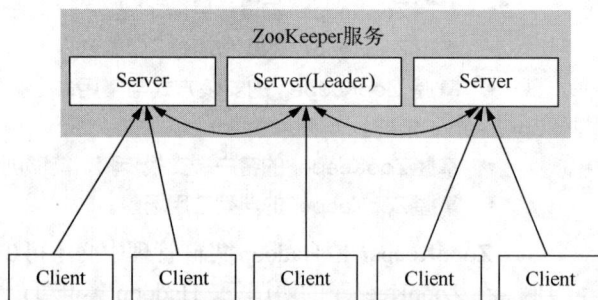

图 3-1　ZooKeeper 集群

① 客户端可以连接 ZooKeeper 集群中的任意服务器。客户端与服务器的建立基于 TCP（Transmission Control Protocol，传输控制协议）的连接，主要负责发送请求和心跳，接收响应并监视事件。

需要注意的是，TCP 是一种面向连接的、可靠的、基于字节流的传输层通信协议。

② 如果客户端与服务器的 TCP 连接中断，客户端会自动尝试重新连接其他可用的服务器。

③ 当客户端第一次连接到一台服务器时，该服务器会为客户端建立一个会话。当客户端连接到其他服务器时，新的服务器会为客户端重新建立一个会话。

3．顺序访问

对于来自客户端的每个更新请求，ZooKeeper 都会分配一个全局唯一的递增 ID。这个 ID 反映了所有事务请求的先后顺序。

4．高性能与高可用

ZooKeeper 将数据全部存储在内存中以保持高性能，并通过服务集群来实现高可用。由于 ZooKeeper 的所有更新和删除都是基于事务的，所以其在读多写少的应用场景中有着很高的性能表现。

3.1.3 ZooKeeper 工作原理

ZooKeeper 的工作原理主要是选举一台服务器作为领导者（Leader）对外提供服务；当该领导者出现问题时，从剩下的多台服务器中快速选出一台新的领导者继续对外提供服务。ZooKeeper 的工作核心还有原子广播，该机制保证了各个服务之间的同步，从而保证数据的一致性。实现这个机制的协议被称为 ZAB（ZooKeeper Atomic Broadcast，ZooKeeper 原子广播）协议。

ZAB 协议有两种模式，分别是恢复模式和广播模式。当服务启动或领导者崩溃后，ZAB 就进入恢复模式；当领导者被选举出来且大多数服务与领导者的状态同步以后，恢复模式就结束了。这种

< 46 >

状态同步保证了领导者和服务具有相同的系统状态。当领导者与多数跟随者（Follower）的状态同步后，ZAB 就进入了广播模式。此时当一个服务加入 ZooKeeper 服务中后，该服务会在恢复模式下启动，并发现领导者，与领导者的状态同步，直到同步结束，同时它也参与广播模式。当领导者出现故障或失去大部分跟随者时，ZooKeeper 集群会在跟随者中选举出一个新的领导者，保证客户端（Client）无论从哪个 ZooKeeper 集群的服务中获取的数据都是一致的，从而保证数据的一致性。

ZooKeeper 工作原理的流程如图 3-2 所示。

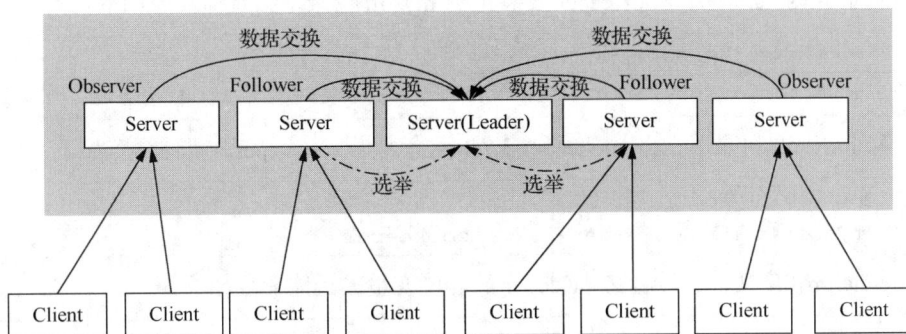

图 3-2　ZooKeeper 工作原理的流程

图 3-2 中存在 3 个角色，分别是 Leader、Follower 和 Observer。这 3 个角色的介绍如下所示。

1．Leader

Leader 是 ZooKeeper 集群中的领导者，在整个集群中有且只有一个。它是事务请求的唯一调度者和处理者，负责管理整个集群，保证数据的一致性。除此之外，Leader 还负责数据事务相关的操作（增、删、改）。

2．Follower

Follower 是 ZooKeeper 集群中的跟随者，整个集群中可能存在多个，其主要职责是实时从主节点拉取数据，保持数据的一致性，同时负责数据非事务（读）相关的操作，转发数据事务操作给 Leader 服务，参与 Leader 的选举过程。

3．Observer

Observer 是 ZooKeeper 集群中的观察者。随着 ZooKeeper 集群中服务的增多，投票选举 Leader 的阶段会耗费更多时间，从而影响集群的性能。为了增强集群的扩展性，保证数据的高吞吐量，ZooKeeper 3.3.0 版本开始引入 Observer 角色。Observer 与 Follower 的区别是 Observer 不参与 Leader 的选举投票。

3.2　ZooKeeper 的安装和常用命令

在使用 ZooKeeper 之前需要对其进行安装与配置。由于 ZooKeeper 是使用 Java 语言编写的，运行在 JVM（Java Virtual Machine，Java 虚拟机）上，所以在安装 ZooKeeper 之前需要先安装 JDK8 并配置好 Java 环境。ZooKeeper 的安装模式有两种，分别是单机模式（Standalone Mode）和全分布式模式。本节将围绕单机模式下安装与配置 ZooKeeper、全分布式模式下安装与配置 ZooKeeper、ZooKeeper 客户端节点和命令进行讲解。

微课视频

< 47 >

3.2.1　单机模式下安装与配置 ZooKeeper

在单机模式下，ZooKeeper 以单个节点的形式在单机上运行。这种模式适用于开发、测试和小规模部署场景。在单机模式下安装和配置 ZooKeeper 的基本步骤如下。

① 将 ZooKeeper 安装包 zookeeper-3.7.1 放到虚拟机 qf01 的/root/Downloads/目录下；切换到 root 用户，新建目录/mysoft，解压 ZooKeeper 安装包到/mysoft 目录下，具体命令如下：

```
[root@qf01 ~]# mkdir/mysoft
[root@qf01 ~]# tar -zxvf /root/Downloads/zookeeper-3.7.1.tar.gz -C /mysoft/
```

② 切换到/mysoft 目录下，将 zookeeper-3.7.1 重命名为 zookeeper，具体命令如下：

```
[root@qf01 ~]# cd/mysoft/
[root@qf01 mysoft]# mv zookeeper-3.7.1 zookeeper
```

③ 打开/etc/profile 文件，配置 ZooKeeper 的环境变量，具体命令如下：

```
[root@qf01 mysoft]# vi/etc/profile
```

在文件末尾添加如下 3 行内容：

```
# ZooKeeper environment variables
export ZOOKEEPER_HOME=/mysoft/zookeeper
export PATH=$PATH:$ZOOKEEPER_HOME/bin
```

④ 使环境变量生效，具体命令如下：

```
[root@qf01 mysoft]# source /etc/profile
```

⑤ 将文件/mysoft/zookeeper/conf/zoo_sample.cfg 重命名为 zoo.cfg（ZooKeeper 的配置文件），具体命令如下：

```
[root@qf01 mysoft]# cd/mysoft/zookeeper/conf/
[root@qf01 conf]# mv zoo_sample.cfg zoo.cfg
```

⑥ 启动 ZooKeeper 的服务器，具体命令如下：

```
[root@qf01 conf]# zkServer.sh start
ZooKeeper JMX enabled by default
Using config: /mysoft/zookeeper/bin/../conf/zoo.cfg
Starting ZooKeeper ... STARTED
```

⑦ 检测 ZooKeeper 服务器是否启动成功有两种方法。

a. 查看 ZooKeeper 服务器的启动状态，具体命令如下：

```
[root@qf01 conf]# zkServer.sh status
```

出现如下内容表明 ZooKeeper 服务器启动成功：

```
ZooKeeper JMX enabled by default
Using config: /mysoft/zookeeper/bin/../conf/zoo.cfg
Mode: standalone
```

b. 用 jps 命令查看 ZooKeeper 服务器的 QuorumPeerMain 进程是否启动，具体命令如下：

```
[root@qf01 conf]# jps
11716 Jps
10412 QuorumPeerMain
```

< 48 >

出现 QuorumPeerMain 进程表明 ZooKeeper 服务器启动成功。QuorumPeerMain 是 ZooKeeper 集群的启动入口。

⑧ 关闭 ZooKeeper 服务器，具体命令如下：

```
[root@qf01 conf]# zkServer.sh stop
ZooKeeper JMX enabled by default
Using config: /mysoft/zookeeper/bin/../conf/zoo.cfg
Stopping ZooKeeper ... STOPPED
```

3.2.2　全分布式模式下安装与配置 ZooKeeper

在全分布式模式下，ZooKeeper 集群由多个服务的节点组成，每个节点都运行在不同的主机上，形成一个分布式系统。全分布式模式为 ZooKeeper 提供了高可用性、高容错性和高扩展性。在全分布式模式下安装和配置 ZooKeeper 的基本步骤如下。

① 修改 ZooKeeper 的配置文件 zoo.cfg，具体命令如下：

```
[root@qf01 conf]# vi/mysoft/zookeeper/conf/zoo.cfg
```

将 dataDir=/tmp/zookeeper 修改为如下内容：

```
dataDir=/mysoft/zookeeper/zkdata
```

在文件末尾添加如下 3 行命令：

```
server.1=qf01:2888:3888
server.2=qf02:2888:3888
server.3=qf03:2888:3888
```

上述内容中，server 后面的 1、2、3 被称为 myid，要求是在 1~255 的整数；qf01、qf02、qf03 是其对应的主机地址；2888 是 Leader 端口，负责和 Follower 进行通信；3888 是 Follower 端口，负责与其他节点推选 Leader。

② 新建目录/mysoft/zookeeper/zkdata，在该目录下新建文件 myid，具体命令如下：

```
[root@qf01 conf]# mkdir/mysoft/zookeeper/zkdata
[root@qf01 conf]# vi/mysoft/zookeeper/zkdata/myid
```

在 myid 文件中填写如下内容：

```
1
```

③ 将/mysoft/zookeeper/分发给虚拟机 qf02、qf03，具体命令如下：

```
[root@qf01 conf]# scp -r/mysoft/zookeeper/qf02:/mysoft/
[root@qf01 conf]# scp -r/mysoft/zookeeper/qf03:/mysoft/
```

④ 修改虚拟机 qf02 的/mysoft/zookeeper/zkdata/myid 文件，具体命令如下：

```
[root@qf02 ~]# vi/mysoft/zookeeper/zkdata/myid
```

将 myid 文件中的内容替换为如下内容：

```
2
```

⑤ 修改虚拟机 qf03 的/mysoft/zookeeper/zkdata/myid 文件，具体命令如下：

```
[root@qf03 ~]# vi/mysoft/zookeeper/zkdata/myid
```

将 myid 文件中的内容替换为如下内容：

< 49 >

3

⑥ 将虚拟机 qf01 的系统环境变量分发给虚拟机 qf02、qf03，具体命令如下：

```
[root@qf01 conf]# scp -r/etc/profile qf02:/etc/profile
[root@qf01 conf]# scp -r/etc/profile qf03:/etc/profile
```

⑦ 分别使虚拟机 qf02、qf03 的环境变量生效，具体命令如下：

```
[root@qf02 ~]# source/etc/profile
[root@qf03 ~]# source/etc/profile
```

⑧ 分别启动虚拟机 qf01、qf02、qf03 的 ZooKeeper 服务器，具体命令如下：

```
[root@qf01 conf]# zkServer.sh start
[root@qf02 ~]# zkServer.sh start
[root@qf03 ~]# zkServer.sh start
```

⑨ 分别查看各虚拟机的 ZooKeeper 服务器的启动状态。

a. 查看虚拟机 qf01 的 ZooKeeper 服务器的启动状态，具体命令如下：

```
[root@qf01 conf]# zkServer.sh status
ZooKeeper JMX enabled by default
Using config: /mysoft/zookeeper/bin/../conf/zoo.cfg
Mode: follower
```

b. 查看虚拟机 qf02 的 ZooKeeper 服务器的启动状态，具体命令如下：

```
[root@qf02 ~]# zkServer.sh status
ZooKeeper JMX enabled by default
Using config: /mysoft/zookeeper/bin/../conf/zoo.cfg
Mode: leader
```

c. 查看虚拟机 qf03 的 ZooKeeper 服务器的启动状态，具体命令如下：

```
[root@qf03 ~]# zkServer.sh status
ZooKeeper JMX enabled by default
Using config: /mysoft/zookeeper/bin/../conf/zoo.cfg
Mode: follower
```

查看启动状态返回的结果中若出现 Mode: follower 或 Mode: leader，表明虚拟机 qf02 和 qf03 的 ZooKeeper 服务器启动成功。

启动和关闭 ZooKeeper 集群需要在每台虚拟机上启动和关闭 ZooKeeper 服务器。在实际工作中，使用的服务器可能会比较多，在每台服务器上进行重复操作的效率不高。为了方便启动和关闭 ZooKeeper 集群，可以编写启动脚本 xzk.sh，具体步骤如下。

① 在虚拟机 qf01 的/usr/local/bin/目录下新建 xzk.sh 脚本文件，xzk.sh 文件的内容如下：

```
#!/bin/bash
cmd=$1
if [ $# -gt 1 ] ; then echo param must be 1 ; exit ; fi
for (( i=1 ; i<=3 ; i++ )) ; do
  tputsetaf 5
  echo ============ qf0$i $@ ============
  tputsetaf 9
  ssh qf0$i "source /etc/profile ; zkServer.sh $cmd"
done
```

< 50 >

② 为 xzk.sh 脚本拥有者添加执行权限，具体命令如下：

```
[root@qf01 bin]# chmod u+x xzk.sh
```

③ 通过 xzk.sh 脚本的 start 和 stop 命令，在虚拟机 qf01 上同时启动和关闭虚拟机 qf01、qf02、qf03 的 ZooKeeper 服务器，具体命令如下：

```
[root@qf01 bin]# xzk.sh start
[root@qf01 bin]# xzk.sh stop
```

至此，在全分布式模式下已完成对 ZooKeeper 的安装。

3.2.3 ZooKeeper 客户端的节点和命令

安装完 ZooKeeper 之后，本小节将围绕 ZooKeeper 的客户端节点和命令进行讲解。

1．ZooKeeper 客户端的节点

ZooKeeper 客户端的文件系统使用树形目录结构，与 Linux 文件系统类似。ZooKeeper 客户端的目录项都被称为节点（ZNode），每个节点拥有数据、数据长度、创建时间、修改时间和子节点数量等信息。

ZooKeeper 客户端的节点有 3 种类型，分别是持久节点、临时节点和顺序节点。

① 持久节点（Persistent Node）：指在 ZooKeeper 客户端退出后，不会自动删除的节点。ZooKeeper 客户端默认创建永久节点。

② 临时节点（Ephemeral Node）：指在 ZooKeeper 上创建的会话关联的节点。ZooKeeper 客户端退出后，会自动删除临时节点。临时节点不能有子节点。使用者可以通过临时节点判断分布式服务的打开或关闭。

③ 顺序节点（Sequential Node）：指节点名称末尾会自动附加一个 10 位序列号的节点。顺序节点通常用于实现有序性，客户端可以根据节点的序列号来确定节点的顺序。持久节点和临时节点都可以是顺序节点。

在实际生产环境中，通常多个应用系统会使用相同的 ZooKeeper，但是不同应用系统很少使用共同的数据。鉴于这种情况，ZooKeeper 采用 ACL（Access Control List，访问控制列表）策略进行权限控制，类似于 Linux 文件系统的权限控制。ZooKeeper 的节点定义了 5 种节点权限，如表 3-1 所示。

表 3-1 ZooKeeper 的节点权限

权限名称	说明
CREATE	创建子节点的权限
READ	获取子节点数据和子节点列表的权限
WRITE	更新节点数据的权限
DELETE	删除子节点的权限
ADMIN	设置节点 ACL 的权限

2．ZooKeeper 客户端的命令

使用 ZooKeeper 客户端之前，首先需要打开 ZooKeeper 本地客户端与指定的远程客户端。下面介绍在全分布式模式下打开 ZooKeeper 本地客户端与指定的远程客户端的方法，同时介绍 ZooKeeper 客户端的常用命令。

< 51 >

（1）打开 ZooKeeper 本地客户端

在虚拟机 qf01、qf02、qf03 的 ZooKeeper 服务器都启动的情况下，在虚拟机 qf01 中使用如下命令打开本地客户端：

```
[root@qf01 conf]# zkCli.sh
```

出现如下内容，表明 ZooKeeper 客户端启动成功：

```
[zk: localhost:2181(CONNECTED) 0]
```

退出 ZooKeeper 客户端的具体命令如下：

```
[zk: localhost:2181(CONNECTED) 0] quit
```

（2）打开指定的 ZooKeeper 远程客户端

例如，在虚拟机 qf01 上打开远程虚拟机 qf02 的 ZooKeeper 客户端，具体命令如下：

```
zkCli.sh -server qf02:2181
```

其中，qf02 指的是虚拟机 qf02 的主机地址。

出现如下内容，表明虚拟机 qf02 的 ZooKeeper 客户端启动成功：

```
[zk: qf02:2181(CONNECTED) 0]
```

（3）查看客户端的命令

使用 help 命令查看 ZooKeeper 客户端的命令：

```
[zk: qf02:2181(CONNECTED) 0] help
ZooKeeper -server host:port cmd args
    stat path [watch]
    set path data [version]
    ls path [watch]
    delquota [-n|-b] path
    ls2 path [watch]
    setAcl path acl
    setquota -n|-b val path
    history
    redo cmdno
    printwatches on|off
    delete path [version]
    sync path
    listquota path
    rmr path
    get path [watch]
    create [-s] [-e] path data acl
    addauth scheme auth
    quit
    getAcl path
    close
    connect host:port
```

ZooKeeper 客户端的常用命令如表 3-2 所示。

表 3-2　ZooKeeper 客户端的常用命令

命令	含义
ls /	列出根下节点（ls 命令后必须使用绝对路径）
create /a Tom	创建永久节点/a 并添加数据 Tom（create 命令无法实现递归创建）

< 52 >

续表

命令	含义
create -e /b Tom	创建临时节点/b 并添加数据 Tom
create -s /c Tom	创建顺序节点/c 并添加数据 Tom
get /a	查看/a 节点的数据和状态（get 命令后必须用绝对路径）
stat /a	查看/a 节点的状态（和 get 的区别在于不显示数据）
set /a Jack	将/a 节点数据 Tom 修改为 Jack
delete /a	删除节点/a（不能递归删除）
rmr　/a	递归删除节点/a
connect qf01:2181	连接虚拟机 qf01 的 ZooKeeper 客户端
quit	退出 ZooKeeper 客户端

需要注意的是，ZooKeeper 客户端中操作节点的命令必须使用绝对路径。

📑 拓展阅读

ZooKeeper 服务器的常用脚本

ZooKeeper 服务器的常用脚本在/mysoft/ZooKeeper/bin/目录下，具体含义如表 3-3 所示。

表 3-3　ZooKeeper 服务器的常用脚本

脚本	含义
zkCleanup.sh	清理 ZooKeeper 的历史数据，包括事务日志文件和快照数据文件
zkCli.sh	开启一个简易的 ZooKeeper 客户端
zkEnv.sh	设置 ZooKeeper 的环境变量
zkServer.sh	ZooKeeper 服务器的启动、停止和重启脚本

3.3　ZooKeeper 客户端实战

本节将编写一个 Java 程序，实现对 ZooKeeper 客户端的操作，包括启动客户端、创建节点、读取节点数据、更新节点数据、读取更新后的节点数据、删除节点和关闭客户端。

微课视频

1. 配置开发环境

在 testHadoop 项目中新建模块 testZK，在 pom.xml 文件中导入 ZooKeeper 的依赖，导入完成的 pom.xml 文件内容如下：

```
1   <?xml version="1.0" encoding="UTF-8"?>
2   <project xmlns="http://maven.apache.org/POM/4.0.0"
3         xmlns:xsi="http://www.w3.org/2001/XMLSchema-instance"
4         xsi:schemaLocation="http://maven.apache.org/POM/4.0.0
5         http://maven.apache.org/xsd/maven-4.0.0.xsd">
6   <modelVersion>4.0.0</modelVersion>
7   <groupId>com.qf</groupId>
8   <artifactId>testZK</artifactId>
9   <version>1.0-SNAPSHOT</version>
10  <dependencies>
```

< 53 >

```
11     <dependency>
12         <groupId>org.apache.ZooKeeper</groupId>
13         <artifactId>ZooKeeper</artifactId>
14         <version>3.7.1</version>
15     </dependency>
16     <dependency>
17         <groupId>junit</groupId>
18         <artifactId>junit</artifactId>
19         <version>4.12</version>
20     </dependency>
21     <dependency>
22         <groupId>org.apache.curator</groupId>
23         <artifactId>curator-framework</artifactId>
24         <version>4.3.0</version>
25     </dependency>
26     <dependency>
27         <groupId>org.apache.curator</groupId>
28         <artifactId>curator-recipes</artifactId>
29         <version>4.3.0</version>
30     </dependency>
31     <dependency>
32         <groupId>org.apache.curator</groupId>
33         <artifactId>curator-client</artifactId>
34         <version>4.3.0</version>
35     </dependency>
36     <dependency>
37         <groupId>org.apache.hadoop</groupId>
38         <artifactId>hadoop-client-runtime</artifactId>
39         <version>3.3.0</version>
40     </dependency>
41   </dependencies>
42 </project>
```

2. 编写 Java 程序操作 ZooKeeper 客户端

在 testHadoop 项目中新建一个名为 testZK 的模块，在 testZK 模块中创建一个名为 com.qf 的包，在该包中创建 OperateZK 类，在该类中实现对 ZooKeeper 客户端的操作，具体代码如例 3-1 所示。

【例 3-1】OperateZK.java

```java
1   import org.apache.curator.framework.CuratorFramework;
2   import org.apache.curator.framework.CuratorFrameworkFactory;
3   import org.apache.curator.retry.ExponentialBackoffRetry;
4   public class OperateZK {
5       private static final String ZOOKEEPER_ADDRESS =
6           "192.168.142.131:2181,192.168.142.132:2181,192.168.142.133:2181";
7       private static final int SESSION_TIMEOUT_MS = 5000;
8       public static void main(String[] args) throws Exception {
9           //创建 CuratorFramework 客户端
10          CuratorFramework client = CuratorFrameworkFactory.newClient(
11              ZOOKEEPER_ADDRESS,SESSION_TIMEOUT_MS,
12              SESSION_TIMEOUT_MS,new ExponentialBackoffRetry(1000, 3)
13          );
14          client.start();//启动客户端
15          String path = "/example/node";
16          client.create()
```

< 54 >

```
17              .creatingParentsIfNeeded()
18              .forPath(path, "data".getBytes());
19          //读取节点数据
20          byte[] data = client.getData().forPath(path);
21          System.out.println("Node data: " + new String(data));
22          //更新节点数据
23          client.setData().forPath(path, "new data".getBytes());
24          //读取更新后的节点数据
25          data = client.getData().forPath(path);
26          System.out.println("Updated node data: " + new String(data));
27          //删除节点
28          client.delete().deletingChildrenIfNeeded().forPath(path);
29          //关闭客户端
30          client.close();
31      }
32  }
```

上述代码中，第 10~12 行代码调用 newClient()方法创建了 CuratorFramework 实例，并连接到 ZooKeeper 服务器；第 16~18 行代码先后调用 create()方法与 forPath()方法创建了一个节点/example/ node，其中 forPath()方法中的参数 "data" 作为节点的数据。

上述代码的运行结果如下：

```
Node data: data
Updated node data: new data
```

3.4　ZooKeeper 典型应用场景

ZooKeeper 在分布式系统中有许多典型的应用场景，作为一个分布式协调框架，ZooKeeper 提供了可靠的数据管理和协调机制。本节以 ZooKeeper 典型应用场景的数据发布与订阅、命名服务和分布式锁为例进行讲解。

微课视频

3.4.1　数据发布与订阅

数据发布与订阅（Publish/Subscribe）是一种常见的通信模式，用于在分布式系统中传递消息和事件。虽然 ZooKeeper 本身并不直接提供数据发布与订阅的功能，但可以结合其他组件或模式实现该功能。

实现数据发布与订阅的具体步骤如下。

① 定义发布者和订阅者。发布者负责发布数据或事件的节点，它将数据写入 ZooKeeper 的特定节点，作为发布的内容；订阅者负责订阅数据或事件的节点，它会监视 ZooKeeper 上的特定节点，并在节点数据发生变化时接收通知。

② 创建数据发布节点。发布者在 ZooKeeper 上创建一个特定节点，并将发布的数据写入该节点。可以使用 ZooKeeper 的 API 或命令行工具进行创建和数据写入操作。

③ 监视数据发布节点。订阅者连接到 ZooKeeper 并监视发布者创建的数据发布节点。可以使用 ZooKeeper 的 API 或命令行工具监视节点的数据变化。

< 55 >

④ 接收数据变化通知。当发布者更新数据发布节点的内容时，ZooKeeper 会通知所有监视该节点的订阅者。订阅者收到通知后可以读取节点的新数据，并做出相应的处理。

ZooKeeper 的通知机制是基于事件驱动的。当数据发布节点的内容发生变化时，ZooKeeper 会触发相关事件，并通知订阅者。订阅者需要编写相应的逻辑来处理这些事件并读取更新的数据。

需要注意的是，数据发布与订阅的场景有一个默认的前提是数据量小，数据更新速度较快。

3.4.2 命名服务

命名服务也是分布式系统中比较常见的一类应用场景。在分布式系统中，通过使用命名服务，客户端应用能够根据指定的名字获取资源或服务的地址、提供者等信息。被命名的实体可以是集群中的机器、提供的服务地址、远程对象等。其中较为常见的是一些分布式服务框架中的服务地址列表。通过调用 ZooKeeper 提供的创建节点的 API，很容易创建一个全局唯一的 Path，该 Path 可以作为节点的名称。

阿里巴巴集团的开源分布式服务框架 Dubbo 使用 ZooKeeper 提供命名服务，维护全局的服务地址列表。

在 Dubbo 中，当服务提供者启动时，会向 ZooKeeper 上的指定节点/dubbo/${serviceName}/providers 目录下写入自己的 URL 地址，完成服务的发布；当服务消费者启动时，会订阅/dubbo/${serviceName}/providers 目录下的提供者的 URL（Universal Resource Locator，统一资源定位符）地址，并向/dubbo/${serviceName}/consumers 目录下写入自己的 URL 地址。

需要注意的是，所有在 ZooKeeper 上注册的地址都是临时节点，这样能够保证服务提供者和服务消费者自动感应资源的变化。另外，Dubbo 还有针对服务粒度的监控，监控方法是订阅/dubbo/${serviceName}目录下所有服务提供者和服务消费者的信息。

3.4.3 分布式锁

在分布式系统中，由于多个节点同时访问共享资源可能导致出现数据不一致或冲突的问题，因此需要一种机制来保证在任意时刻只有一个节点可以访问共享资源。分布式锁就是协调多个进程或多个计算节点之间同步访问共享资源的一种机制。分布式锁为整个分布式系统提供了一个全局的、唯一的锁。在分布式系统中，每个系统在进行相关操作时都需要获取该锁，才能执行相应操作。

分布式锁的实现主要得益于 ZooKeeper 保证了数据的强一致性。分布式锁服务可以分为两类，分别是保持独占和控制时序。

① 保持独占：所有试图获取这把锁的客户端，最终只有一个可以成功获取到锁，从而执行相应的操作。通常的做法是把 ZooKeeper 上的一个节点看成一把锁，通过创建临时节点的方式来实现。

② 控制时序：所有试图获取这把锁的客户端，最终都能够获取到锁，只是有个全局时序。其做法和保持独占基本类似，只是/distribute_lock 已经预先存在，客户端需要在它下面创建临时顺序节点，作为/distribute_lock 的子节点。父节点（/distribute_lock）可保证子节点创建的时序性，从而形成客户端的全局时序。

本章小结

本章主要讲解了 ZooKeeper 分布式协调框架，包括 ZoopKeeper 简介、ZoopKeeper 的设计目标

< 56 >

和工作原理、ZoopKeeper 的安装和常用命令、ZoopKeeper 客户端实战以及 ZoopKeeper 典型应用场景，其中 ZoopKeeper 的工作原理与客户端实战需要重点掌握。通过本章内容的学习，读者能够实现 ZoopKeeper 客户端实战，为后续使用 ZoopKeeper 分布式协调框架奠定基础。

习题

一、填空题

1. ZooKeeper 中主要有 3 个角色，分别是 Leader、_____ 和 Observer。
2. ZooKeeper 的节点主要有 3 种类型，分别是_____、临时节点、顺序节点。
3. ZAB 协议有两种模式，分别是恢复模式和_____。
4. _____是 ZooKeeper 集群中的领导者，负责管理整个集群，保证数据的一致性。
5. _____是指在 ZooKeeper 客户端退出后，不会自动删除的节点。

二、选择题

1. 下列选项中，属于 ZooKeeper 设计目标的是（　　）。
   A. 简单的数据模型　　　　　　　　B. 倒序访问
   C. 低性能与低可用　　　　　　　　D. 不确定
2. 下列关于 ZAB 协议的描述，错误的是（　　）。
   A. ZAB 协议有两种模式，分别是恢复模式和广播模式
   B. 当服务启动或领导者崩溃后，ZAB 就进入恢复模式
   C. 当领导者与多数跟随者的状态同步后，ZAB 就进入广播模式
   D. ZooKeeper 的工作核心只有原子广播
3. 下列关于 ZooKeeper 中角色的描述，正确的是（　　）。
   A. Leader 是 ZooKeeper 集群中的领导者，在整个集群中有很多个
   B. Follower 是 ZooKeeper 集群中的跟随者，整个集群中有且只有一个
   C. Observer 是 ZooKeeper 集群中的观察者
   D. Leader 是 ZooKeeper 集群中的观察者，整个集群中有且只有一个
4. 下列关于 ZooKeeper 客户端节点的描述，正确的是（　　）。
   A. 持久节点是指在 ZooKeeper 客户端退出后，会自动删除的节点
   B. 临时节点是指在 ZooKeeper 上创建的会话关联的节点
   C. 顺序节点通常用于实现无序性
   D. 临时节点有子节点，使用者可以通过临时节点判断分布式服务的打开或关闭
5. 下列选项中，不属于 ZooKeeper 节点权限的是（　　）。
   A. CREATE　　　B. READ　　　C. WRITE　　　D. COMMON

三、简答题

1. 请简述 ZooKeeper 的工作原理。
2. 请简述 ZooKeeper 客户端节点的 3 种类型。

< 57 >

第 4 章　分布式文件系统 HDFS

学习目标

- 熟悉 HDFS，能够归纳 HDFS 的优点和缺点。
- 熟悉 HDFS 的适用场景。
- 熟悉 HDFS 的架构。
- 掌握 HDFS 的 Shell 命令和 Java API 操作。
- 掌握 Hadoop 的序列化机制。
- 熟悉 HDFS 文件的压缩格式与创建序列文件，能够灵活处理 Hadoop 的小文件。
- 掌握 HDFS 的重要机制，能够管理 HDFS 存储的大规模数据。
- 掌握文件词频统计案例的实现步骤，能够完成文件词频统计案例中的功能。

　　传统的文件系统只适合存储小型文件。随着时代的快速发展，数据集往往由成千上万个文件组成，每个文件的大小也可能超过传统文件系统的存储极限，这时就需要一种能够存储大量数据且能够运行在分布式环境下的文件系统，于是 HDFS 就成为处理大数据的重要基础设施。本章将重点讲解 HDFS 的基础知识、架构、数据读/写流程、Shell 命令、Java API 的使用、Hadoop 序列化的相关知识及 RPC 机制。

4.1　HDFS 概述

　　HDFS 是 Hadoop 分布式文件系统的简称，它是 Hadoop 生态系统中的一个核心组件。HDFS 可以通过网络将文件在多台主机上进行大规模数据集分布式存储和处理，并为应用程序提供高吞吐量的数据访问能力，从而大大缩短数据处理时间。HDFS 的设计灵感来自Google 在 2003 年发表的 GFS 论文，它采用类似 GFS 的设计思路，将数据划分成多个数据块，并将这些数据块复制到不同的节点上，以实现数据的高可用性和容错性。

　　HDFS 是一个可靠、高效、易扩展的分布式文件系统，适用于存储和处理大规模数据集，目前已经成为大数据处理和分析领域中比较重要的基础设施之一，被广泛应用于各种场景中。虽然 HDFS 有诸多优势，但是它也存在一些不足之处。

1. HDFS 的优点

（1）高可靠性和容错性

HDFS 采用数据块的多副本机制，能够在某些数据节点出现故障时从其他副本节点上恢复数据，保证数据可靠性和容错性。这种多副本机制也可以防止由于节点故障而导致的数据丢失。

（2）高扩展性

HDFS 支持水平扩展。当数据规模增大时，可以通过增加更多节点的方式来扩展存储容量和处理大规模数据集的能力。这种扩展方式可以使 HDFS 具有更高的可扩展性和弹性，可以满足不同的数据存储和处理需求。

（3）高吞吐量

由于需要处理海量数据集，因此 HDFS 需要具备高吞吐能力。HDFS 利用计算机集群将数据集分解成多个数据块，并将它们存储在集群中不同的数据节点上，通过并行计算来处理数据，实现数据高吞吐。其中，吞吐量指的是单位时间内完成的工作量。

（4）存储数据种类多

HDFS 可以存储任何类型的数据，包括结构化的数据、非结构化的数据、半结构化的数据等。此优点使其适用于不同类型的数据应用。

（5）易于集成

由于 HDFS 可以与其他 Hadoop 生态系统中的工具和库一起使用，所以它易于集成。HDFS 的此优点可以使其更方便地进行数据处理和分析。

（6）可移植性强

HDFS 的可移植性是非常强的，它可以在不同的操作系统和硬件上运行，这是因为它使用了 Java 语言，并且没有依赖于特定的硬件和操作系统。同时，HDFS 还提供了标准的 API 和多种部署方式，可以满足不同的应用场景和需求。

（7）成本低

HDFS 成本低是因为它采用了廉价的标准硬件，从而降低了硬件采购和维护成本。同时，HDFS 是开源免费的软件，任何人都可以免费下载和使用。此外，HDFS 还支持多种高效的数据压缩和解压算法，从而减少存储和传输数据的成本。

2．HDFS 的缺点

（1）不适合存储与读取小文件

HDFS 是为了处理大型文件而设计的。它将文件切分成数据块并进行分布式存储，而每个数据块都有一定的存储开销和元数据开销。当 HDFS 频繁存储与读取大量的小文件时，会导致 HDFS 存储空间浪费、节点压力加大以及读/写性能下降等问题，因此 HDFS 不适合存储与读取小文件。

（2）不支持多用户并发写入

HDFS 以流式数据访问模式存储大文件，每个文件只能被一个进程写入，且只能在文件末尾进行数据追加，不支持多用户并发写入。因此 HDFS 对于需要实时或者高并发写入的场景来说是不适合的。

（3）高延时

HDFS 存储数据时会将数据分散存储在多个数据节点上，并采用数据冗余备份机制，因此在数据访问时需要花费额外的时间进行数据的读取和汇总，导致时间延迟较高。如果需要快速读取和写入数据，可以考虑使用其他类型的存储系统，如关系型数据库或内存数据库。

总之，HDFS 适用于存储和处理大规模数据集的场景，具有高可靠性、高可用性和高扩展性的特点，可以为企业提供高效的数据存储和处理解决方案。

4.2　HDFS 的架构

对于 HDFS 的架构来说，一个 HDFS 集群的节点主要包括 NameNode、DataNode 和 SecondaryNameNode。HDFS 采用的集群模式架构如图 4-1 所示。

< 59 >

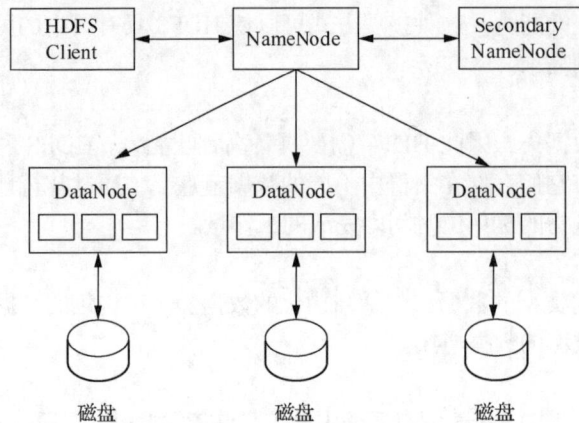

图 4-1　HDFS 集群模式架构

图 4-1 中，Client 是客户端，NameNode 是名称节点，SecondaryNamenode 是辅助名称节点，DataNode 是数据节点。下面分别介绍各部分的功能。

1．Client

Client 的主要职责是将文件切分成数据块并与各节点进行交互。切分文件是指将文件分割成大小为 128MB 的数据块，每个数据块都会有多个副本存储在不同的机器上。副本数可以在文件生成时指定（默认为 3 个副本）。

Client、NameNode 和 DataNode 之间可以进行交互。Client 与 NameNode 交互可获取文件的元数据，元数据是描述数据属性的信息，包括数据块的存储位置、格式、权限、大小和历史版本等；Client 与 DataNode 交互可读取和写入数据；NameNode 与 DataNode 交互用于维护文件系统的状态和数据块的一致性。

2．NameNode

NameNode 是 HDFS 架构的主节点，也称为 Master 节点。NameNode 中有两个比较重要的文件，分别是 fsimage.ckpt 和 edits.log。

（1）fsimage.ckpt

fsimage.ckpt 是元数据的镜像文件，存储的是 NameNode 启动时对整个文件系统的快照，包括文件、目录、权限等元数据信息。

（2）edits.log

edits.log 是元数据的操作日志文件，记录了每次保存 fsimage 之后至下次保存 fsimage 之间进行的所有 HDFS 操作，例如文件创建、删除、修改等操作。由于操作日志的记录是增量的，因此它的文件大小通常比 fsimage 要小得多。

NameNode 会将 fsimage 和 edits 文件结合起来使用，来维护整个 HDFS 文件系统的元数据。NameNode 在启动时会首先加载 fsimage 文件，以恢复文件系统的状态；然后再将 edits 文件中记录的操作重新应用一遍，以保证文件系统的完整性和一致性。当然，由于 edits 文件会不断增大，为了防止其过大影响性能，HDFS 会周期性地将 edits 文件合并，并压缩成较小的文件。

NameNode 的主要职责是管理 HDFS 的元数据，配置副本的放置策略，并处理 Client 的请求。HDFS 副本的放置策略被称为机架感知策略。当文件生成时，每个数据块会有多个副本存储在不同的机器上，副本数可以在文件生成时指定。

对于默认的 3 个副本，机架感知策略的具体步骤如下：

① 第 1 个副本会放置在本地机架的一个节点上。

< 60 >

② 第 2 个副本会放置在同一机架的另一个节点上。

③ 第 3 个副本会放置在不同机架的节点上。

如果还需要更多的副本，就会在集群的其他节点上随机放置。这种策略减少了机架之间的数据传输，从而提高了写操作的效率。因为机架故障的可能性远小于节点故障的可能性，所以这个策略保证了数据的可靠性。为了降低整体的带宽消耗和读取延迟，HDFS 会让程序尽量读取距离最近的副本。如果一个 Hadoop 集群跨越多个数据中心，那么优先读取本地数据中心的副本。

3．DataNode

DataNode 是 HDFS 架构中的从节点（或称 Slave 节点）。它的主要任务是首先存储 Client 发来的数据块，然后执行这些数据块的读/写操作，最后将存储的数据块信息定期汇报给 NameNode，以保证 NameNode 对整个 HDFS 文件系统的元数据保持精准管控。

DataNode 还会执行一些简单的本地数据完整性检查以及清理不再使用的数据块，从而为 HDFS 提供稳定的存储支持，保证了 HDFS 存储的可靠性和高可用性。

4．SecondaryNameNode

SecondaryNameNode 主要用来进行镜像备份，镜像备份是指备份 fsimage.ckpt 文件。SecondaryNameNode 对 NameNode 中的 edits.log 文件与 fsimage.ckpt 文件进行定期合并，以减少 NameNode 重启所需的时间。

随着操作 HDFS 的次数越来越多，edits.log 文件也会越来越多，其所占存储空间也会越来越大。如果 NameNode 出现故障，NameNode 重启时，会先把 fsimage.ckpt 文件加载到内存中，然后合并 edits.log 文件。由于 edits.log 文件所占空间比较大，会导致 NameNode 重启耗时较长。为了解决这个问题，SecondaryNameNode 需要对 NameNode 中的 edits.log 文件与 fsimage.ckpt 文件进行定期合并，这也体现了 HDFS 高容错的特点。

此外，SecondaryNameNode 每隔 1 小时会执行 1 次合并操作，这种频繁合并的操作可能会导致数据丢失问题。为了解决这个问题，大部分企业会采用 HadoopHA（High Available，高可用）模式下备用的 NameNode 进行实时合并。这种模式可以确保数据的高可用性，从而保障 HDFS 的稳定性和可靠性。

4.3 HDFS 读/写数据的流程

HDFS 是一个开源的分布式文件系统，由一个 NameNode 和多个 DataNode 组成。HDFS 以流式数据访问模式存储和读取超大文件，文件被划分成固定大小的块并存储在不同的 DataNode 上。在使用 HDFS 进行数据读/写时，需要了解 HDFS 的基本读/写流程和操作方式，以便更好地利用 HDFS 进行数据存储和处理。下面介绍 HDFS 读取和写入数据的流程。

1．HDFS 读取数据的流程

在读取数据时，客户端向 NameNode 发出读取请求，NameNode 返回该文件块所在的 DataNode 列表。客户端可以直接从这些 DataNode 读取数据块，HDFS 会自动处理数据块之间的并发读取和错误检测。HDFS 读取数据的流程如图 4-2 所示。

图 4-2 中，标注的序号①、②、③、④、⑤、⑥表示 HDFS 读取数据的流程步骤。下面对这 6 个步骤进行介绍。

① Client 调用 FileSystem 对象的 get()方法打开需要读取的文件，这是一个常见的 HDFS 读取实例。

< 61 >

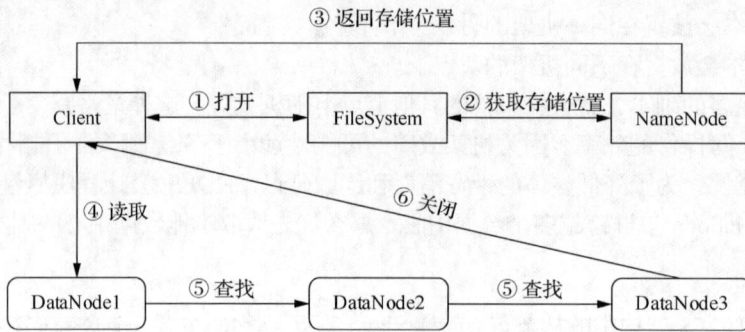

图 4-2　HDFS 读取数据的流程

② FileSystem 通过远程协议调用 NameNode 的元数据来确定文件的前几个数据块在 DataNode 上的存放位置，以便加快读取速度。接下来，DataNode 按照机架距离进行排序。如果 Client 本身就是一个 DataNode，那么优先从本地 DataNode 节点读取数据。HDFS 实例处理完以上工作后，Client 首先会接收到一个 FSDataInputStream（输入流）对象，此时 Client 会从 FSDataInputStream 中读取数据；然后 FSDataInputStream 会封装一个 DFSInputStream 对象，用来管理 DataNode 和 NameNode 的输入或输出（Input 或 Output，I/O）。

③ NameNode 向 Client 返回一个包含数据信息的地址；Client 根据地址创建一个 FSDataInputStream 对象，开始对数据进行读取。

④ FSDataInputStream 根据前几个数据块在 DataNode 中的存放位置，连接到最近的 DataNode；Client 通过反复调用 read()方法从 DataNode 中读取数据。

⑤ 当读到数据块的结尾时，FSDataInputStream 会关闭当前 DataNode 的连接，查找能够读取下一个数据块的最近的 DataNode。

⑥ 读取数据完成后，程序会调用 close()方法关闭 FSDataInputStream。

HDFS 通过 NameNode 和 DataNode 来管理文件的存储和读取操作。在数据读取过程中，HDFS 会根据文件的元数据信息找到存放数据的 DataNode，并通过机架感知机制来选择最近的 DataNode。如果在 HDFS 数据读取期间，Client 与 DataNode 间的通信发生错误，Client 会寻找下一个最近的 DataNode；同时 Client 会记录发生错误的 DataNode，以后不再读取该 DataNode 上的数据。

2．HDFS 写入数据的流程

在写入数据时，客户端向 NameNode 发出写入请求，并将数据分成大小固定的块，分别写入不同的 DataNode。在写入过程中，HDFS 会自动处理数据块的副本存储和错误恢复。当数据块被复制到不同的节点上时，即使某些节点发生故障，数据仍然可以通过其他节点访问和恢复。HDFS 写入数据的流程如图 4-3 所示。

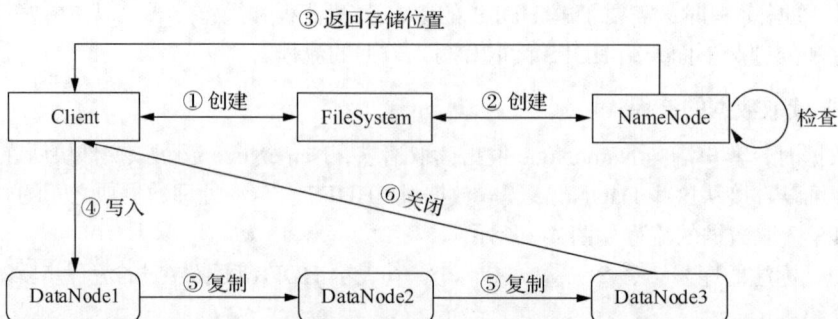

图 4-3　HDFS 写入数据的流程

< 62 >

图 4-3 中，标注的序号①、②、③、④、⑤、⑥表示 HDFS 写入数据的流程步骤。下面对这 6 个步骤进行具体讲解。

① Client 通过调用 FileSystem 的 create()方法请求创建文件。

② FileSystem 对 NameNode 发出远程请求，在 NameNode 中创建一个新的文件。当 NameNode 接收到请求后，会先检查创建的文件是否已存在。如果不存在，则创建新的文件条目，并为文件分配唯一的文件标识符（File ID）。

③ FileSystem 给 Client 返回一个 FSDataOutputStream 用来写入数据。FSDataOutputStream 会封装一个 DFSOutputStream 对象，用于 DataNode 与 NameNode 之间的通信。

④ FSDataOutputStream 将需要写入的数据块分成小的 Packet（包），由 DataStreamer 来读取。DataStreamer 的职责是让 NameNode 给合适的 DataNode 分配数据块来备份数据。假设有 3 个 DataNode，DataStreamer 将数据写入第 1 个 DataNode 后，第 1 个 DataNode 将 Packet 复制到第 2 个 DataNode；然后第 2 个 DataNode 将 Packet 复制到第 3 个 DataNode。

⑤ 数据包依次在 DataNode 之间传输和存储，直到所有副本的 DataNode 都接收到并确认了数据包。

⑥ 完成数据的写入后，程序会调用 close()方法关闭数据流。Client 会将写入完成的信息反馈给 NameNode；NameNode 会更新文件的元数据信息，包括数据块的位置和副本信息。

以上是 HDFS 的数据写入流程。如果写入数据时，DataNode 发生错误，其处理过程如下。

① 发现错误后关闭数据流，将没有被确认的数据放到数据队列的开头；当前的数据块被赋予一个新的标识后发送给 NameNode；在损坏的数据节点恢复后，删除这个没有被完成的数据块。

② 移除损坏的 DataNode。若 NameNode 检测到一个数据块的信息还没有被复制完成，就会在其他的 DataNode 上安排复制。

了解 HDFS 读取和写入数据的流程将为深入学习和应用 HDFS 奠定基础。

4.4　HDFSShell 命令

HDFS 提供了一组基于命令行的 Shell 命令，用于管理和操作 HDFS 中的文件和目录。这些 Shell 命令和对应的 Linux Shell 命令相似，这样设计有利于使用者快速学会操作 HDFS Shell 命令。

在使用 Shell 命令操作 HDFS 之前，需要先启动 Hadoop，具体命令如下：

```
[root@qf01 ~]# start-dfs.sh
```

HDFS Shell 命令如下：

```
hdfs dfs -<command> [options] [arguments]
```

其中，hdfs dfs 命令是 Hadoop 提供的命令行工具，用于与 HDFS 进行交互；<command>是具体的 HDFS 命令，用于指定要执行的操作；[options]和[arguments]是可选的选项和参数，用于配置命令的行为和指定操作的目标。

下面对 HDFS 的常用命令进行介绍。

1．put 命令

put 命令可以上传本地（Linux 服务器）文件或本地目录到 HDFS 目录中，具体命令如下：

```
hdfs dfs -put 本地文件或本地目录 HDFS 目录
```

< 63 >

下面通过一个示例演示 put 命令的使用方式。该示例需要将新建的本地文件 test1.txt 与新建的本地目录 data 分别上传到 HDFS 的根目录中，具体操作步骤如下。

（1）新建本地文件 test1.txt

在本地磁盘的任意位置新建一个文件 test1.txt，在该文件中写入内容"helloworld"，具体命令如下：

```
[root@qf01 ~]# echo helloworld> test1.txt
```

上述命令中，echo 用于在终端或脚本中打印输出文本；helloworld 是要写入的内容；test1.txt 是新建的文件。

（2）上传新建的本地文件 test1.txt

把 test1.txt 文件上传到 HDFS 的根目录下，具体命令如下：

```
[root@qf01 ~]# hdfs dfs -put test1.txt /
```

（3）上传新建的本地目录 data

新建一个本地目录 data，把该目录上传到 HDFS 的根目录下，具体命令如下：

```
[root@qf01 ~]# mkdir data
[root@qf01 ~]# hdfs dfs -put data /
```

2. ls 命令

ls 命令可以列出 HDFS 文件或目录，具体命令如下：

```
hdfs dfs -ls HDFS 文件/HDFS 目录
```

下面通过一个示例演示 ls 命令的使用方式。由于前面已经将新建的 test1.txt 文件和 data 目录上传到 HDFS 的根目录下，因此此处不需要再上传文件和目录，直接使用 ls 命令查看 HDFS 文件或目录。具体命令和输出信息如下：

```
[root@qf01 ~]# hdfs dfs -ls /
drwxr-xr-x   - root supergroup          0 2023-08-29 11:34 /data
-rw-r--r--   3 root supergroup         11 2023-08-29 11:33 /test1.txt
```

3. cat 命令

cat 命令可以查看 HDFS 文件的内容，具体命令如下：

```
hdfs dfs -cat HDFS 文件
```

下面通过一个示例演示 cat 命令的使用方式，该示例需要查看前面示例中上传的 test1.txt 文件中的内容。使用 cat 命令查看 HDFS 文件 test1.txt 中的内容，具体命令和输出信息如下：

```
[root@qf01 ~]# hdfs dfs -cat /test1.txt
Helloworld
```

4. get 命令

get 命令可以下载 HDFS 文件或目录到本地，具体命令如下：

```
hdfs dfs -get HDFS 文件或目录本地目录
```

下面通过一个示例演示 get 命令的使用方式。该示例需要使用 get 命令将前面示例中上传的 test1.txt 文件和 data 目录下载到本地，具体操作步骤如下：

< 64 >

（1）删除本地文件 test1.txt

为了不影响从 HDFS 根目录下下载 test1.txt 文件，首先需要将本地磁盘中存在的 test1.txt 文件删除，具体命令如下：

```
[root@qf01 ~]# rm -rf test1.txt
```

（2）下载 HDFS 根目录下的 test1.txt 文件

使用 get 命令把 HDFS 根目录下的 test1.txt 文件下载到本地磁盘中，具体命令如下：

```
[root@qf01 ~]# hdfs dfs -get /test1.txt ~
```

（3）查看下载后的 test1.txt 文件的内容

为了证明下载的文件 test1.txt 是我们上传到 HDFS 根目录下的文件，需要使用 cat 命令查看下载的 test1.txt 文件的内容，具体命令如下：

```
[root@qf01 ~]# cat test1.txt
```

（4）执行查看命令后的结果

执行完 cat 命令后，返回的结果如下：

```
helloworld
```

根据返回结果的内容"helloworld"可知，使用 get 命令下载 HDFS 文件 test1.txt 成功。

5．其他常用命令

除了前面列出的 4 种常用的 HDFS Shell 命令外，还有一些其他的常用命令，具体介绍如下：

```
hdfs dfs -mkdir /aaa              #在 HDFS 的根目录下创建目录 aaa
hdfs dfs -cp /1.txt /2.txt       #复制 HDFS 的/1.txt 并重命名为根目录下的 2.txt
hdfs dfs -mv /1.txt /aaa/        #移动 HDFS 的/1.txt 到/aaa 目录下
hdfs dfs -mv /2.txt /3.txt       #重命名 HDFS 根目录下的 2.txt 为 3.txt
hdfs dfs -rm /3.txt              #删除 HDFS 的文件/3.txt
hdfs dfs -rm -r /data           #删除 HDFS 的目录/data
#为 HDFS/aaa/1.txt 文件的所有用户设置读/写执行权限
hdfs dfs -chmod 777 /aaa/1.txt
```

4.5 使用 Java 程序操作 HDFS

除了可以使用 HDFS Shell 命令操作 HDFS 外，还可以通过 Java 程序操作 HDFS。Java API 提供了一组用于访问 HDFS 的类和方法。凡是使用 Shell 命令可以完成的功能，都可以使用相应的 Java API 来实现，甚至使用 API 可以完成 Shell 命令不支持的功能。

4.5.1 HDFS Java API 概述

API 是指一些预先定义的函数。API 可以使应用程序在无须访问源码并且开发人员无须理解源码内部工作机制细节的情况下访问一组例程。

HDFS Java API 是 HDFS 的 Java 接口，它提供了在 HDFS 上存储和访问数据的工具和类，用于操作 HDFS 文件系统。HDFS Java API 的常用类包括 FileSystem 类、Path 类和 Configuration 类。其

< 65 >

中，FileSystem 类提供了许多操作文件系统的相关方法，例如 create() 方法、delete() 方法，使用这些方法可以创建文件、删除文件等；Path 类用于处理文件路径；Configuration 类用于配置 HDFS 的一些参数，比如 NameNode 地址、DataNode 地址、副本数量等。

HDFS Java API 还提供了一些高级功能，例如设置文件或目录的权限、副本、数据块的大小等信息，支持文件或目录的删除与重命名等操作。此外，它还提供了一些类似于 UNIX 的命令，例如 ls、mkdir、mv、cp 等。使用 HDFS Java API，开发人员可以使用 Java 语言编写分布式应用程序，并在 HDFS 上存储和访问数据。HDFS Java API 提供了简单易用的接口，使开发人员可以更轻松地处理大规模数据集。

4.5.2　使用 Java API 操作 HDFS

本节将通过 Java API 来演示如何操作 HDFS 文件系统，包括文件上传/下载和目录的操作。

1. 配置开发环境

① 配置 Java 环境。在 Windows 系统下安装 JDK 并配置 Java 环境，本书采用的 JDK 版本是 1.8.0_271。

② 安装 IntelliJ IDEA，导入 Settings 配置文件，添加 Maven 依赖（即配置 pom.xml 文件）。Maven 是通过项目对象模型文件（pom.xml）管理项目的构建、报告和文档的工具，而 pom.xml 文件是 Maven 的基本单元。Maven 最强大的功能是通过 pom.xml 文件自动下载项目依赖库。

2. 新建 testHadoop 项目

在 IntelliJ IDEA 中新建 testHadoop 项目的具体步骤如下。

① 在 IntelliJ IDEA 的菜单栏中选择 "File" → "New" → "Project" 选项，如图 4-4 所示。

② 在图 4-4 中单击 "Project" 选项，进入 "New Project" 对话框，如图 4-5 所示。

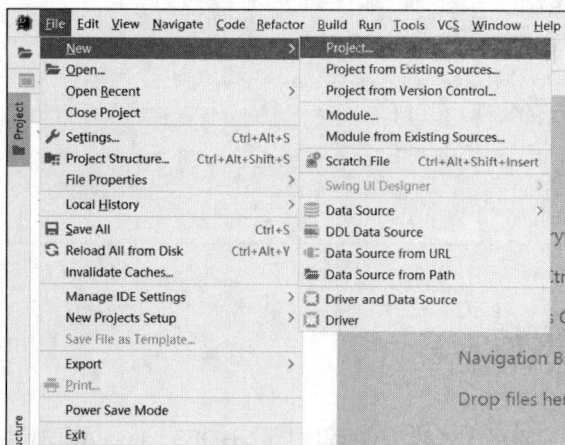

图 4-4　新建项目的菜单选项　　　　图 4-5　"New Project" 对话框

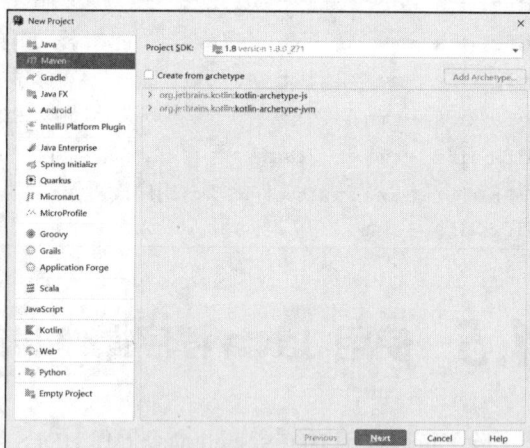

③ 在图 4-5 中单击 Project SDK 右侧的下拉选择框，在弹出的列表中选择 "Select Home Directory for JDK"（JDK 的安装路径），弹出 "Select Home Directory for JDK" 对话框，如图 4-6 所示。

④ 在图 4-6 中选择 jdk1.8.0_271 文件夹，单击 "OK" 按钮，进入 "填写项目信息" 对话框，如图 4-7 所示。

⑤ 图 4-7 中，在 Name 后面的输入框中填写 testHadoop，在 Location 后面的输入框中填写项目的存放位置 D:\Development projects\testHadoop。单击 "Finish" 按钮，弹出 "选择窗口" 对话框，如图 4-8 所示。

< 66 >

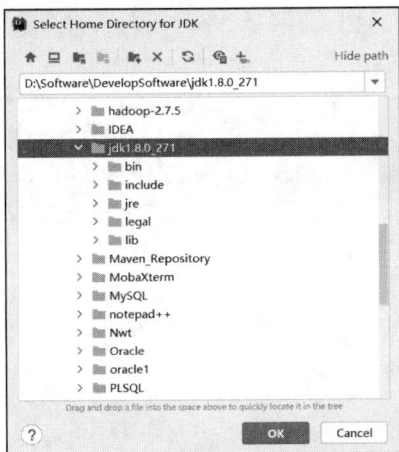

图 4-6　"Select Home Directory for JDK" 对话框

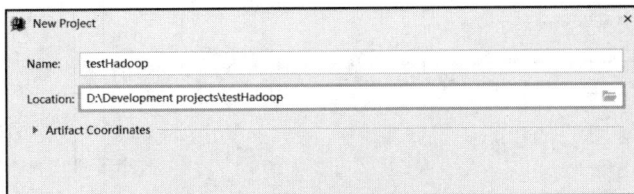

图 4-7　"填写项目信息" 对话框

⑥ 图 4-8 中有 3 个按钮，分别是 "This Window" "New Window" 和 "Cancel"，这 3 个按钮分别表示在当前窗口打开、在新窗口打开和关闭当前对话框。这里选择在当前窗口打开新建的项目。单击 "This Window" 按钮，进入 IntelliJ IDEA 的主窗口，如图 4-9 所示。

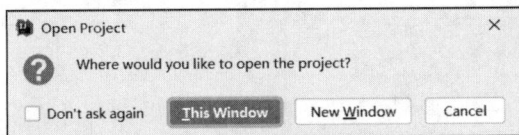

图 4-8　"选择窗口" 对话框

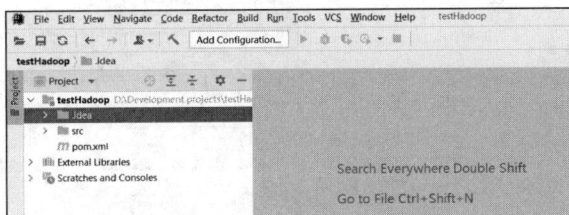

图 4-9　IntelliJ IDEA 主窗口（1）

3. 新建 testHDFS 模块

在 IntelliJ IDEA 中新建一个 testHDFS 模块（Module）的具体步骤如下。

① 在图 4-9 中选中 testHadoop 项目，右击选择 "New" → "Module" 选项，如图 4-10 所示。

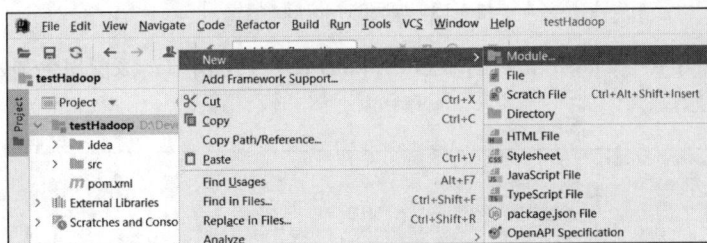

图 4-10　新建模块的菜单选项

在图 4-10 中单击 "Module" 选项，进入 "New Module" 对话框，如图 4-11 所示。

② 在图 4-11 中单击 "Maven"，在 Project SDK 后面的下拉选择框中选择计算机上安装的 JDK。单击 "Next" 按钮，进入填写模块信息的对话框，在该对话框中填写项目名称、项目存放的位置及版本对话框内容，如图 4-12 所示。

③ 在图 4-12 中单击 Artifact Coordinator，Artifact Coordinator 下方会显示 GroupId（组织名称）、ArtifactId（模块名称）、Version（版本号）信息的输入框；在这些输入框中填写对应的信息，如图 4-13 所示。

< 67 >

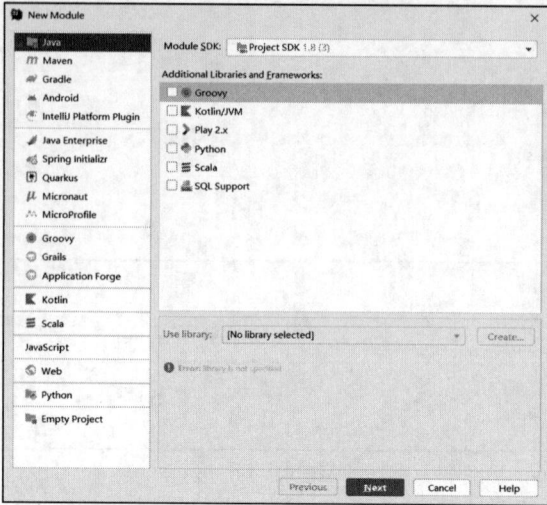

图 4-11 "New Module"对话框

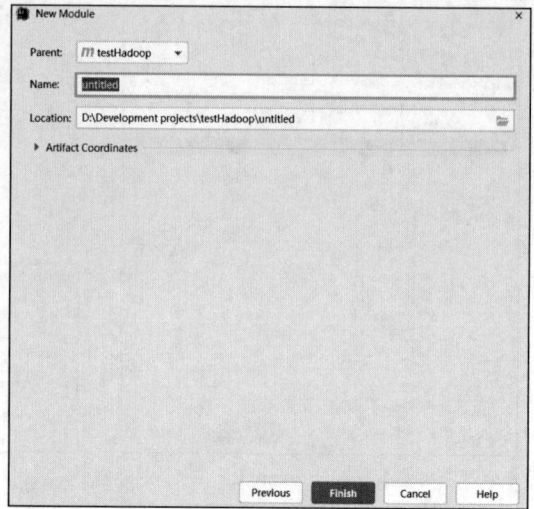

图 4-12 填写模块信息的对话框

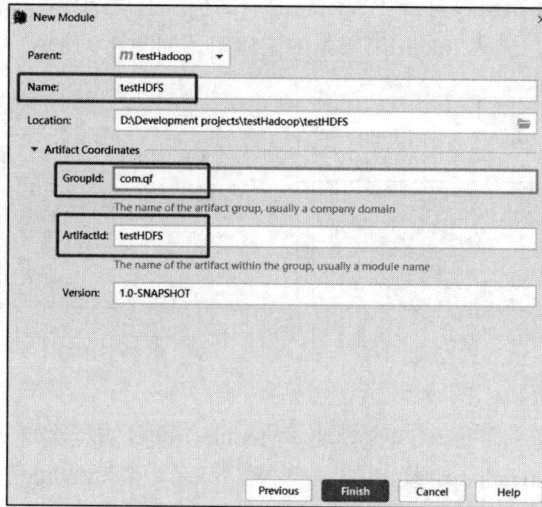

图 4-13 填写的 Module 信息

④ 在图 4-13 中单击"Finish"按钮，进入 IntelliJ IDEA 主窗口；该窗口会显示 pom.xml 文件的内容，如图 4-14 所示。

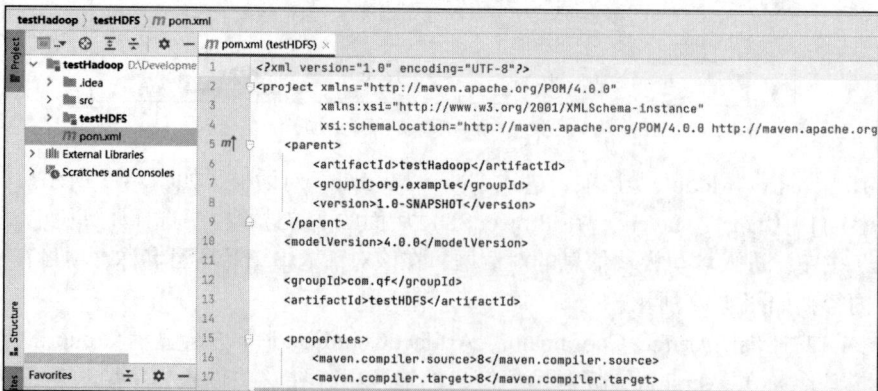

图 4-14 pom.xml 文件的内容

< 68 >

⑤ 修改 pom.xml 文件的内容。配置和管理项目的依赖，确保项目能够正确构建和运行，具体内容如下。

```
1   <?xml version="1.0" encoding="UTF-8"?>
2   <project xmlns="http://maven.apache.org/POM/4.0.0"
3           xmlns:xsi="http://www.w3.org/2001/XMLSchema-instance"
4           xsi:schemaLocation="http://maven.apache.org/POM/4.0.0
5           http://maven.apache.org/xsd/maven-4.0.0.xsd">
6       <modelVersion>4.0.0</modelVersion>
7       <groupId>com.qf</groupId>                    <!-- 组织名 -->
8       <artifactId>testHDFS</artifactId>            <!-- 项目名 -->
9       <version>1.0-SNAPSHOT</version>               <!-- 版本 -->
10      <dependencies>
11          <!-- Hadoop 客户端依赖，该依赖包含 HDFS 的相关依赖 -->
12          <dependency>
13              <groupId>org.apache.hadoop</groupId>
14              <artifactId>hadoop-client</artifactId>
15              <version>3.3.0</version>
16          </dependency>
17          <!-- 单元测试的依赖 -->
18          <dependency>
19              <groupId>junit</groupId>
20              <artifactId>junit</artifactId>
21              <version>4.12</version>
22          </dependency>
23      </dependencies>
24  </project>
```

4. 编写 Java 程序

（1）新建 OperateHDFS 类

在图 4-14 中选中 testHadoop 项目中的目录 testHadoop\src\main\java\com.qf 并右击，在弹出的列表中选择"New"→"Java Class"选项；然后在弹出的"New Java Class"对话框的 Name 对应的输入框中输入 com.qf.OperateHDFS；按 Enter 键，就会显示 IntelliJ IDEA 主窗口，如图 4-15 所示。

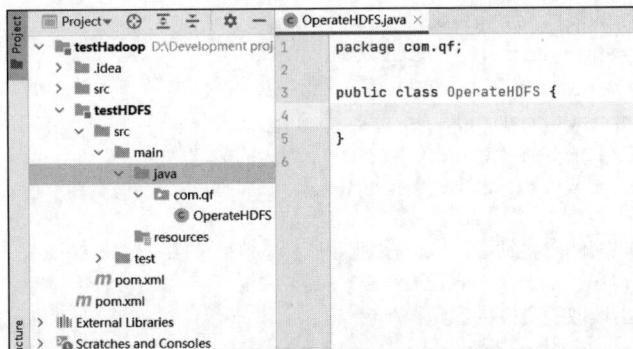

图 4-15　IntelliJ IDEA 主窗口（2）

（2）通过 JavaAPI 操作 HDFS

Hadoop 提供了 Java API 来操作 HDFS，这些操作包括将数据写入 HDFS 中、读取 HDFS 文件中的数据和将 Windows 系统中的文件上传到 HDFS 中等。下面以这 3 个操作为例，演示如何使用 Java API 来操作 HDFS，具体代码如例 4-1 所示。

< 69 >

【例 4-1】OperateHDFS.java

```
1   public class OperateHDFS {
2       @Test  //单元测试
3       /**
4        *1.将数据写入 HDFS 文件
5        */
6       public void writeToHDFS() throws IOException{
7           //新建配置文件对象
8           Configuration conf = new Configuration();
9           //给配置文件设置 HDFS 文件的默认入口
10          conf.set("fs.defaultFS", "hdfs://192.168.88.161:8020");
11          //通过传入的配置参数得到 FileSystem
12          FileSystem fs = FileSystem.get(conf);
13          //获取 HDFS 上/test1.txt 的绝对路径
14          Path p = new Path("/test1.txt");
15          //FileSystem 通过 create()方法获得输出流（FSDataOutputStream）
16          FSDataOutputStream fos = fs.create(p, true, 1024);
17          //通过输出流将内容写入 1.txt 文件
18          fos.write("helloHadoop".getBytes());
19          //关闭输出流
20          fos.close();
21      }
22      @Test
23      /**
24       * 2.读取 HDFS 文件
25       */
26      public void readHDFSFile() throws IOException {
27          //创建配置对象
28          Configuration conf = new Configuration();
29          //设置 HDFS 文件系统的网络地址和端口号
30          conf.set("fs.defaultFS", " hdfs://192.168.88.161:8020");
31          //通过配置获取文件系统
32          FileSystem fs = FileSystem.get(conf);
33          //在 HDFS 的根目录下新建文件 test1.txt
34          Path p = new Path("/test1.txt");
35          //通过 FileSystem 的 open()方法获得数据输入流
36          FSDataInputStream fis = fs.open(p);
37          //分配 1024B 的内存给 buf（即分配 1024B 的缓冲区）
38          byte[] buf = new Byte[1024];
39          int len = 0;
40          //循环读取文件内容到缓冲区，读到文件末尾结束（结束标识为-1）
41          while ((len = fis.read(buf)) != -1) {
42              //输出读取的文件内容到控制台
43              System.out.print(new String(buf, 0, len));
44          }
45  }
46      @Test
47      /**
48       *3.从 Windows 系统中上传文件到 HDFS
49       */
```

< 70 >

```
50      public void putFile() throws IOException {
51          Configuration conf = new Configuration();
52          conf.set("fs.defaultFS", "hdfs://192.168.88.161:8020");
53          FileSystem fs = FileSystem.get(conf);
54          //文件上传到 HDFS 上的位置
55          Path p = new Path("/");
56          Path p2 = new Path("file:///D:/1.sh");
57          //从本地（Windows 系统）上传文件到 HDFS
58          fs.copyFromLocalFile(p2, p);
59          fs.close();
60      }
61  }
```

上述代码中，第 6～21 行定义了一个 writeToHDFS()，该方法用于将数据写入 HDFS 文件。在 writeToHDFS()方法中首先创建一个 FileSystem 实例；其次调用 create()方法创建一个新的 HDFS 文件，并返回一个 FSDataOutputStream 对象，该对象用于向文件中写入数据；然后调用 write()方法将数据写入文件中；最后调用 close()方法关闭数据流。

第 26～45 行定义了一个 readHDFSFile()方法，该方法用于读取 HDFS 文件。在 readHDFSFile() 方法中首先创建一个 FileSystem 实例；其次调用 open()方法打开 HDFS 文件，并返回一个 FSDataInputStream 对象，用于读取文件中的数据；然后调用 read()方法读取文件中的数据。

第 50～60 行定义了一个 putFile()方法，该方法用于从 Windows 系统中上传文件到 HDFS 中。其中，第 52 行代码调用 set()方法设置 HDFS 地址，第 58 行代码调用 copyFromLocalFile()方法将 Windows 系统中的文件上传到 HDFS 中。

（3）测试 OperateHDFS.java 文件中的代码

① 在虚拟机 qf01 中单独开启 HDFS 进程。在测试 OperateHDFS.java 文件中的代码之前，首先需要在虚拟机 qf01 中单独开启 HDFS 进程，开启进程的命令如下：

```
[root@qf01 ~]# start-dfs.sh
```

② 进行单元测试。开启 HDFS 进程之后，可以对 OperateHDFS.java 文件中的代码进行单元测试。单元测试是指对一个模块、一个函数或者一个类进行正确性检验。

OperateHDFS.java 文件中共有 3 个方法（单元），分别是 writeToHDFS()方法、readHDFSFile() 方法、putFile()方法，这 3 个方法分别用于将数据写入 HDFS 文件、读取 HDFS 文件、从本地上传文件到 HDFS 中。下面以 writeToHDFS()方法为例，对其进行单元测试，方法为：在 IntelliJ IDEA 中单击 writeToHDFS()方法左侧的 "Run Test" 按钮，然后在弹出的列表中选择 "Run'writeToHDFS()'" 选项，即可运行 writeToHDFS()方法，实现数据写入的操作。此时 IntelliJ IDEA 的控制台中输出的信息如下：

```
D:\Software\DevelopSoftware\jdk1.8.0_271\bin\java...
log4j:WARN No appenders could be found for logger (org.apache.hadoop.util.Shell).
log4j:WARN Please initialize the log4j system properly.
log4j:WARN See http://logging.apache.org/log4j/1.2/faq.html#noconfig for more info.
helloHadoop
Process finished with exit code 0
```

③ 测试结果。在虚拟机 qf01 的终端中输入 cat 命令，查看数据是否写入 test1.txt 文件中，输入的命令和执行命令的结果如下：

```
[root@qf01 ~]# hdfs dfs -cat /test1.txt
helloHadoop
```

< 71 >

由上述代码可知结果为"helloHadoop"，说明调用 writeToHDFS()方法已经将数据写入 test1.txt 文件中。

4.6 Hadoop 序列化

Hadoop 序列化在 HDFS 中的主要作用是在数据写入和读取过程中进行数据的序列化和反序列化。当向 HDFS 中写入数据时，数据对象将通过序列化转换为字节流，并将其存储在 HDFS 的数据块中；当从 HDFS 中读取数据时，字节流将被反序列化为数据对象，以便在应用程序中进行处理。Hadoop 序列化可以有效地处理和传输大规模数据集，实现高性能的分布式数据存储和计算能力。本节将对 Hadoop 序列化的内容进行讲解。

4.6.1 Hadoop 序列化简介

在 Hadoop 中，数据通常以二进制格式进行传输和存储，因此需要对数据进行序列化和反序列化。Hadoop 序列化是将数据对象转换为二进制数据流，用于网络传输和存储；Hadoop 反序列化是将二进制数据流解码为数据对象，方便数据在接收端的读取和使用。Hadoop 的序列化使数据可以紧凑的字节流形式进行存储、传输和处理，从而提高数据的传输效率与存储效率，同时支持跨语言交互，为应用程序提供更大的灵活性。

下面对序列化在 Hadoop 中的应用与实现进行介绍。

1. 序列化在 Hadoop 中的应用

序列化在 Hadoop 中的应用比较广泛，主要体现在以下 6 个方面。

（1）数据传输

在 Hadoop 的分布式计算环境中，数据需要在不同的计算节点之间进行传输。通过序列化将需要传输的数据对象转换为字节流，可减少数据的传输量和网络宽带的消耗，提高数据传输的效率。需要注意的是，字节流通常比原始数据对象更紧凑，占用的存储空间更小。

（2）数据存储

Hadoop 的分布式文件系统 HDFS 将数据集划分为多个数据块，并把这些数据块分别存储在不同的节点上。将数据块存储到磁盘之前，需要对这些数据块进行序列化，从而将数据对象转换为字节流的形式。序列化后的字节流通常具有更高的压缩率，从而减少磁盘上数据的存储空间，降低存储成本。

（3）MapReduce 框架中的数据处理

MapReduce 框架中需要处理输入数据和生成输出数据，这些数据在处理时都需要进行序列化。从存储系统（如 HDFS）读取输入数据时，会通过序列化将数据从字节流转换为数据对象。在 MapReduce 框架的输出阶段，数据对象会被序列化为字节流，以便写入存储系统。在 MapReduce 框架中通过序列化将数据对象转换为字节流不仅可以减少数据传输的开销，还能减少存储系统的存储空间。

（4）数据库连接

Hadoop 可以与关系型数据库或其他数据存储系统进行连接，将数据导入到 Hadoop 的分布式文件系统中进行处理。序列化机制将数据库中的数据对象序列化为字节流，方便数据对象在 Hadoop 的分布式文件系统中传输和使用。

< 72 >

（5）文件格式处理

序列化也可用于处理不同的文件格式，如 Avro、Parquet 和 SequenceFile 等，这些文件格式使用序列化将数据对象存储在磁盘上。在程序中使用序列化文件格式可以提高数据的读/写性能和压缩比，同时也方便了数据的处理和分析。

（6）远程过程调用

Hadoop 实现进程间通信的 RPC（Remote Procedure Call，远程过程调用）中使用了序列化机制。RPC 可以将消息序列转化成字节流后发送给远程节点，再由远程节点将字节流反序列化为原始消息。RPC 的序列化实现了紧凑、快速、可扩展、兼容性好的格式，能够使用户充分利用网络带宽这一稀缺资源。

2．Hadoop 序列化的实现

Hadoop 的序列化是通过 Writable 接口实现的。Writable 接口的源码如下：

```
1   package org.apache.hadoop.io;
2   ...
3   public interface Writable {
4       void write(DataOutput var1) throws IOException;
5       void readFields(DataInput var1) throws IOException;
6   }
```

由以上源码可知，Writable 接口中包含两个方法，分别是 write()方法与 readFields()方法。write()方法用于将数据写入指定的字节流中，readFields()方法用于从指定的字节流中读取数据。

在序列化过程中，数据对象需要实现 Writable 接口中的 write()方法，在该方法中将数据对象的字段按照一定的格式写入字节流；在反序列化过程中，数据对象需要实现 Writable 接口中的 readFields()方法，该方法从字节流中读取字段，从而构建新的数据对象。

📑 **拓展阅读**

Hadoop 不使用 Java 序列化机制的原因

Hadoop 在早期版本中使用了 Java 的默认序列化机制，后来逐渐转向了更高效和可扩展的序列化方案，而不再依赖 Java 的序列化机制。Hadoop 不使用 Java 序列化机制的原因有以下 4 个。

1．性能

Java 的序列化机制在序列化和反序列化过程中产生了大量的字节流和对象创建或销毁操作，这会带来显著的性能开销。特别是在处理大规模数据集时，Java 序列化机制的性能影响更加明显。

2．存储空间

Java 序列化机制生成的字节流通常较大，会占用较多的存储空间。因此在 Hadoop 中，大规模数据集的存储一般不使用 Java 的序列化机制。

3．跨语言兼容性

Java 的序列化机制是针对 Java 语言的，对其他编程语言的兼容性较差。当需要与其他编程语言进行数据交换或与其他系统进行集成时，使用 Java 序列化机制可能会出现一些不可解决的问题。

4．可扩展性

Java 序列化机制对类结构的变化较为敏感。当类的结构发生变化时，可能会导致序列化和反序列化失败。这在大规模分布式系统中是一个问题，因为不同节点上的代码和类定义可能会有所不同。

上述原因表明 Java 的序列化机制对 Hadoop 来说是不合适的。Hadoop 自己实现了一套序列化框架，比 Java 的序列化机制更简捷，集群信息传递的速度更快，所占存储空间更小。

< 73 >

4.6.2 实现 Hadoop 序列化的常用类

由于实现 Writable 接口的类将 Java 的数据类型进行了序列化，因此可以把这些类看作 Java 数据类型的封装。Hadoop 实现 Writable 接口的类与 Java 数据类型的对应关系如表 4-1 所示。

表 4-1 Hadoop 实现 Writable 接口的类与 Java 数据类型的对应关系

Hadoop 实现 Writable 接口的类	Java 数据类型
BooleanWritable	boolean
ByteWritable	byte
IntWritable	int/char
ShortWritable	short
LongWritable	long
FloatWritable	float
DoubleWritable	double
Text	String
ArrayWritable	Array

在 Hadoop 实现 Writable 接口的类中，最常用的是 IntWritable 类和 Text 类。

1．IntWritable 类

通过查看 Hadoop API 可知，IntWritable 类直接实现的是 Writable 接口的子接口 WritableComparable。WritableComparable 接口除了继承 Writable 接口外，还继承了 java.lang.Comparable 接口。WritableComparable 接口对于后续学习的 MapReduce 非常重要。IntWritable 类中的部分源码如下：

```
1   public class IntWritable implements WritableComparable<IntWritable> {
2       private int value;
3       public IntWritable() {
4       }
5       public IntWritable(int value) {
6           this.set(value);
7       }
8       public void set(int value) {
9           this.value = value;
10      }
11      public int get() {
12          return this.value;
13      }
14      public void readFields(DataInput in) throws IOException {
15          this.value = in.readInt();
16      }
17      public void write(DataOutput out) throws IOException {
18          out.writeInt(this.value);
19      }
20  }
```

由以上源码可知，IntWritable 在其内部封装了一个 int 类型的数据，通过 set()方法与 get()方法设置和获取其值，通过 readFields()方法与 write()方法对其进行输出与输入操作。

2．Text 类

在 Hadoop 中，Text 类是用于处理文本数据的一种数据类型，它是可变长的字节数组，可以将

< 74 >

字符串编码为字节数组。Text 类中还提供了一些方法来操作和处理文本数据，例如 getLength() 方法、set() 方法等。Text 类中常用的方法如表 4-2 所示。

表 4-2　Text 类中常用的方法

方法名称	说明
Text()	创建一个空的 Text 对象
Text(String str)	使用指定的字符串创建一个 Text 对象
Text(byte[] bytes)	使用指定的字节数组创建一个 Text 对象
set(String str)	设置 Text 对象的文本数据为指定的字符串
set(byte[] bytes)	设置 Text 对象的文本数据为指定的字节数组
getBytes()	返回 Text 对象的字节数组
toString()	将 Text 对象转换为 Java 中的 String 对象
getLength()	返回 Text 对象中文本数据的长度（以字节为单位）
getCapacity()	返回 Text 对象内部字节数组的容量
compareTo(Text other)	将当前 Text 对象与另一个 Text 对象进行比较，返回一个整数表示它们的相对顺序
clone()	创建并返回 Text 对象的副本
copy(Text other)	将另一个 Text 对象的内容复制到当前 Text 对象中
readFields(DataInput in)	从给定的 DataInput 对象中读取 Text 对象的内容
write(DataOutput out)	将 Text 对象的内容写入给定的 DataOutput 对象中

Text 类和 Java 中的 String 类都使用标准的 Unicode，两者的区别如下。

（1）两者编码方式不同

Text 类使用的编码是标准的 UTF-8，String 类使用的编码是 UTF-16。

（2）两者值的长度、索引位置的含义不同

Text 类的值的索引位置是指 UTF-8 编码后的字节偏移量，值的长度是指 UTF-8 编码后的字节数组大小；而 String 类的值的索引位置是指字符在字符串中的位置，值的长度是指字符的个数。

Text 类的大多数操作与 String 类一样，但是当使用多字节的值时，就可以看出两者值的区别。接下来编写一个程序来验证 Text 类和 String 类的区别。在 IntelliJ IDEA 的 testHDFS 模块的 src/main/java 文件夹下新建类 com.qf.serialize 包，并在该包下创建类 TestText，该类的具体代码如例 4-2 所示。

【例 4-2】TestText.java

```
1   public class TestText {
2       @Test
3       public void string() throws UnsupportedEncodingException{
4           String s= "\u5c0f\u5343\u5c0f\u950b";  //使用多字节的值
5           System.out.println("String:"+s);
6           System.out.println(s.length());
7           System.out.println(s.indexOf("\u5343"));
8           System.out.println(s.indexOf("\u950b"));
9           System.out.println(s.charAt(0));
10      }
11      @Test
12      public void text(){
13          Text t=new Text("\u5c0f\u5343\u5c0f\u950b");
14          System.out.println("Text:"+t);
```

< 75 >

```
15          System.out.println(t.getLength());
16          System.out.println(t.find("\u5343"));
17          System.out.println(t.find("\u950b"));
18          System.out.println(t.charAt(0));
19      }
20  }
```

运行上述代码，结果如下：

```
String:小千小锋
4
1
3
小
Text:小千小锋
12
3
9
23567
```

根据上述运行结果可知，Java 中 String 类的值的长度为 4，表示 String 类的值的字符数量；第 1 个字符的索引位置为 1，表示第 1 个字符在字符串中的位置。Text 类的值的长度为 12，表示 Text 类的值经过 UTF-8 编码后的字节数组的大小；第 1 个字符的索引位置为 3，表示 Text 类的值经过 UTF-8 编码后的字节偏移量。

4.6.3　自定义实现 Writable 接口的类

Hadoop 自带一系列实现 Writable 接口的类，一般情况下这些类可以满足用户的需求。当遇到复杂的业务需求时，Hadoop 自带的类就不能解决实际问题了。此时就需要根据业务需求，自定义一个实现 Writable 接口的类。

下面通过示例自定义一个实现 Writable 接口的类，本书以自定义一个实现 Writable 子接口 WritableComparable 的类为例进行讲解。在 IntelliJ IDEA 的 testHDFS 模块的 src\main\java 文件夹下的 com.qf.serialize 包下新建类 PersonWritable，该类的具体代码如例 4-3 所示。

【例 4-3】PersonWritable.java

```
1   public class PersonWritable implements
2   WritableComparable<PersonWritable> {
3       private IntWritable age;  //定义 IntWritable 类型的数据
4       private Text name;           //定义 Text 类型的数据
5       public PersonWritable() {
6       }
7       public PersonWritable(IntWritable age, Text name) {
8           this.age = age;
9           this.name = name;
10      }
11      public IntWritablegetAge() {
12          return age;
13      }
14      public Text getName() {
15          return name;
16      }
```

< 76 >

```
17        public void setAge(IntWritable age) {
18            this.age = age;
19        }
20        public void setName(Text name) {
21            this.name = name;
22        }
23        public int compareTo(PersonWritable o) {
24            int cmp = age.compareTo(o.getAge());
25            if (cmp != 0) return cmp;
26            return name.compareTo(o.getName());
27        }
28        @Override
29        public void write(DataOutput out) throws IOException {
30            age.write(out);
31            name.write(out);
32        }
33        @Override
34        public void readFields(DataInput in) throws IOException {
35            age.readFields(in);
36            name.readFields(in);
37        }
38        @Override
39        public boolean equals(Object o) {
40            if (this == o) return true;
41            if (o == null || getClass() != o.getClass()) return false;
42            PersonWritable that = (PersonWritable) o;
43            return Objects.equals(age, that.age) &&
44                    Objects.equals(name, that.name);
45        }
46        @Override
47        public int hashCode() {
48            return Objects.hash(age, name);
49        }
50        @Override
51        public String toString() {
52            return "PersonWritable{" +
53                    "age=" + age +
54                    ", name=" + name +
55                    '}';
56        }
57 }
```

上述代码中，第 1 行代码用定义的 PersonWritable 类实现了 WritableComparable 接口，同时使用泛型参数 PersonWritable 表示该类对象是可序列化并可比较的。

第 3~22 行代码首先定义了两个成员变量，分别是 IntWritable 类型的 age 和 Text 类型的 name，同时定义了这 2 个成员变量对应的 getXX() 方法与 setXX() 方法。

第 23~27 行代码通过实现 WritableComparable<PersonWritable>接口中的 compareTo() 方法，使 PersonWritable 对象可以比较大小。在 compareTo() 方法中，首先调用 compareTo() 方法比较变量 age 的值，如果 age 的值不相同，则将 age 的值返回；否则，调用 compareTo() 方法比较变量 name 的值，并将 name 的值返回。

第 28~37 行代码实现了 Writable 接口中的 write() 方法和 readFields() 方法，这两个方法是序列化和反序列化时使用的方法。

< 77 >

第 38～56 行代码重写了 Object 类中的 equals()方法、hashCode()方法和 toString()方法，这些方法是比较和输出对象时使用的方法。

4.7 Hadoop 小文件处理

Hadoop 是为了处理大型文件而设计的，对小文件的处理效率较低。此处的小文件指的是小于 HDFS 中一个块（Block）大小的文件。在实际生产环境中，需要 Hadoop 处理的数据往往存放在海量小文件中，因此，高效处理小文件对于提高 Hadoop 的性能至关重要。Hadoop 处理小文件的方式有很多种，常用的方式是压缩小文件和创建序列化文件。本节将对这两种常用方式进行讲解。

4.7.1 压缩小文件

Hadoop 在存储海量小文件时，需要频繁访问各节点，非常耗费资源。如果某个节点上存放了 1000 万个 600B 大小的文件，那么该节点至少需要提供 4 GB 的内存。为了节省资源，海量小文件在存储到 HDFS 之前需要进行压缩。

下面对 Hadoop 的压缩格式、压缩编解码器和压缩格式的效率进行介绍。

1. Hadoop 的压缩格式

Hadoop 进行文件压缩的作用是减少存储空间占用，降低网络负载。这两个作用对于 Hadoop 存储和传输海量数据非常重要。Hadoop 常用的压缩格式如表 4-3 所示。

表 4-3　Hadoop 常用的压缩格式

压缩格式	是否可切分文件	算法	扩展名	Linux 压缩工具
Bzip2	是	Bzip2	.bz2	bzip2
DEFLATE	否	DEFLATE	.deflate	无
Gzip	否	DEFLATE	.gz	gzip
LZO	是（需要加索引）	LZO	.lzo	lzop
Snappy	否	Snappy	.snappy	无
LZ4	否	LZ4	.lz4	无

2. 压缩编解码器

压缩编解码器（Codec）是指用于压缩和解压缩的设备或计算机程序。Hadoop 中的压缩编解码器主要是通过 Hadoop 的一些类来实现的，这些类如表 4-4 所示。

表 4-4　Hadoop 实现压缩编解码器的类

压缩格式	实现压缩编解码器的类
Bzip2	org.apache.hadoop.io.compress. BZip2Codec
DEFLATE	org.apache.hadoop.io.compress. DeflateCodec
Gzip	org.apache.hadoop.io.compress. GzipCodec
LZO	com.hadoop.compression.lzo.LzoCodec
Snappy	org.apache.hadoop.io.compress. SnappyCodec
LZ4	org.apache.hadoop.io.compress. Lz4Codec

< 78 >

对于 LZO 压缩格式，Hadoop 实现压缩编解码器的类不在 org.apache.hadoop.io.compress 包中，可前往 GitHub 官方网站下载。

3．压缩效率

压缩效率是指压缩算法将数据进行压缩时所能达到的速度或效率，它表示压缩算法在给定时间内能够处理的数据量。

压缩效率主要从压缩速度和压缩占比两方面进行考量，压缩速度是指压缩算法在单位时间内处理数据的速度，压缩占比是指经过压缩算法压缩后的数据大小与原始数据大小的比值。例如，原始数据的大小为 200MB，经过压缩后的数据大小为 40MB，那么压缩占比就是 40MB / 200MB = 0.2，即压缩占比为 0.2 或 20%，这意味着压缩算法能够将原始数据压缩为其大小的 20%。

除了压缩效率外还需要考虑解压效率。解压效率是指压缩算法在将压缩数据进行解压缩时所能达到的速度或效率，它表示解压缩算法在给定时间内能够处理的数据量。

对表 4-3 中列出的 6 种压缩格式的压缩效率、解压效率、压缩占比进行测试，测试结果如下：

```
压缩效率（由高到低）：Snappy > LZ4 > LZO >Gzip> DEFLATE >Bzip2
解压效率（由高到低）：Snappy > LZ4 > LZO >Gzip> DEFLATE >Bzip2
压缩占比（由小到大）：Bzip2 < DEFLATE <Gzip< LZ4 < LZO < Snappy
```

在实际生产环境中，可以参考以上的测试结果根据业务需要选择合适的压缩格式。

4.7.2 创建序列化文件

序列化文件指的是 Hadoop 中的 SequenceFile，它是一种通用的二进制文件格式，用于存储序列化的键值（Key-Value）对数据，旨在提供高效的序列化和压缩功能，适用于大规模数据处理。通过 SequenceFile 可以将若干小文件合并成一个大文件进行序列化操作，实现文件的高效存储和处理。

SequenceFile 的内部结构由一个文件头（Header）和随后的一条或多条记录（Record）组成。Header 中的前 3 个字节是 SEQ（顺序文件代码），随后的 1 个字节是 SequenceFile 的版本号。Header 还包括 Key 类的名称、Value 类的名称、压缩细节、Metadata（元数据）、Sync Marker（同步标识）等。Sync Marker 的作用在于可以读取 SequenceFile 任意位置的数据。SequenceFile 的内部结构如图 4-16 所示。

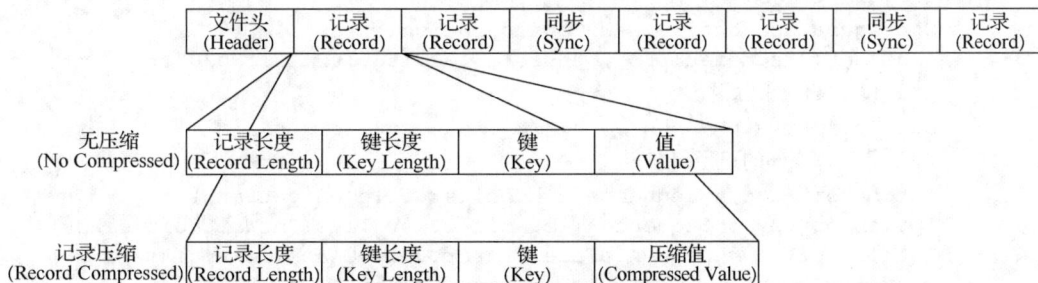

图 4-16　SequenceFile 的内部结构

SequenceFile 提供了 3 种压缩方式，分别是无压缩（No Compression）、记录压缩（Record Compression）和块压缩（Block Compression）。默认情况下，SequenceFile 是不压缩的，即使用无压缩方式存储数据。下面对这 3 种压缩方式的效果进行介绍。

1．无压缩方式

当采用无压缩方式时，每条记录由记录长度、键长度、Key、Value 组成，使用 Serialization 将 Key 与 Value 序列化写入 SequenceFile。

< 79 >

2. 记录压缩方式

当采用记录压缩方式时，只压缩 Value，不压缩 Key，其他方面与无压缩类似。

3. 采用块压缩方式

块压缩方式可以利用记录间的相似性进行压缩，一次性压缩多条记录，比单条记录的压缩方式压缩效率更高。当采用块压缩方式时，多条记录被压缩成默认 1MB 大小的数据块，每个数据块之前插入同步标识。数据块由表示数据块字节数的字段和压缩字段组成，其中，压缩字段包括键长度、键、值长度、值。

下面通过一个示例来演示如何对 SequenceFile 文件进行读/写操作，具体步骤如下。

（1）启动 Zookeeper 集群和 Hadoop 集群

在虚拟机 qf01 上启动 Zookeeper 集群和 Hadoop 集群，查看处于活跃状态的 NameNode（以下操作需要在活跃的 NameNode 上进行）。本书以处于活跃状态的 nn1 为例进行讲述。

（2）新建文件 MySequenceFile.seq

在虚拟机 qf01 上新建空文件 MySequenceFile.seq，并将其上传到 HDFS 的根目录下，具体命令如下：

```
[root@qf01 ~]# viMySequenceFile.seq
[root@qf01 ~]# hdfs dfs -put MySequenceFile.seq /
```

（3）实现 SequenceFile 文件的写操作

在 testHDFS 模块的 serialize 包下创建 SequenceFileWriter 类，在该类的 main()方法中实现 SequenceFile 文件的写操作，具体代码如例 4-4 所示。

【例 4-4】SequenceFileWriter.java

```
1    public class SequenceFileWriter {
2        /**
3        * 测试 SequenceFile 写操作
4        */
5        public static void main(String[] args) throws Exception {
6            //1.指定文件系统
7            Configuration conf = new Configuration();
8            conf.set("fs.defaultFS", "hdfs://192.168.142.131:8020");
9            //2.设置文件输出路径
10           Path outputPath = new Path("/MySequenceFile.seq");
11           //3.指定写操作的路径和内容
12           Option optPath = SequenceFile.Writer.file(outputPath);
13           Option optKey = SequenceFile.Writer.keyClass(IntWritable.class);
14           Option optVal = SequenceFile.Writer.valueClass(Text.class);
15           //4.执行写操作
16           SequenceFile.Writer writer = SequenceFile.createWriter(conf,
17                                       optPath, optKey, optVal);
18           //5.向文件 MySequenceFile.seq 添加内容
19           IntWritable key = new IntWritable();
20           Text value = new Text();
21           for (int i = 0; i < 100; i++) {
22               key.set(i);
23               value.set("tom" + i);
24               writer.append(key, value);
```

< 80 >

```
25            }
26        writer.close();
27    }
28 }
```

（4）实现 SequenceFile 文件的读操作

在 testHDFS 模块的 serialize 包下创建 SequenceFileReader 类，在该类的 main()方法中实现 SequenceFile 文件的读操作，具体代码如例 4-5 所示。

【例 4-5】SequenceFileReader.java

```
1    public class SequenceFileReader {
2        /**
3         * 测试 SequenceFile 读操作
4         */
5        public static void main(String[] args) throws Exception {
6            //1.指定文件系统
7            Configuration conf = new Configuration();
8            conf.set("fs.defaultFS", "hdfs://192.168.142.131:8020");
9            //2.设置文件读取路径
10           Path path = new Path("/MySequenceFile.seq");
11           //3.指定读操作的路径
12           Option optPath = SequenceFile.Reader.file(path);
13           //4.执行读操作
14           SequenceFile.Reader reader = new SequenceFile.Reader(conf, optPath);
15           //5.将位置信息、写操作时写入的数据读取出来
16           Writable key = (Writable) ReflectionUtils.newInstance(
17                       reader.getKeyClass(), conf);
18           Writable value = (Writable) ReflectionUtils.newInstance(
19                       reader.getValueClass(), conf);
20           long position = reader.getPosition();
21           while (reader.next(key, value)){
22               String syncSeen = reader.syncSeen() ? "*" : "";
23               System.out.printf("[%s%s]\t%s\t%s\n", position, syncSeen, key, value);
24               position = reader.getPosition();
25           }
26           reader.close();
27       }
28   }
```

（5）运行结果

分别运行例 4-4 和例 4-5，InterlliJ IDEA 控制台输出的内容如下：

```
[128]    0    Tom0
[153]    1    Tom1
[178]    2    Tom2
[203]    3    Tom3
[228]    4    Tom4
[253]    5    Tom5
[278]    6    Tom6
[303]    7    Tom7
[328]    8    Tom8
[353]    9    Tom9
[378]    10   Tom10
```

< 81 >

```
[404]    11    Tom11
[430]    12    Tom12
[456]    13    Tom13
[482]    14    Tom14
```

根据运行结果可知，SequenceFile 文件的读/写操作已经完成。

> 📖 **拓展阅读**
>
> ### MapFile
>
> MapFile 是 Hadoop 中的一种特殊的文件格式，用于存储键值对数据，可以高效地支持随机访问和范围查询操作。MapFile 可以看作已排序的 SequenceFile。
>
> MapFile 内部维护了两个 SequenceFile 目录，分别是 Index 目录和 Data 目录。Index 目录存放的是索引文件（包含键和偏移量），能够加载到内存中，主要用于对数据文件进行快速查找；Data 目录存放的是数据文件，记录了通过键查找的值。MapFile 的写操作和读操作与 SequenceFile 相似，参考 Hadoop API 中的 org.apache.hadoop.io.MapFile 类进行测试即可。

4.8 HDFS 的 RPC 机制

为了支持 HDFS 分布式环境下的高效数据访问和操作，提高系统的可扩展性、并发性和安全性，HDFS 采用了 RPC 机制。RPC 机制是 HDFS 的重要机制之一，它通过序列化、网络传输和反序列化等技术实现了高效的客户端与服务器之间的通信，为 HDFS 提供了可靠的数据存储和读取能力。

4.8.1 RPC 机制简介

HDFS 中节点的进程间通信是通过 RPC 来实现的，RPC 是一种通过网络从远程计算机程序上请求服务的协议。在使用 RPC 时，用户不需要了解底层网络技术。RPC 采用客户机/服务器模式，RPC 客户机是指用于发出请求的程序，RPC 服务器是指提供服务的程序。

RPC 具有封装网络交互、支持容器、可配置、可扩展等特点，使开发含有网络分布式程序的应用程序更加容易。

下面介绍 RPC 的执行步骤，具体内容如下。

① 在客户机端，调用进程发送一个有进程参数的调用信息到服务进程，然后等待应答信息。

② 在服务器端，服务进程保持睡眠状态，直到调用信息到达。

③ 当调用信息到达后，服务器获得进程参数，计算出结果，发送应答信息，等待下一个调用信息。

④ 客户机端调用进程接收应答信息，获得进程结果，然后循环执行下去。

在 HDFS 中，RPC 机制主要用于实现客户机和服务器之间的通信，包括客户机请求元数据、读取数据块、上传数据块等操作。RPC 机制还提供了数据传输通道的管理、错误处理和身份验证等功能，保证了 HDFS 在分布式环境中的稳定性和可靠性。

4.8.2 RPC 的架构

RPC 架构包括 RPC Interface、RPC Server、RPC Client 三个节点，其中 RPC Interface 负责对外接口类的实现，RPC Client 负责客户机端的实现，RPC Server 负责服务器端的实现，如图 4-17 所示。

< 82 >

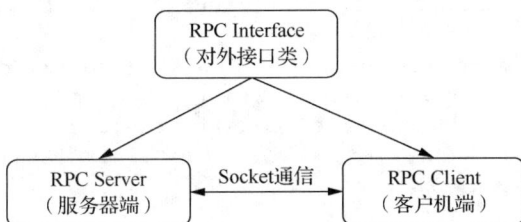

图 4-17　RPC 的架构

使用 HDFS RPC 有以下几个步骤。

（1）定义 RPC 服务接口

RPC 定义了服务器端对外提供的服务接口。

（2）实现 RPC 服务接口

RPC 通常是一个 Java 接口，用户需要实现该接口。

（3）构造和启动 RPC Server

使用 Builder 类构造 RPC Server，并调用 start()方法启动 RPC Server。

（4）RPC Client 发送请求给 RPC Server

RPC Client 调用线程发起 RPC 连接请求，等待 RPC Client 响应后，向其传输数据。

4.9　实战演练：文件词频统计

为了巩固前面学习的 Shell 命令与 Java API 操作，本节通过一个文件词频统计案例演示如何使用 HDFS Java API。

【实战描述】

在 Linux 上开启 Hadoop 服务，读取 HDFS 分布式文件系统上的/data/test/hello.txt 文件，并使用 HDFS Java API 完成对该文件的词频统计。词频统计指的是统计指定单词在文件中出现的次数。

【实战分析】

① 使用 Java API 读取 HDFS 上的文件。

② 使用 Java API 对文件中的每一行数据进行计算处理，用分隔符分隔。

③ 将处理结果缓存到 Map 中。

④ 将结果输出到 HDFS 中。

【实现步骤】

1. 使用 HDFS API 实现词频统计功能

在 testHDFS 模块的 serialize 包下创建一个 HDFS_WordCount 类，在该类中使用 HDFS API 实现词频统计功能，具体代码如例 4-6 所示。

【例 4-6】HDFS_WordConut.java

```
1    ...
2    public class HDFS_WordCount {
3        public static void main(String[] args) throws Exception{
4            //1.读取 HDFS 上的文件
5            Path input = new Path("/data/test/hello.txt");
```

< 83 >

```
6           //获取要操作的 HDFS 文件系统
7           FileSystem fs = FileSystem.get(new URI("hdfs://node01:8020"),
8                           new Configuration(),"hadoop");
9           RemoteIterator<LocatedFileStatus>iterator =
10                                          fs.listFiles(input,false);
11          while(iterator.hasNext()){
12              LocatedFileStatus file = iterator.next();
13              FSDataInputStream in = fs.open(file.getPath());
14              BufferedReader reader = new BufferedReader(
15                                          new InputStreamReader(in));
16              String line = "";
17              while((line = reader.readLine()) != null){
18                  //2.词频处理
19                  //将结果写到 Cache 中
20              }
21              reader.close();
22              in.close();
23          }
24          //3.将结果缓存起来
25          QfContext context = new QfContext();
26          Map<Object, Object>contextMap = context.getCacheMap();
27          //4.将结果输出到 HDFS 中
28          Path output = new Path("/data/output/");
29          FSDataOutputStream out = fs.create(new Path(output,
30                                          new Path("wc.out")));
31          //将第 3 步缓存中的内容输出到 out 中
32          Set<Map.Entry<Object, Object>> entries = contextMap.entrySet();
33          for(Map.Entry<Object,Object> entry:entries){
34              out.write((entry.getKey().toString() + "\t" + entry.getValue()
35                  + "\n").getBytes());
36          }
37          out.close();
38          fs.close();
39          System.out.println("qf 的 HDFS API 统计词频运行成功......");
40      }
41  }
```

上述代码中，第 5～20 行代码实现了读取 HDFS 文件的操作，在读取过程中使用 Hadoop 的 FileSystem API 来进行文件系统获取、文件列表遍历、文件打开和文件内容读取等操作。

第 25 行代码定义了 QfContext 对象，用于缓存统计结果。

第 28～36 行代码实现了将统计结果输出到 HDFS 的操作，使用 Hadoop 的 FileSystem API 创建输出文件，将缓存中的结果输出到文件中。

2. 自定义上下文环境

在 testHDFS 模块的 serialize 包下创建 QfContext 类，该类用于自定义上下文环境；在 QfContext 类中实现将数据写入缓存中并从缓存中获取单词对应词频的操作，具体代码如例 4-7 所示。

【例 4-7】QfContext.java

```
1   ...
2   public class QfContext {
3       private Map<Object,Object>cacheMap = new HashMap<Object, Object>();
```

< 84 >

```
4        public Map<Object,Object>getCacheMap(){
5            return cacheMap;
6        }
7        /**
8         * 将数据写到缓存中，参数 key 表示要写入的单词，value 表示写入的次数
9         */
10       public void write(Object key, Object value){
11           cacheMap.put(key,value);
12       }
13       /**
14        * 从缓存中获取单词对应的词频
15        */
16       public Object get(Object key){
17           return cacheMap.get(key);
18       }
19   }
```

上述代码中，第 3 行代码创建了一个 Map 对象 cacheMap，用于缓存键值对；第 4~6 行代码定义了一个 getCacheMap()方法，用于获取缓存 Map；第 10~12 行代码定义了一个 write()方法，用于将键值对写入缓存对象 cacheMap 中；第 16~18 行定义了一个 get()方法，用于从缓存对象 cacheMap 中获取指定 key 对应的 value 值。

【实战结果】

运行程序 HDFS_WordCount.java，结果如下：

```
[root@qf01 ~]# hdfs dfs -cat /data/wc.out
world 1
hello 2
welcome 2
```

根据运行结果可知，单词 world 在 hello.txt 文件中出现的次数为 1，hello 出现的次数为 2，welcome 出现的次数为 2。

本章小结

本章主要讲解了分布式文件系统 HDFS，包括 HDFS 概述、HDFS 架构、HDFS 读/写数据的流程、HDFS Shell 命令、使用 Java 程序操作 HDFS、Hadoop 序列化、Hadoop 小文件处理和 HDFS 的 RPC 机制，最后通过一个实战训练巩固了本章学习的内容。通过本章内容的学习，读者能够掌握 HDFS 读/写数据的流程、使用 Java 程序操作 HDFS 的方法以及使用 HDFS 分布式文件系统来管理文件的目标，为后续使用 HDFS 管理文件奠定基础。

习题

一、填空题

1. 下载 HDFS 文件或目录到本地的命令是_____。
2. HDFS 集群节点包括_____、DataNode、SecondaryNameNode。
3. 将对象转化为字节流，以便在网络间进行传输或者在磁盘上永久存储的过程是指_____。

< 85 >

4. RPC 具有的特点：_____、_____、_____、_____。
5. NameNode 与 DataNode 的进程间通信是通过_____实现的。

二、选择题

1. 下列选项中，属于 HDFS 中数据块默认保存份数的是（　　）。
   A. 3 份 　　　　　 B. 2 份 　　　　　 C. 1 份 　　　　　 D. 不确定
2. 下列选项中，不属于 Hadoop 核心组件的是（　　）。
   A. HDFS 　　　　　 B. MapReduce 　　　 C. YARN 　　　　　 D. Common
3. 下列选项中，用于将对象转化为字节流，方便数据传输与存储的是（　　）。
   A. 系列化 　　　　 B. 反序列化 　　　 C. 序列化 　　　　 D. 反系列化
4. Hadoop 的序列化是通过下列哪个接口实现的？（　　）
   A. Text 　　　　　 B. IntWritable 　　 C. Writable 　　　 D. ByteWritable
5. 下列选项中，属于序列化在 Hadoop 生态圈中两个主要应用领域的是（　　）。
   A. 压缩文件 　　　 B. 永久存储 　　　 C. 解压文件 　　　 D. 进程间通信
6. 以下哪个命令可以启动 HDFS 服务？（　　）
   A. start-hdfs.sh 　　　　　　　　　　 B. start-dfs.sh
   C. start-namenode.sh 　　　　　　　　 D. start-datanode.sh
7. 下列任务中，适合 HDFS 的任务是（　　）。
   A. 一次写入、少次读 　　　　　　　　 B. 多次写入、少次读
   C. 多次写入、多次读 　　　　　　　　 D. 一次写入、多次读
8. 下列关于 HDFS 的说法正确的是（　　）。
   A. 是一个分布式存储框架，适合海量数据存储
   B. 是一个分布式计算框架，适合海量数据计算
   C. 是一个资源调度平台，负责计算资源分配
   D. 是一个分布式计算框架，负责计算资源分配
9. 下列选项中，属于 HDFS 特点的是（　　）。
   A. 高容错性 　　　　　　　　　　　　 B. 不限于某个操作系统
   C. 有高效的数据管理能力 　　　　　　 D. 依赖高价的商业服务器
10. 下列选项中，属于 HDFS 可以实现的功能是（　　）。
    A. 数据计算 　　　 B. 制作副本 　　　 C. 汇整结果 　　　 D. 分散存储

三、简答题

1. 简述 HDFS 的存储机制。
2. 请简述 NameNode 与 SecondaryNameNode 的区别与联系。
3. 请简述 HDFS 的特点。

< 86 >

第 5 章 分布式计算框架 MapReduce

学习目标

- 熟悉 MapReduce 的编程模型，掌握 MapReduce 处理数据的过程。
- 掌握词频统计案例的实现原理，能够实现数据聚合和统计分析类型的案例。
- 掌握 MapReduce 的运行流程，能够解释并行计算和分布式处理。
- 掌握 MapReduce 的工作原理。
- 掌握 MapReduce 的 Shuffle 阶段。
- 掌握 MapReduce 的编程组件，熟悉 MapReduce 各组件的作用和使用方式。
- 掌握数据倾斜的处理方式。
- 能够使用 MapReduce 实现数据的部分排序和全排序。
- 掌握倒排索引的使用方式，能够统计指定单词在各个文件中出现的次数。
- 掌握 Join 操作的使用方式，能够将多个文件中的不同信息对应放在一个文件中。
- 掌握 MapReduce 的使用方式。

Hadoop 的数据处理核心为 MapReduce 程序设计模型。这一模型的出现使编程人员可在不熟悉分布式并行编程的情况下就将自己的程序运行在分布式系统上来处理海量数据，因此大数据开发人员需要重点掌握 MapReduce 分布式计算框架的原理。本章将围绕 MapReduce 的基础知识、编程组件、作业解析、工作原理、Shuffle 阶段等内容进行讲解。

5.1 初识 MapReduce

微课视频

5.1.1 MapReduce 核心思想

MapReduce 的核心思想是将大数据分而治之，即将数据通过一定的数据划分方法分成多个较小的、具有同样计算过程的数据块，数据块之间不存在依赖关系；然后将每一个数据块分给不同的节点去处理，并将处理的结果进行汇总。

具体来说，对大量顺序式数据元素或者记录进行扫描以及对每个数据元素或记录做相应的处理并获得中间结果的两个过程被抽象为 Map（映射）操作，对中间结果进行收集整理和产生最终结果并输出的过程被抽象为 Reduce（归约）操作。

MapReduce 提供统一框架来隐藏系统层的细节，实现了自动并行处理，如计算任务的自动划分和调度、数据的自动化分布式存储和划分、处理数据与计算任务的同步、结果数据的收集整理、系统通信、负载平衡、计算性能优化处理、节点出错检测处理和失效恢复等。

5.1.2 MapReduce 的编程模型

MapReduce 是一种分布式离线并行计算框架，主要用于处理大规模数据集（大于 1TB）的并行计算。Hadoop MapReduce 可以看作 Google MapReduce 的克隆版，其特点是易于编程，具有良好的扩展性，具有高容错性，适合对 PB 级以上海量数据进行离线处理。

MapReduce 把数据处理流程主要分为两个阶段，分别是 Map 阶段和 Reduce 阶段。Map 阶段负责对数据进行预处理，具体是指通过特定的输入格式读取文件数据，并将读取的数据以键值对的形式进行保存；Reduce 阶段负责对数据进行聚合处理，具体是指通过对 Map 阶段保存的数据进行归并、排序等，计算出想要的结果。

MapReduce 的整体结构如图 5-1 所示。

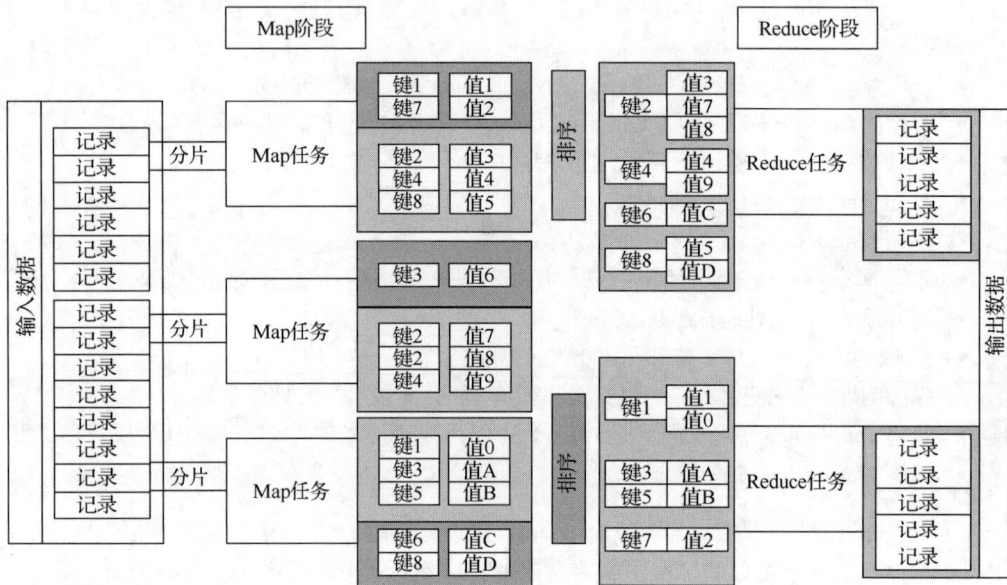

图 5-1　MapReduce 的整体结构

从图 5-1 中可以看出 MapReduce 处理数据的过程。

① Map 阶段：对数据进行分块或分片处理。

② Map 任务：读取分块或分片后的数据信息。

③ Map 处理：将数据进行分类后写入，根据不同的键生成相应的键值对数据。

④ Reduce 阶段：执行定义的 Reduce() 方法，将具有相同键的值从多个数据表中集合在一起进行分类处理，最终输出结果到相应的磁盘空间。

MapReduce 的框架流程如图 5-2 所示。

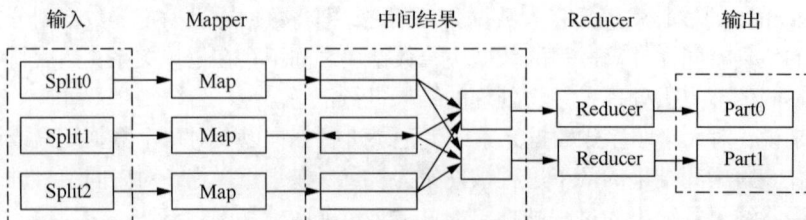

图 5-2　MapReduce 的框架流程

从图 5-2 中可以看出，Hadoop 为每个创建的 Map 任务分配输入文件的一部分，这部分称为 Split（切片）。用户自定义的 Map 能够根据用户需要来处理每个 Split 中的内容。

< 88 >

Map 读取 Split 内容后，将其解析成键值对的形式进行运算，并将 Map 中定义的算法应用至每一条内容，而内容范围可以根据用户自定义来确定。

一次 Reduce 任务执行可分为以下 3 个阶段。

① Reduce 获取 Map 输入的处理结果。

② 对拥有相同键值对的数据进行分组。

③ 将用户定义的算法应用到每个键值对的数据列表。

在实际开发环境中，基于 MapReduce 的计算模型大大地降低了分布式并行编程的难度。程序员只需编写 map()方法和 reduce()方法，就可以完成简单的大数据处理任务。而并行编程中的其他复杂问题，如作业调度、负载均衡、容错处理、网络通信等，均由 YARN 负责处理。

5.1.3　实战演练：词频统计

为了让读者更深刻地理解 MapReduce 处理数据的流程，本小节将通过一个词频统计案例演示如何统计多个文本文件中指定单词出现的次数。

【实战描述】

首先用 map()方法统计每个文件中指定单词出现的次数，然后用 reduce()方法累计不同文件中指定单词出现的次数。

【实战分析】

① 输入一系列键值对(K1,V1)；

② 通过 map()方法和 reduce()方法处理输入的键值对。

a. 通过 map()方法将(K1,V1)处理成 list(K2,V2)的形式。

b. 通过 reduce()方法将(K2,list(V2))处理成 list(K3,V3)的形式。

简略表示如下所示。

Map 阶段：(K1, V1)　→　list(K2, V2)。

Reduce 阶段：(K2, list(V2))→　list(K3, V3)。

③ 输出一系列键值对(K3,V3)。

需要注意的是，MapReduce 编程模型是 MapReduce 编程的基本格式，其他更加复杂的编程也基于这一模型。MapReduce 编程模型主要分为 3 部分，分别是实现 Mapper、实现 Reducer 和创建 MapReduce 作业，程序的代码逻辑也是按照这 3 部分的顺序来编写的。

【实现步骤】

1. 配置 MapReduce 开发环境

在编写程序之前，需要配置 MapReduce 的开发环境。方法为：在 IntelliJ IDEA 中新建模块 testMapReduce，然后修改模块中的 pom.xml 文件来配置 MapReduce 的开发环境。修改后的 pom.xml 文件如例 5-1 所示。

【例 5-1】pom.xml

```
1  <?xml version="1.0" encoding="UTF-8"?>
2  <project xmlns="http://maven.apache.org/POM/4.0.0"
3      xmlns:xsi="http://www.w3.org/2001/XMLSchema-instance"
4      xsi:schemaLocation="http://maven.apache.org/POM/4.0.0
5  http://maven.apache.org/xsd/maven-4.0.0.xsd">
6      <parent>
7          <artifactId>testHadoop</artifactId>
```

< 89 >

```
8        <groupId>com.qf</groupId>
9        <version>1.0-SNAPSHOT</version>
10    </parent>
11    <modelVersion>4.0.0</modelVersion>
12    <artifactId>testMapReduce</artifactId>
13    <properties>
14        <maven.compiler.source>8</maven.compiler.source>
15        <maven.compiler.target>8</maven.compiler.target>
16    </properties>
17    <dependencies>
18        <dependency>
19            <groupId>org.apache.hadoop</groupId>
20            <artifactId>hadoop-common</artifactId>
21            <version>3.3.0</version>
22    </dependency>
23    <dependency>
24        <groupId>org.apache.hadoop</groupId>
25        <artifactId>hadoop-hdfs</artifactId>
26        <version>3.3.0</version>
27    </dependency>
28    <dependency>
29        <groupId>org.apache.hadoop</groupId>
30        <artifactId>hadoop-mapreduce-client-core</artifactId>
31        <version>3.3.0</version>
32      </dependency>
33      <dependency>
34          <groupId>junit</groupId>
35          <artifactId>junit</artifactId>
36          <version>4.12</version>
37      </dependency>
38    </dependencies>
39 </project>
```

2. 实现 Mapper

在 testMapReduce 模块中创建一个 MyMapper 类，将该类继承 Mapper 类，实现 Mapper 类中的 map()方法；在 map()方法中将文本数据用 split()方法进行分隔，将分隔后的数据以键值对的形式存入 Context 对象中，其中键存储单词，值存储对应单词的数量。MyMapper 类的具体代码如例 5-2 所示。

【例 5-2】MyMapper.java

```
1    public class MyMapper extends Mapper<LongWritable, Text, Text,IntWritable>{
2        Text word = new Text();
3        IntWritable one = new IntWritable(1);
4        @Override
5        protected void map(LongWritable key, Text value, Context context)
6        throws IOException, InterruptedException {
7            //1.以行为单位，对数据进行处理
8            String line = value.toString();
9            //2.以空格为分隔符，对单词进行拆分
10           String[] words = line.split(" ");
11           //3.迭代数组，将输出的键值对存入 context 中
12           for (String s : words) {
13               word.set(s);
14               context.write(word, 1);
```

< 90 >

```
15            }
16      }
17  }
```

上述代码中，第 1 行代码将创建的 MyMapper 类继承了 Mapper<LongWritable, Text, Text,IntWritable> 类，并指定了输入键、输入值、输出键和输出值的数据类型。

第 2、3 行代码分别创建了 Text 类的对象 word 与 IntWritable 类的对象 one，这两个对象分别用于存储输出的键和值。

第 4～16 行代码重写了 Mapper 类的核心方法 map()，该方法用于处理输入数据。其中，第 8 行代码调用 toString() 方法将输入的数据以行为单位转换为字符串；第 10 行代码调用 split() 方法将字符串以空格为分隔符拆分成多个单词，拆分后将单词存储在数组 words 中；第 12～15 行代码使用 for 循环迭代数组 words，将每个单词转换为 Text 类型的数据，并将其与值 1（IntWritable 类型）一起写入 context 中。

需要注意的是，org.apache.hadoop.mapreduce 是 Hadoop 新 API 中的包，本书使用的是这个包下的 API；而 org.apache.hadoop.mapred 是 Hadoop 旧 API 中的包。

3．实现 Reducer

在 testMapReduce 模块中创建一个 MyReducer 类，将该类继承 Reducer 类，实现 Reducer 类中的 reduce() 方法；该方法用于将相同单词出现的次数值进行累加，得到该单词出现的总次数；将单词与单词出现的总次数以 Key-Value 的形式写入 Context 对象中。MyReducer 类的具体代码如例 5-3 所示。

【例 5-3】MyReducer.java

```
1   public class MyReducer extends Reducer<Text, IntWritable, Text, IntWritable> {
2       @Override
3       protected void reduce(Text key, Iterable<IntWritable> values,
4       Context context) throws IOException, InterruptedException {
5           Integer counter = 0;
6           //迭代数组，将输出的 Key-Value 对存入 context 中
7           for (IntWritable value : values) {
8               counter += value.get();
9           }
10          context.write(key, new IntWritable(counter));
11      }
12  }
```

上述代码中，第 1 行代码将创建的 MyReducer 类继承了 Reducer<Text, IntWritable, Text, IntWritable> 类，并指定了输入键、输入值、输出键和输出值的数据类型。

第 5 行代码定义了一个整型变量 counter，用于统计每个单词的出现次数。

第 7～9 行代码使用 for 循环将迭代器中的每个 IntWritable 对象中封装的整数值取出，并累加到 counter 变量中，实现对相同单词出现的次数进行求和操作。

第 10 行代码调用 write() 方法将单词与单词出现的总次数封装到 context 对象中。

4．创建 MapReduce 作业

在 testMapReduce 模块中创建一个 WordCountApp 类，该类用于创建 MapReduce 作业，具体代码如例 5-4 所示。

【例 5-4】WordCountApp.java

```
1   public class WordCountApp{
2       public static void main(String[] args) throws Exception {
```

< 91 >

```
3                if (args == null || args.length < 2) {
4                    throw new Exception("参数不足,需要两个参数!");
5                }
6                //1.新建配置对象，为配置对象设置文件系统
7                Configuration conf = new Configuration();
8                conf.set("fs.defaultFS", "hdfs://192.168.142.131:8020");
9                //2.设置 Job 属性
10               Job job = Job.getInstance(conf, "WordCountApp");
11               job.setJarByClass(WordCountApp.class);
12               //3.设置数据输入路径
13               Path inPath = new Path(args[0]);
14               FileInputFormat.addInputPath(job, inPath);
15               //4.设置 Job 执行的 Mapper 类和输出的键值对的类型
16               job.setMapperClass(MyMapper.class);
17               job.setMapOutputKeyClass(Text.class);
18               job.setMapOutputValueClass(IntWritable.class);
19               //5.设置 Job 执行的 Reducer 类和输出的键值对的类型
20               job.setReducerClass(MyReducer.class);
21               job.setOutputKeyClass(Text.class);
22               job.setOutputValueClass(IntWritable.class);
23               //6.设置数据输出路径
24               Path outPath = new Path(args[1]);
25               FileOutputFormat.setOutputPath(job, outPath);
26               //7.MapReduce 作业完成后退出系统
27               System.exit(job.waitForCompletion(true) ? 0 : 1);
28           }
29   }
```

上述代码中，第 27 行代码调用 exit()方法退出系统。当 waitForCompletion()方法的返回值为 0 时，表示作业执行成功；返回值为 1 时，表示作业执行失败。

5．在 Hadoop 集群上运行 MapReduce 作业

（1）将程序打包成 jar 包

在 IntelliJ IDEA 窗口中单击右侧边栏的 "Maven Projects" 栏，在出现的下拉列表中依次双击 "testMapReduce" "Lifecycle" "package" 选项；当控制台出现 "BUILD SUCCESS" 时，表明已将程序打包成 jar 包。

（2）创建 word.txt 文件

在虚拟机 qf01 的/root 目录（root 用户的 ~ 目录）下创建 word.txt 文件，并在该文件中输入以下内容：

```
hello qianfeng
hello lxm
hello hadoop
qianfeng hadoop
```

（3）启动 Hadoop 集群

启动 Hadoop 集群，具体命令如下：

```
[root@qf01 ~]# start-dfs.sh
[root@qf01 ~]# start-yarn.sh
```

（4）上传 word.txt 文件到 HDFS 的根目录下

查看活跃状态的虚拟机，本书以处于活跃状态的虚拟机 qf01 为例进行讲述。在虚拟机 qf01 上，

< 92 >

上传 word.txt 文件到 HDFS 的根目录下，具体命令如下：

```
[root@qf01 ~]# hdfs dfs - put word.txt /
```

（5）将 testMapReduce-1.0-SNAPSHOT.jar 发送给虚拟机 qf01

在左侧边栏的 Project 栏中依次双击"testHadoop""testMapReduce""target"，在出现的 testMapReduce-1.0-SNAPSHOT.jar 上右击，在弹出的列表中单击"Show in Explorer"选项，将弹出的文件管理器中的 testMapReduce-1.0-SNAPSHOT.jar 发送到虚拟机 qf01 的/root 目录下。

（6）运行 MapReduce 作业

在虚拟机 qf01 上运行 MapReduce 作业，运行的常用格式如下：

```
hadoop jar Jar 包 完整包名类名 待处理文件在 HDFS 上的绝对路径 文件处理后在 HDFS 上的存放目录
```

运行 MapReduce 作业的具体命令如下：

```
[root@qf01 ~]# hadoop jar testMapReduce-1.0-SNAPSHOT.jar
com.qf.wordcount.WordCountApp /word.txt /output
```

【实战结果】

查看运行结果有两种方法，具体介绍如下。

（1）第 1 种方式

在虚拟机 qf01 上使用如下命令查看运行结果：

```
[root@qf01 ~]# hdfs dfs -cat /output/part-r-00000
hadoop          2
hello           3
lxm             1
qianfeng        2
```

其中，part-r-00000 是 MapReduce 作业运行后生产的文件。

（2）第 2 种方式

登录 NameNode 的 Web 页面（http://192.168.142.131:9870），单击 Utilities 菜单下的 Browse the file system 选项，出现 HDFS 根目录下的文件和目录，如图 5-3 所示。

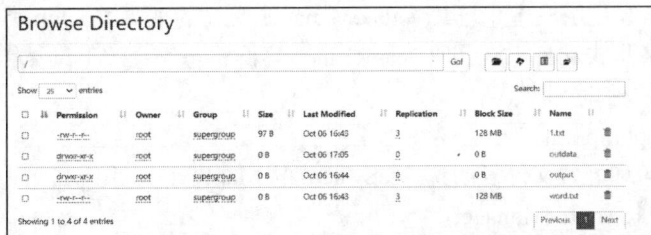

图 5-3　HDFS 根目录下的文件和目录

在图 5-3 中单击 output 目录，出现 output 目录下的文件。output 目录下一共有两个文件，分别为 part-r-00000 和_SUCCESS，如图 5-4 所示。

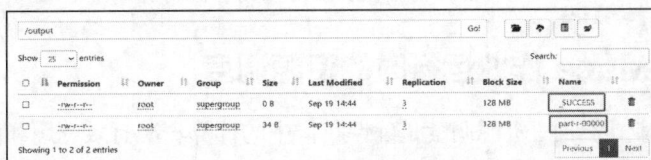

图 5-4　output 目录

< 93 >

在图 5-4 中单击 part-r-00000 文件，会弹出"File information-part-r-00000"窗口，如图 5-5 所示。在该页面中单击"Download"按钮可将该文件下载到本地，"Head the file (first 32K)"按钮表示从文件的开头显示 32KB 大小的内容，"Tail the file (last 32K)"按钮表示从文件的末尾显示 32KB 大小的内容。

在图 5-5 中单击"Head the file (first 32K)"按钮，从文件开头显示 part-r-00000 文件的内容，如图 5-6 所示。该页面显示的内容与第 1 种查看方式显示的文件内容一致。

图 5-5　"File information-part-r-00000"窗口

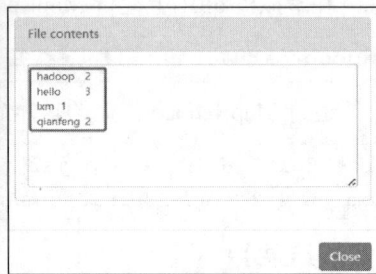

图 5-6　文件查看页面

5.2　MapReduce 作业

为了应对日益增长的大规模数据处理需求，MapReduce 作业应运而生。它将大规模数据处理任务拆分成多个小任务，并通过 Map 和 Reduce 两个阶段进行高效处理。

5.2.1　MapReduce 作业概述

作业（Job）是指一个 MapReduce 应用程序（Application），也就是用户提交的一个计算请求。

在 Java 程序中，Job 是用户作业与 ResourceManager 交互的主要类。Job 类提供了提交作业、跟踪进度、访问组件任务报告和日志、获取 MapReduce 集群状态信息的工具。作业提交流程如下。

① 检查作业的输入和输出格式。

② 计算作业的 InputSplit 值。

③ 将作业的 jar 包和配置文件复制到 FileSystem 的 MapReduce 系统目录中。

④ 将作业提交给 ResourceManager。

作业输出的位置通常是分布式文件系统（例如 HDFS），而输出又可以用作下一个作业的输入，这意味着作业成功或失败完全取决于客户端。在这种情况下，作业的控制主要通过以下两个方法来实现。

① Job.submit()：将作业提交到集群并立即返回。

② Job.waitForCompletion(boolean)：将作业提交到集群并等待作业完成。

5.2.2　MapReduce 作业运行时的资源调度

在 MapReduce 作业运行时，资源调度是确保集群中的计算资源有效利用和任务平衡分配的关键过程。资源调度的流程如图 5-7 所示。

< 94 >

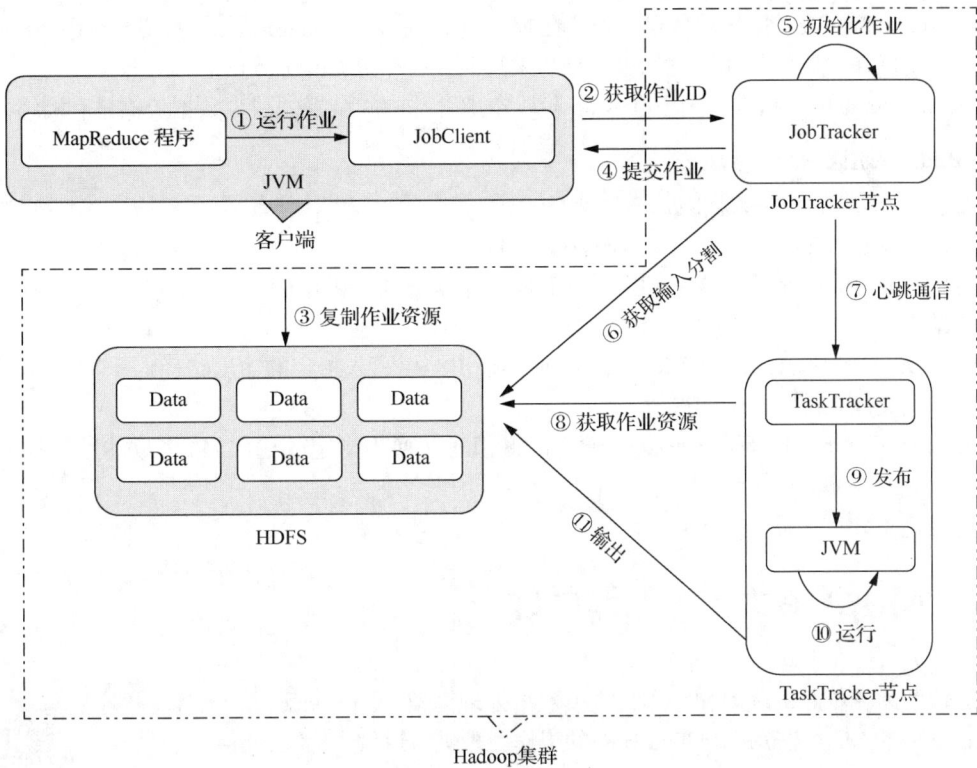

图 5-7　资源调度的流程

由图 5-7 可知，资源调度流程主要分为 11 个步骤和 4 个独立模块。这 4 个模块在 MapReduce 执行过程中的作用如下。

① Client（客户端）：编写 MapReduce 代码、配置作业和提交 MapReduce 作业。

② JobTracker：初始化作业、分配作业、与 TaskTracker 通信以及协调整个作业的执行。

③ TaskTracker：保持与 JobTracker 的通信，并在分配的数据片段上执行 Map 或 Reduce 任务。需要注意的是，Hadoop 集群中可以包含多个 TaskTracker。

④ HDFS：存储作业文件。

5.2.3　MapReduce 作业的运行流程

MapReduce 作业的运行流程主要包含两个阶段，分别是 Map 阶段和 Reduce 阶段。

1. Map 阶段

Map 阶段的数据处理流程如下：

FileInputFormat→InputSplit→RecordReader→Mapper→Partitioner→Sort and Shuffle→Combiner。

① FileInputFormat：负责将输入数据切分成多个 InputSplit，并将每个 InputSplit 交给一个 Mapper 处理。FileInputFormat 定义了数据输入的方式和数据分割策略。

② RecordReader：负责读取 InputSplit 中的数据，并将其转换成键值对的形式，供 Mapper 处理。

③ Mapper：用户编写的映射函数，用于对输入数据进行处理并生成中间结果。Mapper 将输入的键值对转换成中间键值对，并输出给 Partitioner 进行分区。

④ Partitioner：根据中间键的哈希值将数据分发给不同的 Reducer 任务，确保相同键的数据进入同一个 Reducer 任务。

< 95 >

⑤ Sort and Shuffle：排序和分组操作。在 Map 阶段完成后，MapReduce 框架会对中间键值对进行排序和分组操作，以便将相同键的中间结果发送到同一个 Reducer 节点上。

⑥ Combiner：可选组件，用于在 Map 阶段本地合并中间结果，减少数据传输量和网络开销。

2．Reduce 阶段

Reduce 阶段的数据处理流程如下：

Reducer→FileOutputFormat→RecordWriter。

① Reducer：用户编写的归约函数，用于对来自 Map 阶段的中间结果进行合并和处理，生成最终的输出结果。

② FileOutputFormat：负责将 Reducer 生成的输出结果写入指定的输出路径，通常输出的路径指向的是分布式文件系统（如 HDFS）。

③ RecordWriter：负责将 Reducer 输出的键值对转换为指定的输出格式，并将其写入输出文件中。

5.3 MapReduce 工作原理

为了帮助读者更好地理解和应用大规模数据处理框架 MapReduce，本节将围绕 MapReduce 中的 Map 任务和 Reduce 任务的工作原理进行讲解。

微课视频

5.3.1 Map 任务的工作原理

Map 任务的工作原理如下。

① 划分输入的数据：程序根据 FileInputFormat 将输入的文件分割成多个输入切片（Input Split），每个输入切片对应一个 Map 任务。

② 数据处理：每个 Map 任务独立处理自己分配的输入切片，读取输入数据并应用指定的映射函数。

③ 中间结果生成：每个 Map 任务都会有一个内存缓冲区，输入数据经过 Map 阶段处理后的中间结果会写入内存缓冲区。当写入的数据量达到内存缓冲区的阈值时，会启动一个线程将内存中的数据溢写入磁盘，同时不影响 Map 将中间结果继续写入内存缓冲区。在溢写过程中，MapReduce 框架会对键进行排序。如果中间结果比较大，会形成多个溢写文件，最后合并所有的溢写文件为一个文件。

④ 中间结果传输：Map 任务将中间结果发送给 Reduce 任务。数据传输通常通过网络进行，以便将相同键的中间结果传递给相应的 Reduce 任务。

5.3.2 Reduce 任务的工作原理

Reduce 任务的工作原理如下。

① 中间结果接收：Reduce 任务启动之前，Map 任务会启动线程将 Map 结果数据拉取到相应的 Reduce 任务中。

② 中间结果合并：Reduce 任务对接收到的中间结果进行合并操作，根据键进行排序和分组，并将相同键的结果聚合在一起。

③ 归约操作：Reduce 任务应用指定的归约函数对值进行聚合、汇总或其他自定义操作。

④ 生成输出结果：Reduce 任务生成最终的输出结果，并将输出结果存入 HDFS 中。

< 96 >

5.4 MapReduce 的 Shuffle 阶段

在 MapReduce 中，Shuffle 阶段是一个比较重要的阶段，它涉及数据传输、网络开销、数据局部性、性能优化等关键概念和技术，对于大数据处理和分布式计算的工作和研究都具有实际应用价值。

5.4.1 Shuffle 的概念

Shuffle 的本义是洗牌、混洗，是指把一组有一定规则的数据尽量转换成一组无规则的数据，越随机越好。MapReduce 中的 Shuffle 更像是洗牌的逆过程，把一组无规则的数据尽量转换成一组具有一定规则的数据。Shuffle 阶段如图 5-8 所示。

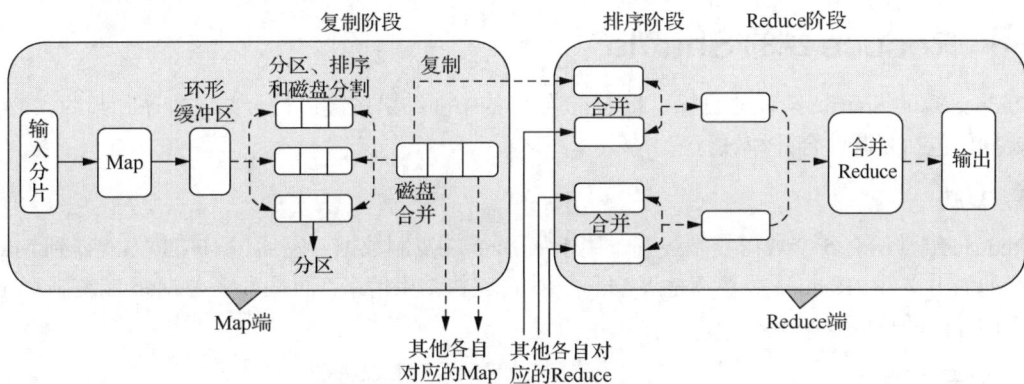

图 5-8　Shuffle 阶段

由图 5-8 可知，Shuffle 阶段主要是指 Mapper 到 Reducer 之间的过程，可以分为 Map 端的 Shuffle 和 Reduce 端的 Shuffle。

5.4.2 Map 端的 Shuffle

Map 端的 Shuffle 阶段负责将 Map 任务的中间结果发送给对应的 Reduce 任务，该阶段的主要操作包括分区、环形缓冲区、溢写与排序、文件合并。

1. 分区

Map 端处理完数据后，当键/值被写入缓冲区之前，都会被序列化为字节流。MapReduce 提供 Partitioner（分区）接口，它的作用是根据键或值及 Reduce 的数量来决定当前的这对输出数据最终应该交由哪个 Reduce 任务处理（分区）。默认对键取 hashCode（哈希码）值，然后再根据 Reduce 任务数量取模。默认的取模方式只是为了平衡 Reduce 的处理能力。如果用户自己对 Partitioner 有需求，可以定制并设置到 Job 上。

2. 环形缓冲区

Map 在内存中有一个环形缓冲区（由字节数组实现），用于存储任务的输出。默认容量是 100MB，其中 80% 用于缓存。当这部分容量用完时，会启动一个溢出线程进行溢出操作，写入磁盘形成溢写（Spill）文件。在溢出的过程中，缓冲区剩余的 20% 空间会对新产生的数据继续缓存（简单来说就是边读边写）。但如果在此期间缓冲区被填满，Map 会阻塞，直到写磁盘过程完成。

< 97 >

3. 溢写与排序

缓冲区的数据写入磁盘前，会进行二次快速排序，首先根据数据所属的分区进行排序，然后每个分区中再根据键进行排序。输出数据包括一个索引文件和数据文件。如果设定了 Combiner（合并器），Combiner 将在排序输出的基础上运行。Combiner 是一个简单的 Reducer 操作，它在执行 Map任务的节点上运行，先对 Map 的输出做一次简单的 Reduce，使 Map 的输出更紧凑，写入磁盘和传送到 Reducer 的数据更简洁。临时文件会在 Map 任务结束后删除。

4. 文件合并

每次溢写会在磁盘上生成一个溢写文件。如果 Map 的输出量很大，有多次这样的溢写发生，磁盘上就会有多个溢写文件存在。因为最终的文件只有一个，所以需要将这些溢写文件归并到一起，这个过程就叫作文件合并（Merge）。此时可能也有相同的键存在，在这个过程中如果客户端设置过 Combiner，Combiner 会合并相同的键。

5.4.3 Reduce 端的 Shuffle

Reduce 端的 Shuffle 阶段的目标是将 Map 任务的中间结果按键进行合并、排序和归约，该阶段的主要操作包括复制、合并和执行。

1. 复制

Reduce 端默认有 5 个数据复制线程，用于从 Map 端复制数据，它通过 HTTP 方式得到 Map 对应分区的输出文件。Reduce 端并不是等 Map 端执行完将结果传来，而是直接去 Map 端复制（Copy）输出文件（主动拉取数据）。

2. 合并

Reduce 端的 Shuffle 也有一个环形缓冲区，它的容量比 Map 端的灵活。复制阶段获得的数据会存放在这个缓冲区中。同样，数据量达到阈值时会发生溢写到磁盘操作。这个过程中如果设置了 Combiner，Combiner 也会执行，并一直持续到所有的 Map 输出都被复制过来。如果形成了多个磁盘文件，也会进行合并，最后一次合并的结果作为 Reduce 的输入，而不是写入磁盘。

3. 执行

当 Reducer 的输入文件确定后，整个 Shuffle 操作才最终结束。这时就开始 Reducer 的执行了，最后 Reducer 会把结果存到 HDFS 上。

5.5 MapReduce 编程组件

在 MapReduce 编程中，掌握其组件是构建强大和高效分布式计算的关键。这些组件为开发人员提供了丰富的工具和框架，使其能够灵活地编写和执行 MapReduce作业。本节将围绕 InputFormat（输入格式）组件、OutputFormat（输出格式）组件、RecordReader（记录阅读器）组件和 RecordWriter（记录写入器）组件、Partitioner组件和 Combiner 组件进行讲解。

微课视频

5.5.1 InputFormat 组件

InputFormat 组件用来对输入数据进行格式化，它描述了 MapReduce 作业的输入规范。下面对

< 98 >

InputFormat 组件的源码和常用子类进行介绍。

1．InputFormat 组件的源码

```
public abstract class InputFormat<K, V> {
  public abstract List<InputSplit> getSplits(JobContext context
  ) throws IOException, InterruptedException;
  public abstract RecordReader<K,V> createRecordReader(InputSplit split,
    TaskAttemptContext context) throws IOException, InterruptedException;
}
```

由 InputFormat 源码可知 InputFormat 有两个方法，分别是 getSplits()和 createRecordReader()。

① getSplits()：负责从逻辑上分割输入文件，得到输入切片（InputSplit）。在获得 InputSplit 之前，需要考虑输入文件是否在逻辑上可分割、文件存储时分块的大小和文件大小等因素。InputSplit 在逻辑上包含了需要用单个 Mapper 处理的数据（键值对）。

② createRecordReader()：负责创建 RecordReader。

2．InputFormat 组件的常用子类

InputFormat 是 Hadoop 中用于读取数据并将数据拆分成可供 Map 任务处理的 InputSplit 的抽象类。为了更好地满足不同数据源的读取需求，Hadoop 提供了一些常用的 InputFormat 子类，每个子类适用于不同类型的数据源和数据格式，如表 5-1 所示。

表 5-1　InputFormat 组件的常用子类

类名	继承的类	处理的数据类型	说明
FileInputFormat	InputFormat	文本数据	InputFormat 的实现基类
TextInputFormat	FileInputFormat	文本数据	InputFormat 默认使用的子类，以行为单位处理数据
KeyValueTextInputFormat	FileInputFormat	文本数据	适合处理以下形式的数据：输入数据的每一行有两列，并用制表符分隔
NLineInputFormat	FileInputFormat	文本数据	以 n 行为单位处理数据，切片按照指定的行号进行切分。在处理数据量小的情况下可以使用，减少分发过程
SequenceFileInputFormat	FileInputFormat	二进制数据	处理序列化的二进制数据
SequenceFileAsBinaryInputFormat	SequenceFileInputFormat	二进制数据	将 SequenceFile 的 Key 和 Value 转换为 Text 对象
SequenceFileAsTextInputFormat	SequenceFileInputFormat	二进制数据	将 SequenceFile 的 Key 和 Value 转换为二进制对象
FixedLengthInputFormat	FileInputFormat	二进制数据	从文件中读取固定长度的二进制记录
MultipleInputs	无	多种格式	处理多种格式的数据
DBInputFormat	InputFormat	关系型数据库中的表	从关系型数据库中读取数据

FileInputFormat 主要用来设置 MapReduce 作业中数据的输入路径，使用的方法是 addInputPath()。该方法的调用方式和语法格式如下：

```
FileInputFormat.addInputPath(job, inPath);
```

上述语法格式中，addInputPath()方法中的第 1 个参数 job 表示要添加输入路径的作业对象；第 2

< 99 >

个参数 inPath 表示数据的输入路径，该路径包含输入数据的 Hadoop 文件系统的路径，可以指定单个文件、一个目录或一个文件通配符。

5.5.2 OutputFormat 组件

OutputFormat 组件用来对输出数据进行格式化，它可以将 MapReduce 作业的输出结果转换为其他系统可读的格式，从而实现与其他系统的互操作。OutputFormat 描述了 MapReduce 作业的输出规范。

在默认情况下，MapReduce 只有一个 Reduce，默认输出一个名为 part-r-00000 的文件，输出文件的个数与 Reduce 的个数一致。如果 MapReduce 有两个 Reduce，输出结果就有两个文件，第一个为 part-r-00000，第二个为 part-r-00001；如果 MapReduce 有更多 Reduce，以此类推。

下面介绍 OutputFormat 组件的主要源码、常用子类以及自定义 InputFormat 和 OutputFormat。

1. OutputFormat 组件的主要源码

```
public abstract class OutputFormat<K, V> {
  public abstract RecordWriter<K, V>
    getRecordWriter(TaskAttemptContext context) throws IOException,
  InterruptedException;
}
```

OutputFormat 源码中的 getRecordWriter()方法主要负责创建 RecordWriter。

2. OutputFormat 组件的常用子类

OutputFormat 是 Hadoop 中用于将 MapReduce 作业的输出结果写入外部存储系统的抽象类。不同的输出需求和存储系统可能需要不同的 OutputFormat 类来进行数据写入。Hadoop 提供了一些常用的 OutputFormat 子类，每个子类适用于不同的输出目标和数据格式，如表 5-2 所示。

表 5-2　OutputFormat 组件的常用子类

类名	继承的类	说明
FileOutputFormat	OutputFormat	OutputFormat 的实现基类
TextOutputFormat	FileOutputFormat	OutputFormat 默认使用的子类，用于把每条记录输出为文本行
NullOutputFormat	OutputFormat	无输出内容
SequenceFileOutputFormat	FileOutputFormat	输出 SequenceFile
SequenceFileAsBinaryOutputFormat	SequenceFileOutputFormat	输出二进制键值对格式的 SequenceFile
MapFileOutputFormat	FileOutputFormat	输出 Mapfile
MultipleOutputs	无	将数据写到多个文件中
DBOutputFormat	OutputFormat	将作业输出数据转存到关系型数据库中

3. 自定义 InputFormat 和 OutputFormat

下面以 InputFormat 的 SequenceFileInputFormat 和 OutputFormat 的 SequenceFileOutputFormat 为例自定义 InputFormat 和 OutputFormat，以掌握 SequenceFileInputFormat 和 SequenceFileOutputFormat 的应用，具体步骤如下。

（1）向 MySequenceFile2.seq 文件中添加内容

在 com.qf 的包下创建一个名为 sequencefile 的包，并在该包下创建一个名为 CreateSequenceFile.java 的 SequenceFile 源文件，在该文件的 main()方法中实现向 MySequenceFile2.seq 文件添加内容。CreateSequenceFile.java 文件中的具体代码如例 5-5 所示。

< 100 >

【例 5-5】CreateSequenceFile.java

```
1  public class CreateSequenceFile {
2      public static void main(String[] args) throws Exception {
3          //1.指定文件系统
4          Configuration conf = new Configuration();
5          conf.set("fs.defaultFS", "hdfs://192.168.142.131:8020");
6          //2.设置文件输出路径
7          Path outputPath = new Path("/MySequenceFile2.seq");
8          //3.指定写操作的路径和内容
9          SequenceFile.Writer.Option optPath = SequenceFile.Writer.file(outputPath);
10         SequenceFile.Writer.Option optKey = SequenceFile.Writer.keyClass(Text.class);
11         SequenceFile.Writer.Option optVal = SequenceFile.Writer.valueClass
           (IntWritable.class);
12         //4.执行写操作
13         SequenceFile.Writer writer = SequenceFile.createWriter(conf,
14         optPath, optKey, optVal);
15         //5.向文件MySequenceFile2.seq中添加内容
16         writer.append(new Text("hello"), new IntWritable(10));
17         writer.append(new Text("qianfeng"), new IntWritable(20));
18         writer.append(new Text("hi"), new IntWritable(15));
19         writer.append(new Text("qianfeng"), new IntWritable(80));
20         writer.append(new Text("hello"), new IntWritable(6));
21         writer.append(new Text("world"), new IntWritable(7));
22         writer.close();
23     }
24 }
```

上述代码中，第 4、5 行代码首先创建 Configuration 类的对象 conf，然后调用 set()方法设置 Hadoop 文件系统的默认路径为 hdfs://192.168.142.131:9870。

第 7 行代码使用 new 关键字创建对象 outputPath，并指定文件的输出路径为 "/MySequenceFile2.seq"。

第 9 行代码调用 file()方法指定写操作的路径，第 10 行代码调用 keyClass()方法指定键的数据类型为 IntWritable，第 12 行代码调用 valueClass()方法指定值的数据类型为 Text。

第 13、14 行代码调用 createWriter()方法创建写操作的对象 writer；第 16~21 行代码调用 append()方法添加 6 组键值对数据，每个键值对都由一个 Text 类型的键和一个 IntWritable 类型的值组成；第 22 行代码调用 close()方法关闭写入器（Writer）。

（2）实现 Mapper

在 com.qf.sequencefile 包下创建 MyMapper 类，将该类继承 Mapper 类，实现 map()方法；在 map()方法中调用 write()方法将计算结果以键值对的形式输出，生成的键值对会作为中间结果传递给 Reducer，具体代码如例 5-6 所示。

【例 5-6】MyMapper.java

```
1  public class MyMapper extends Mapper<Text, IntWritable, Text, IntWritable> {
2      @Override
3      protected void map(Text key, IntWritable value, Context context)
4      throws IOException, InterruptedException {
5          context.write(key, value);
6      }
7  }
```

（3）实现 Reducer

在 com.qf.sequencefile 包下创建 MyReducer 类，将该类继承 Reducer 类，实现 reduce()方法；在

< 101 >

reduce()方法中将聚合后的结果以键值对的形式输出，具体代码如例 5-7 所示。

【例 5-7】MyReducer.java

```
1   public class MyReducer extends Reducer<Text, IntWritable, Text,IntWritable> {
2       @Override
3       protected void reduce(Text key, Iterable<IntWritable> values,
4       Context context) throws IOException, InterruptedException {
5           //1.定义一个计数器
6           Integer counter = 0;
7           //2.迭代数组，将输出的键值对存入 context 中
8           for (IntWritable value : values) {
9               counter += value.get();
10          }
11          context.write(key, new IntWritable(counter));
12      }
13  }
```

上述代码中，第 9～11 行代码通过 for 循环迭代参数 values 中的每个 IntWritable 类型的值，并累加到 counter 中；第 12 行代码调用 write()方法将聚合后的结果以键值对的形式输出，context 是 Reducer 的上下文对象，用于与 MapReduce 框架进行交互。

（4）创建 MapReduce 作业

在 com.qf.sequencefile 包下创建 SequenceFileTestApp 类，在该类中创建 MapReduce 作业，具体代码如例 5-8 所示。

【例 5-8】SequenceFileTestApp.java

```
1   public class SequenceFileTestApp {
2       public static void main(String[] args) throws Exception {
3           if (args == null || args.length < 2) {
4               throw new Exception("参数不足,需要两个参数!");
5           }
6           //1.新建配置对象，为配置对象设置文件系统
7           Configuration conf = new Configuration();
8           conf.set("fs.defaultFS", "hdfs://192.168.142.131:8020");
9           //2.设置 Job 属性
10          Job job = Job.getInstance(conf, "SequenceFileTestApp");
11          job.setJarByClass(SequenceFileTestApp.class);
12          //3.设置数据输入路径
13          Path inPath = new Path(args[0]);
14          FileInputFormat.addInputPath(job, inPath);
15          //4.设置 Job 的输入格式
16          job.setInputFormatClass(SequenceFileInputFormat.class);
17          //5.设置 Job 执行的 Mapper 类和输出的 Key-Value 对的类型
18          job.setMapperClass(MyMapper.class);
19          job.setMapOutputKeyClass(Text.class);
20          job.setMapOutputValueClass(IntWritable.class);
21          //6.设置 Job 执行的 Reducer 类和输出的键值对的类型
22          job.setReducerClass(MyReducer.class);
23          job.setOutputKeyClass(Text.class);
24          job.setOutputValueClass(IntWritable.class);
25          //7.设置数据输出格式
26          //job.setOutputFormatClass(SequenceFileOutputFormat.class);
27          SequenceFileOutputFormat.setCompressOutput(job, true);
```

< 102 >

```
28        SequenceFileOutputFormat.setOutputCompressorClass(job,
29            GzipCodec.class);                        //设置压缩编解码器
30        SequenceFileOutputFormat.setOutputCompressionType(job,
31            SequenceFile.CompressionType.BLOCK);//设置压缩类型
32        //8.设置数据输出路径
33        Path outPath = new Path(args[1]);
34        FileOutputFormat.setOutputPath(job, outPath);
35        //9.MapReduce 作业完成后退出系统
36        System.exit(job.waitForCompletion(true) ? 0 : 1);
37    }
38 }
```

上述代码中，第 3~5 行代码使用 if 条件语句判断传递的命令行参数的数量是否是 2 个，如果是，则继续执行下方代码；否则使用关键字 throw 抛出一个参数不足的异常。

（5）在 HDFS 上创建 SequenceFile 源文件

启动 Hadoop 集群，在 IntelliJ IDEA 中运行 testMapReduce 模块的 com.qf.sequencefile 包下的 CreateSequenceFile 类。

（6）在 Hadoop 集群上运行 MapReduce 作业

用 Maven Projects 将模块 testMapReduce 打成 Jar 包，将 testMapReduce-1.0-SNAPSHOT.jar 发送到活跃虚拟机的/root 目录下，运行 MapReduce 作业，如下所示：

```
[root@qf01 ~]# hadoop jar testMapReduce-1.0-SNAPSHOT.jar com.qf. sequencefile.
inputformatandoutputformat.SequenceFileTestApp /MySequenceFile2.seq /outdata/
inputformatandoutputformat
```

（7）MapReduce 作业的运行结果

通过 Web 界面下载 HDFS 中/outdata/inputformatandoutputformat 目录下的 part-r-00000.gz 压缩包，用记事本查看压缩包中的 part-r-00000 文件，得到 MapReduce 作业的运行结果如下：

```
hello          16
hi             15
qianfeng       100
world          7
```

以上自定义了 InputFormat 为 SequenceFileInputFormat，未设置 OutputFormat，默认使用 TextOutputFormat。

需要注意的是，自定义 OutputFormat 为 SequenceFileOutputFormat 可查看例 5-8 中第 26 行的 "//job.setOutputFormatClass(SequenceFileOutputFormat.class) ;"，该行已经注释掉。去掉//后，运行 MapReduce 作业即可进行相关测试。

5.5.3 RecordReader 组件和 RecordWriter 组件

在 Hadoop 的 MapReduce 框架中，数据的输入和输出是 MapReduce 作业的重要组成部分。RecordReader 和 RecordWriter 是 MapReduce 框架中用于处理输入和输出数据的核心组件。RecordReader 组件负责将输入数据解析为键值对形式，供 Map 任务处理；RecordWriter 组件负责将 Map 任务的输出结果写入输出文件中。

1．RecordReader 组件

（1）InputSplit

在学习 RecordReader 组件之前，需要先了解 InputSplit。

< 103 >

InputSplit 表示由单个 Mapper 处理的数据。通常，InputSplit 提供面向字节的输入视图，RecordReader 负责处理和呈现面向记录的视图。

（2）RecordReader 概述

RecordReader 组件负责从每个 InputSplit 中读取键值对，以便输入 Mapper 中，可以看作 InputSplit 的迭代器。RecordReader 的主要方法是 nextKeyvalue()，用来获取 Split 上的下一个键值对。

RecordReader 是一个抽象类，LineRecordReader（行级记录阅读器）是 RecordReader 的子类。LineRecordReader 以偏移量作为 Key（键），以行数据作为 Value（值）。

2. RecordWriter 组件的源码

RecordWriter 组件的源码如下：

```
public abstract class RecordWriter<K, V> {
    public abstract void write(K key, V value) throws IOException,
    InterruptedException;
    public abstract void close(TaskAttemptContext context) throws
    IOException, InterruptedException;
}
```

由源码可知，RecordWriter 主要有两个方法，分别是 write()方法和 close()方法。write()方法负责将 Reduce 输出的键值对写成特定的输出格式，以便输出到文件系统等；close()方法负责对输出做最后确认并关闭输出。

5.5.4 Partitioner 组件

Partitioner 组件决定 Map 端输出的 Key 交由哪一个 Reduce 任务来处理。Partitioner 的数量与 Reduce 任务的数量相同。当 Reduce 任务数大于 1 时，设置 Partitioner 数量有效；当 Reduce 任务数为 1 时，设置 Partitioner 数量无效。Partitioner 的源码如下：

```
public abstract class Partitioner<KEY, VALUE> {
    public abstract int getPartition(KEY key, VALUE value, int numPartitions);
}
```

MapReduce 中默认使用的是 HashPartitioner 类，该类继承自 Partitioner 类。HashPartitioner 的源码如下：

```
public class HashPartitioner<K, V> extends Partitioner<K, V> {
    public int getPartition(K key, V value,int numReduceTasks) {
        return (key.hashCode() & Integer.MAX_VALUE) % numReduceTasks;
    }
}
```

自定义 Partitioner 是解决常见的数据倾斜问题的方法之一。下面编写程序对自定义 Partitioner 进行测试，具体步骤如下。

（1）新建 com.qf.partitioner 包

在 IntelliJ IDEA 的 testMapReduce 模块中新建 com.qf.mr.partitioner 包。

（2）实现 Mapper 和 Reducer

使用 com.qf.wordcount 包下的 MyMapper 和 MyReducer 即可，不需要再写程序。

（3）自定义 Partitioner

在 TestMapReduce 模块的 com.qf.partitioner 包中创建 TestPartitioner 类，并继承 Partitioner 类；在 TestPartitioner 类中实现对单词进行分区，具体代码如例 5-9 所示。

< 104 >

【例 5-9】TestPartitioner.java

```
1   public class TestPartitioner extends Partitioner<Text, IntWritable> {
2       /**
3        * 以 h 开头的单词放到 0 号分区，其他单词放到 1 号分区
4        */
5       @Override
6       public int getPartition(Text text, IntWritable intWritable,
7       int numPartitions) {
8           String key = text.toString();
9           if (key.startsWith("h")) {
10              return 0;
11          } else {
12              return 1;
13          }
14      }
15  }
```

（4）创建 MapReduce 作业

在 TestMapReduce 模块中创建 PartitionerApp 类，在该类中创建 MapReduce 作业，具体代码如例 5-10 所示。

【例 5-10】PartitionerApp.java

```
1   public class PartitionerApp {
2       public static void main(String[] args) throws Exception {
3           if (args == null || args.length < 2) {
4               throw new Exception("参数不足,需要两个参数!");
5           }
6           Configuration conf = new Configuration();
7           conf.set("fs.defaultFS", "hdfs://192.168.142.131:8020");
8           Job job = Job.getInstance(conf, "WordCountApp");
9           job.setJarByClass(PartitionerApp.class);
10          Path inPath = new Path(args[0]);
11          FileInputFormat.addInputPath(job, inPath);
12          job.setMapperClass(MyMapper.class);
13          job.setMapOutputKeyClass(Text.class);
14          job.setMapOutputValueClass(IntWritable.class);
15          //设置分区
16          job.setPartitionerClass(TestPartitioner.class);
17          job.setReducerClass(MyReducer.class);
18          job.setOutputKeyClass(Text.class);
19          job.setOutputValueClass(IntWritable.class);
20          //设置 Reduce 任务的个数
21          job.setNumReduceTasks(2);
22          Path outPath = new Path(args[1]);
23          FileOutputFormat.setOutputPath(job, outPath);
24          System.exit(job.waitForCompletion(true) ? 0 : 1);
25      }
26  }
```

（5）在 Hadoop 集群上运行 MapReduce 作业

用 Maven Projects 将模块 testMapReduce 打成 Jar 包，将 testMapReduce-1.0-SNAPSHOT.jar 发送到活跃虚拟机的/root 目录下，运行 MapReduce 作业，如下所示：

< 105 >

```
[root@qf01 ~]# hadoop jar testMapReduce-1.0-SNAPSHOT.jar com.qf.partitioner.
PartitionerApp /word.txt /outdata/partitioner
```

（6）在活跃的 NameNode 上查看 MapReduce 作业的运行结果

登录网址 http://192.168.142.131:9870/explorer.html#/outdata/partitioner，查看 HDFS 的/outdata/partitioner 目录，如图 5-9 所示。

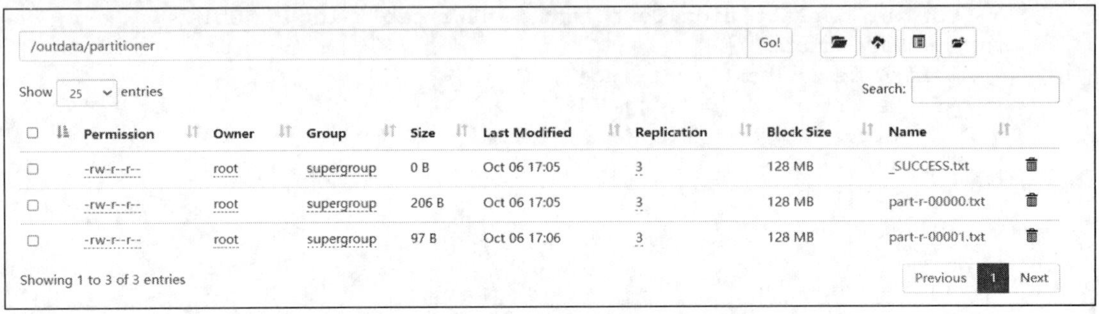
/outdata/partitioner
Go!
Show 25 entries
Search:
Permission
Owner
Group
Size
Last Modified
Replication
Block Size
Name
-rw-r--r-- root supergroup 0 B Oct 06 17:05 3 128 MB _SUCCESS.txt
-rw-r--r-- root supergroup 206 B Oct 06 17:05 3 128 MB part-r-00000.txt
-rw-r--r-- root supergroup 97 B Oct 06 17:06 3 128 MB part-r-00001.txt
Showing 1 to 3 of 3 entries
Previous
1
Next

图 5-9　HDFS 的/outdata/partitioner 目录

由图 5-9 可知，在 HDFS 的/outdata/partitioner 目录下出现了 part-r-00000 和 part-r-00001 两个文件。下载这两个文件到本地系统，用记事本查看文件内容。

part-r-00000 文件的内容如下：

```
hadoop  1
hello   2
hi      3
```

part-r-00001 文件的内容如下：

```
mapreduce   1
qianfeng    2
world       1
```

以 h 开头的单词在 part-r-00000 文件中，其他单词在 part-r-00001 文件中，这与例 5-9 中自定义 Partitioner 的要求相符，说明自定义 Partitioner 是成功的。

5.5.5 Combiner 组件

1．Combiner 组件概述

Combiner 组件是 Hadoop MapReduce 中的一个优化技术，它在数据传输过程中对 Mapper 阶段的输出进行局部聚合。Combiner 的作用是将相同 Key 的中间结果进行合并，从而减少数据传输量，降低 Reducer 阶段的负载，提高整体作业的性能。在 MapReduce 任务中，Mapper 阶段会生成大量的中间键值对。这些中间结果会被传输到 Reducer 节点进行最终的聚合和处理。如果中间结果中包含大量相同的 Key，那么传输的数据量会很大，影响作业的性能。

Combiner 可以在 Mapper 节点上对中间结果进行局部合并，将相同 Key 的 Value 进行聚合，从而减少传输的数据量。它的执行过程与 Reducer 类似，但在 Mapper 节点上进行。Combiner 不会影响作业的逻辑，只是对中间结果进行局部优化。Combiner 的使用要满足一定的条件，即合并的操作必须满足交换律和结合律，这样才能确保在不改变最终结果的情况下进行局部聚合。

Combiner 用来对 Map 任务的输出数据进行合并，可以使输出数据更紧凑地写入磁盘或传送到 Reduce 阶段。Combiner 可以看作 Map 任务中的 Mini Reduce 任务。如果 Map 阶段设定了 Combiner，会在 Sort（排序）输出的基础上执行操作。Combiner 的输出数据一般作为 Reducer 的输入数据。

在 MapReduce 程序中加入 Combiner 之后，数据处理过程可以简述为如下形式。

（1）Map 阶段

① 输入数据被分割成多个 Split，每个 Split 由一个 Mapper 进程处理。

② Mapper 对输入数据进行处理，并生成中间结果（键值对）。

③ Mapper 的输出结果会按照键进行分组，相同值的中间结果会被发送给同一个 Reducer 节点。

（2）Combiner 阶段

① Combiner 在 Mapper 节点上对中间结果进行合并。

② Combiner 接收 Mapper 输出的中间结果，并将相同键的值进行局部聚合。

③ Combiner 的输出结果也是中间结果（键值对），但相同键的值已经被合并。

（3）Shuffle 阶段

① Shuffle 阶段负责将 Mapper 输出的中间结果发送给 Reducer 节点。

② 在 Shuffle 过程中，MapReduce 框架将根据中间结果的键值将相同键的值进行分组，然后对每个组的值进行排序。

③ 排序是为了确保相同键的值按照一定的顺序传递给 Reducer 节点。

（4）Reduce 阶段

① Reducer 接收 Shuffle 阶段传递过来的中间结果，每个 Reducer 处理一个或多个键的数据。

② Reducer 对接收到的数据进行聚合和处理，并生成最终的输出结果。

Combiner 的作用在 Reduce 阶段之前发生，它将中间结果进行局部聚合，减少了 Reducer 接收到的数据量，从而提高了整体的性能。Combiner 对 Map 阶段来说不是必须使用的，它主要适用于 Reduce 的输入键值对与输出键值对的类型完全一致，并且使用它不会影响最终输出结果的场景。例如，Combiner 适用于累加求和、获取最大值等应用场景，而不适用于求平均值。

2．Combiner 的使用

下面通过一个示例演示 Combiner 的使用方法，具体步骤如下。

（1）通过 Combiner 将 Key 值相同的 Value 值进行累加

在 testMapReduce 模块中新建一个名为 com.qf 的包，并在该包下创建一个名为 combiner 的包；在 combiner 包下创建 WordCountCombiner 类，并继承 Reducer 类；在 WordCountCombiner 类中重写 reduce()方法，在该方法中使用 for 循环实现将 Key 值相同的 Value 值进行累加，具体代码如例 5-11 所示。

【例 5-11】WordCountCombiner.java

```
1   public class WordCountCombiner extends Reducer<Text, IntWritable,
2   Text, IntWritable> {
3       @Override
4       protected void reduce(Text key, Iterable<IntWritable> values,
5       Context context) throws IOException, InterruptedException {
6           //1.定义一个计数器
7           Integer counter = 0;
8           //2.迭代数组，将输出的键值对存入 context 中
9           for (IntWritable value : values) {
10              counter += value.get();
11          }
12          context.write(key, new IntWritable(counter));
13      }
14  }
```

< 107 >

（2）实现 Mapper

在 testMapReduce 模块的 com.qf.combiner 包下创建 MyMapper 类，并继承 Mapper 类；在 MyMapper 类中重写 map()方法，在该方法中将 Map 任务中处理后的数据以键值对的形式存入 context 对象中，具体代码如例 5-12 所示。

【例 5-12】MyMapper.java

```
1   public class MyMapper extends Mapper<LongWritable, Text, Text,
2   IntWritable> {
3       Text word = new Text();
4       IntWritable one = new IntWritable(1);
5       @Override
6       protected void map(LongWritable key, Text value, Context context)
7               throws IOException, InterruptedException {
8           //1.以行为单位，对数据进行处理
9           String line = value.toString();
10          //2.以空格为分隔符，对单词进行拆分
11          String[] words = line.split(" ");
12          //3.迭代数组，将输出的键值对存入 context 中
13          for (String s : words) {
14              word.set(s);
15              context.write(word, one);
16          }
17      }
18  }
```

（3）实现 Reducer

在 testMapReduce 模块的 com.qf.combiner 包下中创建 MyReducer 类，并继承 Reducer 类；在 MyReducer 类中重写 reduce()方法，在该方法中将 Reduce 任务中处理后的数据以键值对的形式存入 context 对象中，具体代码如例 5-13 所示。

【例 5-13】MyReducer.java

```
1   public class MyReducer extends Reducer<Text, IntWritable, Text,
2   IntWritable> {
3       @Override
4       protected void reduce(Text key, Iterable<IntWritable> values,
5       Context context) throws IOException, InterruptedException {
6           //1.定义一个计数器
7           Integer counter = 0;
8           //2.迭代数组，将输出的键值对存入 context 中
9           for (IntWritable value : values) {
10              counter += value.get();
11          }
12          context.write(key, new IntWritable(counter));
13      }
14  }
```

（4）创建 MapReduce 作业

在 testMapReduce 模块的 com.qf.combiner 包下创建 CombinerApp 类，在该类中创建 MapReduce 作业，具体代码如例 5-14 所示。

【例 5-14】CombinerApp.java

```
1   public class CombinerApp {
```

< 108 >

```
2        public static void main(String[] args) throws Exception {
3            if (args == null || args.length < 2) {
4                throw new Exception("参数不足,需要两个参数!");
5            }
6            //1.新建配置对象,为配置对象设置文件系统
7            Configuration conf = new Configuration();
8            conf.set("fs.defaultFS", "hdfs://192.168.142.131:8020");
9            //2.设置 Job 属性
10           Job job = Job.getInstance(conf, "CombinerApp");
11           job.setJarByClass(CombinerApp.class);
12           //3.设置数据输入路径
13           Path inPath = new Path(args[0]);
14           FileInputFormat.addInputPath(job, inPath);
15           //4.设置 Job 执行的 Mapper 类
16           job.setMapperClass(MyMapper.class);
17           //5.设置 Combiner
18           job.setCombinerClass(WordCountCombiner.class);
19           //6.设置 Job 执行的 Reducer 类和输出的键值对的类型
20           job.setReducerClass(MyReducer.class);
21           job.setOutputKeyClass(Text.class);
22           job.setOutputValueClass(IntWritable.class);
23           //7.递归删除输出目录
24           FileSystem.get(conf).delete(new Path(args[1]), true);
25           //8.设置输出的文件数
26           job.setNumReduceTasks(3);
27           //9.设置数据输出路径
28           Path outPath = new Path(args[1]);
29           FileOutputFormat.setOutputPath(job, outPath);
30           //10.MapReduce 作业完成后退出系统
31           System.exit(job.waitForCompletion(true) ? 0 : 1);
32       }
33   }
```

（5）将输出的内容写入 combinertestdata.txt 文件中

在 testMapReduce 模块的 com.qf.combiner 包下创建 CombinerTestData 类,在该类中使用 for 循环将输出的内容写入 combinertestdata.txt 文件中,具体代码如例 5-15 所示。

【例 5-15】CombinerTestData.java

```
1    public class CombinerTestData {
2        public static void main(String[] args) throws IOException {
3            //1.新建配置文件对象
4            Configuration conf = new Configuration();
5            //2.给配置文件设置 HDFS 文件的默认入口
6            conf.set("fs.defaultFS", "hdfs://192.168.142.131:8020");
7            //3.通过传入的配置参数得到 FileSystem
8            FileSystem fs = FileSystem.get(conf);
9            //4.设置 HDFS 上存储数据的文件的绝对路径
10           Path p = new Path("/combinertestdata.txt");
11           //5.FileSystem 通过 create()方法获得输出流(FSDataOutputStream)
12           FSDataOutputStream fos = fs.create(p, true, 1024);
13           //6.通过输出流将内容写入 combinertestdata.txt 文件中
```

< 109 >

```
14          for (int i = 0; i < 5000; i++) {
15              fos.writeBytes((1900 + new Random().nextInt(10) * 10 +
16              new Random().nextInt(10)) + " " + (new Random().
17              nextInt(42 - (-42) + 1) + (-42)) + "\n");
18          }
19          //7.关闭输出流
20          fos.close();
21      }
22  }
```

（6）运行 MapReduce 作业

在 Hadoop 集群上运行 MapReduce 作业，具体命令如下：

```
[root@qf01 ~]# hadoop jar testMapReduce-1.0-SNAPSHOT.jar com.qf.combiner.
CombinerApp /combinertestdata.txt /outdata/combiner
```

运行作业时若使用 Combiner，部分运行数据如例 5-16 所示。

【例 5-16】运行数据（使用 Combiner）

```
1   Map-Reduce Framework
2           Map input records=5000
3           Map output records=10000
4           Map output bytes=81398
5           Map output materialized bytes=1906
6           Input split bytes=102
7           Combine input records=10000
8           Combine output records=185
9           Reduce input groups=185
10          Reduce shuffle bytes=1906
11          Reduce input records=185
12          Reduce output records=185
```

运行作业时若未使用 Combiner，部分运行数据如例 5-17 所示。

【例 5-17】运行数据（未使用 Combiner）

```
1   Map-Reduce Framework
2           Map input records=5000
3           Map output records=10000
4           Map output bytes=81398
5           Map output materialized bytes=101416
6           Input split bytes=102
7           Combine input records=0
8           Combine output records=0
9           Reduce input groups=185
10          Reduce shuffle bytes=101416
11          Reduce input records=10000
12          Reduce output records=185
```

对比例 5-16 和例 5-17 可知，使用 Combiner 时，Reduce 输入记录的条数为 185 条；未使用 Combiner 时，Reduce 输入记录的条数为 10000 条。可见使用 Combiner 能够减少 Map 阶段和 Reduce 阶段之间网络传输的数据量。

需要注意的是，未使用 Combiner 的具体做法是将例 5-14 第 18 行代码注释掉，具体内容如下。

```
//job.setCombinerClass(WordCountCombiner.class);
```

< 110 >

5.6　数据倾斜

数据倾斜是指处理数据时，大量数据被分配到一个分区中，导致单个节点忙碌，其他节点空闲的问题。数据倾斜明显背离了 MapReduce 并行计算的初衷，降低了处理数据的效率。

数据倾斜是 MapReduce 中常见的问题，解决数据倾斜问题的方法主要有以下 5 种。

1．自定义分区

自定义分区中比较常用的是自定义随机分区，核心代码如下：

```
public class RandomPartition extends Partitioner<Text, IntWritable> {
    @Override
    public int getPartition(Text text, IntWritable intWritable,
    Int numPartitions) {
        Random r = new Random();
        return r.nextInt(numPartitions);
    }
}
```

2．重新设计键

重新设计键是指在 Mapper 中给键加上一个随机数，附带随机数的键不会被大量分配到同一个节点。当数据传送到 Reducer 后再把随机数去掉即可。

3．使用 Combiner

如果 Map 阶段使用了 Combiner，可以选择性地把大量相同键的数据先进行合并，然后再传递给 Reduce 阶段来处理，这样减轻了 Map 阶段向 Reduce 阶段发送的数据量，有利于预防数据倾斜。

4．增加 Reduce 的任务数

只存在一个值的数据比较多。某些数据的值的记录数远远多于其他数据的值的记录数，但是这些数据在总数据量中的占比小于 1%。这种情况下，容易出现大量键相同的数据被分配到到同一个分区的现象。如果 Reduce 的任务数较少，某个 Reduce 任务可能会在一个节点上处理大量的数据。这时，可以通过增加 Reduce 的任务数来增加参与处理数据的节点，从而减少数据倾斜。

5．增加 JVM 内存

只存在一个值的数据非常少（少于几千条），并且只有极少数据的值有非常多的记录数。这种情况下，可以通过增加虚拟机内存来提高运行效率，从而减少数据倾斜。

5.7　排序

当处理 Map 任务中的数据时，需要对任务中生成的中间结果进行合并和整理。常见的整理数据的方式是排序（Sort），它可以将数据按照指定顺序进行排列。

5.7.1　排序概述

在 MapReduce 中，排序是指对键值对进行排序的过程。MapReduce 提供了内置的排序功能，使

< 111 >

得在分布式环境下对大规模数据进行排序变得高效和方便。排序是 MapReduce 中的重要技术，也是程序员的工作重点之一。在学习排序之前，先了解排序在执行 Map 任务的过程中所处的位置。

每个 Map 任务在内存中都有一个缓冲区，Map 任务的输出数据会以序列化的形式存储在缓冲区中。该缓冲区的默认大小是 100MB，可以通过 mapreduce.task.io.sort.mb 属性更改缓冲区的大小。当缓冲区中的数据量达到特定的阈值时，系统会对缓冲区的数据进行预排序，并将数据溢出到磁盘的一个临时文件中。特定的阈值是 mapreduce.task.io.sort.mb 与 mapreduce.map.sort.spill.percent 的乘积，mapreduce.map.sort.spill.percent 默认为 0.80。如果在溢出过程中任一缓冲区完全填满，则执行 Map 任务的线程会阻塞。所有的 Map 任务完成后，剩余的数据都会写入磁盘，并且与所有的临时文件合并为一个文件。

MapReduce 中常见的排序方式有 2 种，分别是部分排序和全排序。

5.7.2 部分排序

部分排序是指在 MapReduce 中对每个 Reduce 任务的输出键进行排序，这是 MapReduce 默认的排序方式。

下面通过一个示例演示部分排序的使用方法，具体步骤如下。

1．新建 com.qf.sort.partialsort 包

在 IntelliJ IDEA 的 testMapReduce 模块下新建 com.qf.sort.partialsort 包。

2．实现 Mapper 和 Reducer

使用 com.qf.wordcount 包下的 MyMapper 和 MyReducer 即可，不需要再写程序。

3．创建 MapReduce 作业

在 com.qf.sort.partialsort 包中创建 PartialSortApp 类，在该类中创建 MapReduce 作业，具体代码如例 5-18 所示。

【例 5-18】PartialSortApp.java

```
1   public class PartialSortApp {
2       public static void main(String[] args) throws Exception {
3           if (args == null || args.length < 2) {
4               throw new Exception("参数不足,需要两个参数!");
5           }
6           //1.新建配置对象,为配置对象设置文件系统
7           Configuration conf = new Configuration();
8           conf.set("fs.defaultFS", "hdfs://192.168.142.131:8020");
9           //2.设置 Job 属性
10          Job job = Job.getInstance(conf, "WordCountApp");
11          job.setJarByClass(PartialSortApp.class);
12          //3.设置数据输入路径
13          Path inPath = new Path(args[0]);
14          FileInputFormat.addInputPath(job, inPath);
15          //4.设置 Map 阶段的属性
16          job.setMapperClass(MyMapper.class);
17          job.setMapOutputKeyClass(Text.class);
18          job.setMapOutputValueClass(IntWritable.class);
19          //5.设置 Reduce 阶段的属性
20          job.setReducerClass(MyReducer.class);
```

< 112 >

```
21          job.setOutputKeyClass(Text.class);
22          job.setOutputValueClass(IntWritable.class);
23          //设置 reduce 的个数
24          job.setNumReduceTasks(5);
25          //6.设置数据输出路径
26          Path outPath = new Path(args[1]);
27          FileOutputFormat.setOutputPath(job, outPath);
28          //7.MapReduce 作业完成后退出系统
29          System.exit(job.waitForCompletion(true) ? 0 : 1);
30      }
31  }
```

4．在 Hadoop 集群上运行 MapReduce 作业

使用 Maven Projects 将模块 testMapReduce 打成 Jar 包，将 testMapReduce-1.0-SNAPSHOT.jar 发送到活跃虚拟机的/root 目录下，运行 MapReduce 作业，具体命令如下：

```
[root@qf01 ~]# hadoop jar testMapReduce-1.0-SNAPSHOT.jar com.qf.sort.partialsort.
PartialSortApp /word.txt /outdata/partialsort
```

5．查看 MapReduce 作业的运行结果

在活跃虚拟机上查看 MapReduce 作业的运行结果，具体命令如下：

```
[root@qf01 ~]# hdfs dfs -cat /outdata/partialsort/part-r-00000
hi          3
mapreduce   1
qianfeng    2
[root@qf01 ~]# hdfs dfs -cat /outdata/partialsort/part-r-00001
[root@qf01 ~]# hdfs dfs -cat /outdata/partialsort/part-r-00002
[root@qf01 ~]# hdfs dfs -cat /outdata/partialsort/part-r-00003
hadoop  2
hello   3
lxm     1
[root@qf01 ~]# hdfs dfs -cat /outdata/partialsort/part-r-00004
```

由以上运行结果可知，只有 part-r-00000 和 part-r-00003 两个文件存放了数据，且都按照键的字典序进行了排序。但是将两个文件合并到一起后，并不能保证数据是全局有序的。在只需要对键排序的应用场景中，对数据进行部分排序已经足够了。

5.7.3　全排序

1．全排序概述

全排序是指对所有 Reduce 任务输出的所有键进行排序。对数据进行全排序，主要有 3 种方法，分别是使用一个 Partitioner、自定义 Partitioner 和对键进行采样。

（1）使用一个 Partitioner

使用一个 Partitioner 即只执行一个 Reduce 任务。该方法的缺点比较明显，当处理大型数据集时，一台服务器需要处理所有的数据，MapReduce 分布式并行计算的优势无法体现出来。

（2）自定义 Partitioner

由自定义 Partitioner 的 MapReduce 作业运行结果可知，自定义 Partitioner 实现了对数据的全排序。这种方法需要遍历整个数据集，当处理大型数据集时，直接自定义 Partitioner 难度很大。因此

< 113 >

在实际开发环境中，通常使用对键进行采样的方法。

（3）对键进行采样

采样是在样本中只查看一小部分键，得到键的近似分布，目的是据此自定义 Partitioner。MapReduce 提供了 3 个采样器。

① 随机采样器（RandomSampler）：以指定的采样率均匀地从一个数据集中采集样本。

② 间隔采样器（IntervalSampler）：适用于键有序的场景，以相等的间隔对样本进行采样。

③ 切片采样器（SplitSampler）：只对每个切片的前 n 条数据进行采样。

从采样效率来看，切片采样器效率最高，间隔采样器效率次之，随机采样器效率最低。

2．采样器的使用

在实际生产环境中，序列化文件通常使用采样器来实现全排序。下面通过一个示例来演示这 3 个采样器的使用，具体步骤如下。

（1）创建 SequenceFile 源文件

在 testMapReduce 模块的 com.qf 包下新建名为 sort.global 的包，在 sort.global 包下创建 CreateSequenceFile 类，在该类中实现向 SamplerSequenceFile.seq 文件中添加内容，具体代码如例 5-19 所示。

【例 5-19】CreateSequenceFile.java

```
1   public class CreateSequenceFile {
2       public static void main(String[] args) throws Exception {
3           //1.指定文件系统
4           Configuration conf = new Configuration();
5           conf.set("fs.defaultFS", "hdfs://192.168.142.131:8020");
6           //2.设置文件输出路径
7           Path outputPath = new Path("/SamplerSequenceFile.seq");
8           //3.指定写操作的路径和内容
9           SequenceFile.Writer.Option optPath = SequenceFile.Writer.
10          file(outputPath);
11          SequenceFile.Writer.Option optKey = SequenceFile.Writer.
12          keyClass(IntWritable.class);
13          SequenceFile.Writer.Option optVal = SequenceFile.Writer.
14          valueClass(Text.class);
15          //4.执行写操作
16          SequenceFile.Writer writer = SequenceFile.createWriter(conf,
17          optPath, optKey, optVal);
18          //5.向文件 SamplerSequenceFile.seq 添加内容
19          IntWritable key = new IntWritable();
20          Text value = new Text();
21          for (int i = 0; i < 1000; i++) {
22              key.set(i);
23              value.set("Tom" + i);
24              writer.append(key, value);
25          }
26          writer.close();
27      }
28  }
```

（2）实现 Mapper

在 com.qf.sort.global 包下创建 MyMapper 类，将该类继承 Mapper 类，并实现 map()方法；在该

< 114 >

方法中调用 write()方法将 Map 任务中的结果以键值对的形式输出，具体代码如例 5-20 所示。

【例 5-20】MyMapper.java

```
1    public class MyMapper extends Mapper<IntWritable, Text, IntWritable, Text>
2    {
3        @Override
4        protected void map(IntWritable key, Text value, Context context) throws
5        IOException, InterruptedException {
6            context.write(key, value);
7        }
8    }
```

（3）创建 MapReduce 作业

在 com.qf.sort.global 包下创建 TestSamplerApp 类，在该类的 main()方法中创建 MapReduce 作业，具体代码如例 5-21 所示。

【例 5-21】TestSamplerApp.java

```
1    public class TestSamplerApp {
2        public static void main(String[] args) throws Exception {
3            if (args == null || args.length < 2) {
4                throw new Exception("参数不足,需要两个参数!");
5            }
6            //1.新建配置对象，为配置对象设置文件系统
7            Configuration conf = new Configuration();
8            conf.set("fs.defaultFS", "hdfs://192.168.142.131:8020");
9            //2.设置 Job 属性
10           Job job = Job.getInstance(conf, "test sampler");
11           job.setJarByClass(TestSamplerApp.class);
12           //3.设置数据输入路径
13           FileInputFormat.addInputPath(job, inPath);
14           //4.设置 Job 的输入格式
15           job.setInputFormatClass(SequenceFileInputFormat.class);
16           //5.设置 Job 执行的 Mapper 类
17           job.setMapperClass(MyMapper.class);
18           //6.使用 MapReduce 内置的全排序分区类
19           job.setPartitionerClass(TotalOrderPartitioner.class);
20           //7.指定全排序分区文件的位置
21           TotalOrderPartitioner.setPartitionFile(job.getConfiguration(),
22           new Path("/PartitionFile.seq"));
23           //8.设置 Job 的输出 Key 和 Value
24           job.setOutputKeyClass(IntWritable.class);
25           job.setOutputValueClass(Text.class);
26           //9.设置输出的文件数
27           job.setNumReduceTasks(3);
28           //递归删除输出目录，避免出现因多次运行而产生"输出目录已存在"的异常
29           FileSystem.get(conf).delete(new Path(args[1]), true);
30           //10.设置数据输出路径
31           Path outPath = new Path(args[1]);
32           FileOutputFormat.setOutputPath(job, outPath);
33           //11.设置采样器
34           //（1）随机采样器
```

< 115 >

```
35        InputSampler.Sampler sampler = new InputSampler.RandomSampler(
36        0.1, 500, 3);
37         //（2）间隔采样器
38        //InputSampler.Sampler sampler = new InputSampler.IntervalSampler(
39        //0.1, 3);
40        //（3）切片采样器
41        //InputSampler.Sampler sampler = new InputSampler.SplitSampler(
42        //500, 3);
43        //12.写入分区文件
44        InputSampler.writePartitionFile(job, sampler);
45        //13.MapReduce 作业完成后退出系统
46        System.exit(job.waitForCompletion(true) ? 0 : 1);
47    }
48 }
```

上述代码中，第 35、36 行代码调用 RandomSampler()方法创建 Sampler 类的对象 sampler。RandomSampler()方法中传递了 3 个参数，第 1 个参数 0.1 表示选中每个键的概率，第 2 个参数 500 表示从所有选定的切片中获取的样本总数，第 3 个参数 3 表示文件的最大切片数。

（4）运行 MapReduce 作业

在 Hadoop 集群上运行 MapReduce 作业，具体命令如下：

```
[root@qf01 ~]# hadoop jar testMapReduce-1.0-SNAPSHOT.jar com.qf.sort.totalsort.
sampler.TestSamplerApp /SamplerSequenceFile.seq /outdata/totalsortsampler
```

（5）查看 MapReduce 作业的运行结果

查看 MapReduce 作业的运行结果，具体命令如下：

```
[root@qf01 ~]# hdfs dfs -cat /outdata/totalsortsampler/part-r-00000
0       Tom0
1       Tom1
2       Tom2
...
290     Tom290
291     Tom291
292     Tom292
[root@qf01 ~]# hdfs dfs -cat /outdata/totalsortsampler/part-r-00001
293     Tom293
294     Tom294
295     Tom295
...
639     Tom639
640     Tom640
641     Tom641
[root@qf01 ~]# hdfs dfs -cat /outdata/totalsortsampler/part-r-00002
642     Tom642
643     Tom643
644     Tom644
...
997     Tom997
998     Tom998
999     Tom999
```

由 MapReduce 作业的运行结果可知，采样器生成了两个键，把所有的键分成 3 段（0～292，

< 116 >

293～641，642～999），并且这 3 段数据按照键进行了全排序，被存放到了 3 个输出文件中。由于使用了随机采样器，以上结果是随机的，所以读者得到的结果很可能与以上结果不同。

采样器生成的两个键被存放到了 HDFS 的/PartitionFile.seq 文件中。下面来查看 PartitionFile.seq 文件的内容，具体代码如例 5-22 所示。

【例 5-22】SequenceFileReader.java

```
1   public class SequenceFileReader {
2       public static void main(String[] args) throws Exception {
3           //1.指定文件系统
4           Configuration conf = new Configuration();
5           conf.set("fs.defaultFS", "hdfs://192.168.142.131:8020");
6           //2.设置文件读取路径
7           Path path = new Path("/PartitionFile.seq");
8           //3.指定读操作的路径
9           Option optPath = SequenceFile.Reader.file(path);
10          //4.执行读操作
11          SequenceFile.Reader reader = new SequenceFile.Reader(conf,
12          optPath);
13          //5.将位置信息、写操作时写入的数据读取出来
14          Writable key = (Writable) ReflectionUtils.newInstance(
15          reader.getKeyClass(), conf);
16          Writable value = (Writable) ReflectionUtils.newInstance(
17          reader.getValueClass(), conf);
18          long position = reader.getPosition();
19          while (reader.next(key, value)) {
20              String syncSeen = reader.syncSeen() ? "*" : "";
21              System.out.printf("[%s%s]\t%s\t%s\n", position, syncSeen,
22              key, value);
23              position = reader.getPosition();
24          }
25          reader.close();
26      }
27  }
```

以上程序的运行结果如下：

```
[136]   407   (null)
[156]   702   (null)
```

由程序运行结果可知，确定分区边界的两个键分别是 407 和 702。

以上实现了通过采样对所有键进行全排序。在实际开发环境中，排序是一项重要的任务。对于大数据开发工程师而言，写出好的排序算法是一件相对困难的事情。但幸运的是，MapReduce 框架已经提供了大多数常用的排序算法，开发工程师只需要提供基本的排序规则即可。

5.8 实战演练：倒排索引

倒排索引（Inverted Index）又称反向索引，用于存储某个单词在一个文档或者一组文档中存储位置的映射。倒排索引主要通过单词来查找包含单词的文档，而不是通过文档来查找单词，因此被称为倒排索引。

< 117 >

倒排索引是文档检索系统中最常用的索引方法，现代搜索引擎的索引都是基于倒排索引的。本节将通过一个案例来演示如何使用倒排索引查询某个单词所在的文档及其在各文档中出现的次数。

【实战描述】

首先在程序中创建 3 个文件，然后在每个文件中填入一些模拟数据，指定单词、单词所在文件和单词在各文件中出现次数的输出格式，最后通过倒排索引统计指定单词所在的文件及其在各文件中出现的次数。

【实战分析】

① 创建 3 个文件，并填入相应的模拟数据；

② 指定单词所在的文件及其在各文件中出现次数的输出格式；

③ 编写 MapReduce 程序，通过倒排索引统计指定单词所在的文件及其在各个文件中出现的次数。

【实现步骤】

1．准备模拟数据

在活跃的虚拟机上新建需要实现倒排索引的 3 个文件 index.txt、hadoop-info.txt、spark-info.txt，并填入相应的模拟数据（单词间的分隔符为空格）。

① 创建一个 index.txt 文件，内容具体如下：

```
Hadoop is good Hadoop is nice
```

② 创建一个 hadoop-info.txt 文件，内容具体如下：

```
Hadoop is better
```

③ 创建一个 spark-info.txt 文件，内容具体如下：

```
Spark is good Spark is nice
```

2．数据的输出格式

目标数据的输出格式如下：

```
Hadoop  hadoop-info.txt,1;index.txt,2
```

上述格式中，Hadoop 是指在文件中出现的单词，hadoop-info.txt 和 index.txt 是指含有 Hadoop 一词的文件，1 和 2 分别是 Hadoop 一词在 hadoop-info.txt 和 index.txt 文件中的出现次数。

3．编写 MapReduce 程序

（1）自定义一个 Combiner

在 testMapReduce 模块的 com.qf 包下创建一个名为 invertedindex 的包；在该包中创建 InvertedIndexCombiner 类，将该类继承 Reducer 类，并实现 reduce() 方法；在该方法中将结果以键值对的形式输出，具体代码如例 5-23 所示。

【例 5-23】InvertedIndexCombiner.java

```
1  public class InvertedIndexCombiner extends Reducer<Text, Text, Text, Text> {
2      @Override
3      protected void reduce(Text key, Iterable<Text> values, Context context)
4      throws IOException, InterruptedException {
5          int count = 0;
6          for (Text value: values) {
7              count += Integer.parseInt(value.toString());
8          }
```

< 118 >

```
9          String[] keySplit = key.toString().split("_");
10         context.write(new Text(keySplit[0]), new Text(keySplit[1] + ","
11         + count + ";"));
12     }
13  }
```

（2）实现 Mapper

在 com.qf.invertedindex 包下创建 MyMapper 类，将该类继承 Mapper 类，实现 map()方法；在该方法中将 Map 任务中处理后的数据以键值对的形式存入 context 对象中，具体代码如例 5-24 所示。

【例 5-24】MyMapper.java

```
1   public class MyMapper extends Mapper<Object, Text, Text, Text> {
2       @Override
3       protected void map(Object key, Text value, Context context)
4       throws IOException, InterruptedException {
5           //1.先获取文件名字
6           InputSplit is = context.getInputSplit();
7           String fileName = ((FileSplit) is).getPath().getName();
8           //2.以行为单位，对数据进行处理
9           String line = value.toString();
10          //3.以空格为分隔符，对单词进行拆分
11          String[] words = line.split(" ");
12          //4.迭代数组，将输出的键值对存入 context 中
13          for (String word : words) {
14              context.write(new Text(word + "_" + fileName), new Text( "1"));
15          }
16      }
17  }
```

（3）实现 Reducer

在 com.qf.invertedindex 包下创建 MyReducer 类，将该类继承 Reducer 类，实现 reduce()方法；在该方法中将聚合后的结果以键值对的形式输出，具体代码如例 5-25 所示。

【例 5-25】MyReducer.java

```
1   public class MyReducer extends Reducer<Text, Text, Text, Text> {
2       @Override
3       protected void reduce(Text key, Iterable<Text> values, Context context)
4       throws IOException, InterruptedException {
5           String result = "";
6           for (Text value : values) {
7               result += value.toString();
8           }
9           context.write(key, new Text(result.substring(0,
10          result.length() - 1)));
11      }
12  }
```

（4）创建 MapReduce 作业

在 com.qf.invertedindex 包下创建一个 InvertedIndexApp 类，在该类中创建 MapReduce 作业，具体代码如例 5-26 所示。

【例 5-26】InvertedIndexApp.java

```
1   public class InvertedIndexApp {
```

< 119 >

```
2      public static void main(String[] args) throws Exception {
3          if (args == null || args.length < 2) {
4              throw new Exception("参数不足,需要两个参数!");
5          }
6          //1.新建配置对象,为配置对象设置文件系统
7          Configuration conf = new Configuration();
8          conf.set("fs.defaultFS", "hdfs://192.168.142.131:8020");
9          //2.设置 Job 属性
10         Job job = Job.getInstance(conf, "InvertedIndexApp");
11         job.setJarByClass(InvertedIndexApp.class);
12         //3.设置数据输入路径
13         Path inPath = new Path(args[0]);
14         FileInputFormat.addInputPath(job, inPath);
15         //4.设置 Job 执行的 Mapper 类
16         job.setMapperClass(MyMapper.class);
17         //5.设置 Combiner
18         job.setCombinerClass(InvertedIndexCombiner.class);
19         //6.设置 Job 执行的 Reducer 类和输出的键值对的类型
20         job.setReducerClass(MyReducer.class);
21         job.setOutputKeyClass(Text.class);
22         job.setOutputValueClass(Text.class);
23         //7.递归删除输出目录
24         FileSystem.get(conf).delete(new Path(args[1]), true);
25         //8.设置数据输出路径
26         Path outPath = new Path(args[1]);
27         FileOutputFormat.setOutputPath(job, outPath);
28         //9.MapReduce 作业完成后退出系统
29         System.exit(job.waitForCompletion(true) ? 0 : 1);
30     }
31 }
```

4. 上传文件到 HDFS 新建的目录下

在活跃虚拟机的 HDFS 上新建目录/invertedindex_in，将 index.txt、hadoop-info.txt、spark-info.txt 上传到该目录下，具体命令如下：

```
[root@qf01 ~]# hdfs dfs -mkdir /invertedindex_in
[root@qf01 ~]# hdfs dfs -put index.txt hadoop-info.txt spark-info.txt /invertedindex_in
```

5. 运行 MapReduce 作业

在 Hadoop 集群上运行 MapReduce 作业，具体命令如下：

```
[root@qf01 ~]# hadoop jar testMapReduce-1.0-SNAPSHOT.jar com.qf.invertedindex.
InvertedIndexApp /invertedindex_in /outdata/invertedindex
```

【实战结果】

MapReduce 作业的运行结果：

```
Hadoop   hadoop-info.txt,1;index.txt,2
Spark    spark-info.txt,2
better   hadoop-info.txt,1
good     spark-info.txt,1;index.txt,1
is       index.txt,2;hadoop-info.txt,1;spark-info.txt,2
nice     spark-info.txt,1;index.txt,1
```

< 120 >

5.9　实战演练：连接

在实际开发工作中，经常会从多个数据源获取海量数据。将这些数据放在一起进行处理时，经常会用到连接（Join）操作。该操作是一种常见且重要的数据处理技术，用于合并两个或多个数据集中的记录，以便进行更复杂的分析和计算。MapReduce的连接操作是一种将两个或多个数据集进行关联的操作，通常用于在大规模数据集中查找匹配的数据。

本节将通过一个案例演示如何使用连接操作将两个文件中的人名和城市对应放在一个文件中。

【实战描述】

首先在程序中创建 2 个文件，然后在每个文件中填入一些模拟数据，使用连接操作将 2 个文件中的人名和城市对应放在一个文件中。

【实战分析】

① 创建 2 个文件，并填入相应的模拟数据；

② 根据创建的 2 个文件的内容设计 Mapper 和 Reducer 的逻辑；

③ Mapper 阶段将读取 2 个文件的内容，并将人名和城市作为键值对进行输出；

④ 在 Reducer 阶段将对含有相同键的键值对进行合并，实现连接操作，并将结果输出到一个文件中。

【实现步骤】

1．准备模拟数据

在活跃的虚拟机上新建需要进行连接操作的 2 个文件 name.txt 和 city.txt，并填入相应的模拟数据（单词间的分隔符为空格）。

① 创建一个 name.txt 文件，文件中的数据样式为"姓名 城市编号"，具体内容如下：

```
Sophie 1
Cocona 1
Tom 2
Jack 3
Lucy 3
Rose 2
```

② 创建一个 city.txt 文件，数据样式为"城市编号 城市名称"，具体内容如下：

```
1 beijing
2 shanghai
3 shenzhen
```

2．数据的输出格式

目标数据的输出格式为"姓名 城市名称"，具体格式如下：

```
Cocona  beijing
```

3．编写 MapReduce 程序

（1）实现 Mapper

在 testMapReduce 模块的 com.qf 包下创建一个名为 join 的包；在 join 包下创建 MyMapper 类，将该类继承 Mapper 类，实现 map() 方法；在该方法中将 Map 任务中处理后的数据以键值对的形式存入 context 对象中，具体代码如例 5-27 所示。

< 121 >

【例 5-27】MyMapper.java

```
1   public class MyMapper extends Mapper<Object, Text, Text, Text> {
2       @Override
3       protected void map(Object key, Text value, Context context)
4       throws IOException, InterruptedException {
5           //1.以行为单位，对数据进行处理
6           String line = value.toString();
7           //2.切分一行文本
8           StringTokenizer words = new StringTokenizer(line);
9           int i = 0;
10          String tempKey = new String();
11          String tempValue = new String();
12          String filetype = new String();
13          //3.迭代处理切分出的单词
14          while (words.hasMoreTokens()) {
15              String word = words.nextToken();
16              //为 name.txt 和 city.txt 两个文件设置编号
17              if (word.charAt(0) >= '0' && word.charAt(0) <= '9') {
18                  tempKey = word;
19                  if (i > 0) {
20                      filetype = "1";
21                  } else {
22                      filetype = "2";
23                  }
24                  continue;
25              }
26              tempValue += word + " ";
27              i++;
28          }
29          // 4.将输出的键值对存入 context 中
30          context.write(new Text(tempKey), new Text(filetype + "+"
31          + tempValue));
32      }
33  }
```

（2）实现 Reducer

在 com.qf.join 包下创建 MyReducer 类，将该类继承 Reducer 类，实现 reduce()方法；在该方法中将聚合后的结果以键值对的形式输出，具体代码如例 5-28 所示。

【例 5-28】MyReducer.java

```
1   public class MyReducer extends Reducer<Text, Text, Text, Text> {
2       @Override
3       protected void reduce(Text key, Iterable<Text> values, Context context)
4       throws IOException, InterruptedException {
5           int cityIDFromName = 0;
6           String[] name = new String[10];
7           int cityID = 0;
8           String[] city = new String[10];
9           Iterator value = values.iterator();
10          while (value.hasNext()) {
11              String record = value.next().toString();
12              int len = record.length();
13              int i = 2;
```

< 122 >

```
14              if (0 == len) {
15                  continue;
16              }
17              //获取两个文件的编号
18              char filetype = record.charAt(0);
19              if ('1' == filetype) {
20                  name[cityIDFromName] = record.substring(i);
21                  cityIDFromName++;
22              }
23              if ('2' == filetype) {
24                  city[cityID] = record.substring(i);
25                  cityID++;
26              }
27          }
28          //求笛卡儿积
29          if (0 != cityIDFromName && 0 != cityID) {
30              for (int j = 0; j < cityIDFromName; j++) {
31                  for (int k = 0; k < cityID; k++) {
32                      context.write(new Text(name[j]),new Text(city[k]));
33                  }
34              }
35          }
36      }
37 }
```

（3）创建 MapReduce 作业

在 com.qf.join 包下创建 JoinApp 类，在该类中创建 MapReduce 作业，具体代码如例 5-29 所示。

【例 5-29】JoinApp.java

```
1  public class JoinApp {
2      public static void main(String[] args) throws Exception {
3          if (args == null || args.length < 2) {
4              throw new Exception("参数不足,需要两个参数!");
5          }
6          //1.新建配置对象,为配置对象设置文件系统
7          Configuration conf = new Configuration();
8          conf.set("fs.defaultFS", "hdfs://192.168.142.131:8020");
9          //2.设置 Job 属性
10         Job job = Job.getInstance(conf, "JoinApp");
11         job.setJarByClass(JoinApp.class);
12         //3.设置数据输入路径
13         Path inPath = new Path(args[0]);
14         FileInputFormat.addInputPath(job, inPath);
15         //4.设置 Job 执行的 Mapper 类
16         job.setMapperClass(MyMapper.class);
17         //5.设置 Job 执行的 Reducer 类和输出的键值对的类型
18         job.setReducerClass(MyReducer.class);
19         job.setOutputKeyClass(Text.class);
20         job.setOutputValueClass(Text.class);
21         //6.递归删除输出目录
22         FileSystem.get(conf).delete(new Path(args[1]), true);
23         //7.设置数据输出路径
```

< 123 >

```
24          Path outPath = new Path(args[1]);
25          FileOutputFormat.setOutputPath(job, outPath);
26          //8.MapReduce 作业完成后退出系统
27          System.exit(job.waitForCompletion(true) ? 0 : 1);
28      }
29  }
```

4. 上传文件到 HDFS 新建的目录下

在活跃虚拟机的 HDFS 上新建目录/join_in，将 name.txt、city.txt 上传到该目录下，具体命令如下：

```
[root@qf01 ~]# hdfs dfs -mkdir /join_in
[root@qf01 ~]# hdfs dfs -put name.txt city.txt /join_in
```

5. 运行 MapReduce 作业

在 Hadoop 集群上运行 MapReduce 作业，具体命令如下：

```
[root@qf01 ~]# hadoop jar testMapReduce-1.0-SNAPSHOT.jar com.qf.join.JoinApp
/join_in /outdata/join
```

【实战结果】

MapReduce 作业的运行结果如下：

```
Cocona   beijing
Sophie   beijing
Rose     shanghai
Tom      shanghai
Lucy     shenzhen
Jack     shenzhen
```

5.10 实战演练：平均分和百分比

在实际开发工作中经常会遇到求平均分和百分比的需求，比如给出一批学生的考试成绩数据，求出每人的平均分以及每个分数段人数占总人数的百分比。

本节将通过一个案例演示如何使用 MapReduce 求学生考试成绩的平均分和每个分数段人数占总人数的百分比。

微课视频

【实战描述】

首先在程序中创建一个文件，然后在该文件中添加学生的考试成绩数据，最后使用 MapReduce 计算每个学生的平均分和每个分数段人数占总人数的百分比，并将计算结果输出。

【实战分析】

① 将学生的考试成绩数据存储在 HDFS 上。

② 编写 Mapper 类，将输入的学生考试成绩数据进行解析，将学生 ID 与考试成绩以键值对的形式输出。

③ 编写 Reducer 类，对相同 ID 的考试成绩进行求和，并统计该学生的考试次数；将学生 ID 作为键，总成绩和考试次数作为值进行输出。

< 124 >

④ 在 Reducer 中计算每个学生的平均分，即用总成绩除以考试次数。

⑤ 将每个学生的平均分和每个分数段人数占总人数的百分比输出到 HDFS 或其他外部存储系统。

【实现步骤】

1．准备学生考试成绩数据

创建一个 student.txt 文件，数据样式为"名字 语文 数学 英语"，具体内容如下：

```
lh 92 68 70
zyt 94 88 75
ls 96 78 78
hgw 90 70 56
yxx 80 88 73
hz 90 98 70
xyd 60 88 73
hj 90 58 70
cs 50 58 11
```

2．数据的输出格式

目标数据的输出格式为"分数段 该分数段人数占总人数的百分比"，具体格式如下：

```
<60    18%
```

3．编写 MapReduce 程序

（1）实现 Mapper

在 testMapReduce 模块的 com.qf 包下新建一个名为 score 的包；在该包下创建 MyMapper 类，将该类继承 Mapper 类，实现 map()方法；在该方法中求出每个学生的平均分，并将分数段与对应的分数段个数以键值对的形式存入 Context 对象中，具体代码如例 5-30 所示。

【例 5-30】MyMapper.java

```
1   public class MyMapper extends Mapper<LongWritable, Text, Text, Text>{
2       Text k = new Text();
3       Text v = new Text();
4       @Override
5       protected void map(LongWritable key, Text value,Context context)
6        throws IOException, InterruptedException {
7           //一个学生的成绩
8           String line = value.toString();
9           //按照空格对每一行数据进行分割
10          String scores [] = line.split(" ");
11          String chinese = scores[1];
12          String math = scores[2];
13          String english = scores[3];
14          double avg = (Double.parseDouble(chinese) + Double.
15          parseDouble(math) + Double.parseDouble(english))/
16          (scores.length-1);
17          //判断
18          if(avg < 60){
19              k.set("<60");
20              v.set("1");
```

< 125 >

```
21        } else if(avg >= 60 && avg < 70){
22            k.set("60-70");
23            v.set("1");
24        } else if(avg >= 70 && avg < 80){
25            k.set("70-80");
26            v.set("1");
27        } else if(avg >= 80 && avg < 90){
28            k.set("80-90");
29            v.set("1");
30        } else if(avg >= 90 && avg <= 100){
31            k.set("90-100");
32            v.set("1");
33        }
34        //context.getConfiguration().setInt("counter", counter);
35          context.write(k, v);
36      }
37   }
```

（2）实现 Reducer

在 com.qf.score 包下创建 MyReducer 类，将该类继承 Reducer 类，实现 reduce()方法；在该方法中将每个分数段与对应的人数存入 HashMap 中，计算学生的总人数与每个分数段人数占总人数的百分比；最后输出每个分数段、分数段人数和每个分数段人数占总人数的百分比，具体代码如例 5-31所示。

【例 5-31】MyReducer.java

```
1    public  class MyReducer extends Reducer<Text, Text, Text, Text>{
2        //在 reduce()方法执行之前执行一次
3        @Override
4        protected void setup(Context context)throws IOException,
5        InterruptedException {
6            context.write(new Text("分数段"), new Text("人数"+"\t"+"百分比"));
7        }
8        int totalPerson = 0;
9        List<String> li = new ArrayList<String>();
10       @Override
11       protected void reduce(Text key, Iterable<Text> value,Context context)
12       throws IOException, InterruptedException {
13           //<60 list(1,1)
14           int i = 0;
15           for (Text t : value) {
16             if(key.toString().equals("<60")){
17                 //l6++;
18                 i++ ;
19             } else if (key.toString().equals("60-70")){
20                 //g6l7 ++;
21                 i++ ;
22             } else if (key.toString().equals("70-80")){
23                 //g7l8++ ;
24                 i++ ;
25             } else if (key.toString().equals("80-90")){
26                 //g8l9++;
27                 i++ ;
28             } else if (key.toString().equals("90-100")){
```

< 126 >

```
29              //g9l10++;
30              i++ ;
31          }
32        totalPerson++ ;
33      }
34    li.add(key.toString()+"_"+i);//输出结果  <"<60  3">
35    //context.getConfiguration().get("counter");
36    }
37    //在 reduce()方法执行之后执行一次
38    @Override
39    protected void cleanup(Context context)throws IOException,
40    InterruptedException {
41        for (String s : li) {
42            String l [] = s.split("_");
43            context.write(new Text(l[0]), new Text(l[1]+"\t"+
44            Double.parseDouble(l[1])/totalPerson*100+"%"));
45        }
46    }
```

（3）创建 MapReduce 作业

在 com.qf.score 包下创建 AvgApp 类，在该类中创建 MapReduce 作业，具体代码如例 5-32 所示。

【例 5-32】AvgApp.java

```
1   public class AvgApp {
2   public static void main(String[] args) throws Exception {
3       if (args == null || args.length < 2) {
4           throw new Exception("参数不足,需要两个参数!");
5       }
6       //1.新建配置对象，为配置对象设置文件系统
7       Configuration conf = new Configuration();
8       conf.set("fs.defaultFS", "hdfs://192.168.142.131:8020");
9       //2.设置 Job 属性
10      Job job = Job.getInstance(conf, "AvgApp");
11      job.setJarByClass(AvgApp.class);
12      //3.设置数据输入路径
13      Path inPath = new Path(args[0]);
14      FileInputFormat.addInputPath(job, inPath);
15      //4.设置 Job 执行的 Mapper 类
16      job.setMapperClass(MyMapper.class);
17      //5.设置 Job 执行的 Reducer 类和输出的键值对的类型
18      job.setReducerClass(MyReducer.class);
19      job.setOutputKeyClass(Text.class);
20      job.setOutputValueClass(Text.class);
21      //6.递归删除输出目录
22      FileSystem.get(conf).delete(new Path(args[1]), true);
23      //7.设置数据输出路径
24      Path outPath = new Path(args[1]);
25      FileOutputFormat.setOutputPath(job, outPath);
26      //8.MapReduce 作业完成后退出系统
27      System.exit(job.waitForCompletion(true) ? 0 : 1);
28      }
29  }
```

< 127 >

4．上传文件到 HDFS 新建的目录下

在活跃虚拟机的 HDFS 上新建目录/avg，将 student.txt 上传到该目录下，具体命令如下：

```
[root@qf01 ~]# hdfs dfs -mkdir /avg_in
[root@qf01 ~]# hdfs dfs -put student.txt /avg_in
```

5．运行 MapReduce 作业

在 Hadoop 集群上运行 MapReduce 作业，具体命令如下：

```
[root@qf01 ~]# hadoop jar testMapReduce-1.0-SNAPSHOT.jar com.qf.score.AvgApp
/avg_in /outdata/avg
```

【实战结果】

MapReduce 作业的运行结果如下：

分数段	人数	百分比
70-80	4	44.44%
80-90	4	44.44%
<60	1	11.11%

5.11 实战演练：过滤敏感词汇

社交媒体平台希望保持良好的用户体验和积极的社区氛围，需要过滤敏感词汇，防止不良内容传播。在日常生活中，经常会遇到需要去掉某文件中不需要的文字或者一些敏感词汇的情况，我们可以使用 MapReduce 来实现。

本节将通过一个案例演示如何使用 MapReduce 过滤掉文件中的敏感词汇。

微课视频

【实战描述】

在程序中创建一个文件，并在文件中填入一些模拟数据；然后使用 MapReduce 对文件中的敏感词进行过滤，并将过滤后的结果输出。

【实战分析】

① 创建一个文件，并填入相应的模拟数据。

② 根据创建的文件内容设计 Mapper 和 Reducer 的逻辑。

③ 在 Mapper 阶段读取文件的内容，并逐个检查单词是否为敏感词汇；如果是，则标记为无效。

④ 在 Reducer 阶段对所有 Mapper 的输出进行合并，并生成最终的过滤结果，即删除包含敏感词汇的文本内容。

【实现步骤】

1．准备模拟数据

创建一个 article.txt 文件，在该文件中输入一些内容，具体内容如下：

```
We ask that you please do not send us emails privately asking for support.
We are non-paid volunteers who help out with the project and we do not necessarily
have the time or energy to help people on an individual basis. Instead, we have setup
mailing lists for each module which often contain hundreds of individuals who will
help answer detailed requests for help. The benefit of using mailing lists over private
```

< 128 >

communication is that it is a shared resource where others can also learn from common mistakes and as a community we all grow together.

2．创建敏感词库

在 testMapReduce 项目的 resource 目录下创建一个 sensitive.txt 文件，在该文件中添加需要过滤的敏感词汇，具体内容如下：

```
ask
from
all
```

3．编写 MapReduce 程序

在 testMapReduce 模块的 com.qf 包下新建一个名为 filtersensitive 的包，在 filtersensitive 包下创建 SensitiveWordsFilter 类，该类主要用于过滤文本中的敏感词汇，具体代码如例 5-33 所示。

【例 5-33】MyMapper.java

```
1   public class SensitiveWordsFilter {
2       public static class TokenizerMapper extends Mapper<Object, Text,
3       NullWritable, Text> {
4           private HashSet<String> sensitiveWords = new HashSet<>();
5           @Override
6           protected void setup(Context context) throws IOException,
7           InterruptedException {
8               InputStream in =
9               this.getClass().getResourceAsStream("/words.txt");
10              BufferedReader reader = new BufferedReader(new
11              InputStreamReader(in));
12              String line;
13              while ((line = reader.readLine()) != null) {
14                  sensitiveWords.add(line.trim().toLowerCase());
15              }
16              reader.close();
17          }
18          public void map(Object key, Text value, Context context) throws
19          IOException, InterruptedException {
20              StringTokenizer itr = new StringTokenizer(value.toString());
21              StringBuilder result = new StringBuilder();
22              while (itr.hasMoreTokens()) {
23                  String currentWord = itr.nextToken();
24                  if (!sensitiveWords.contains(currentWord.toLowerCase())) {
25                      result.append(currentWord).append(" ");
26                  }
27              }
28              context.write(NullWritable.get(), new
29              Text(result.toString().trim()));
30          }
31      }
32      public static void main(String[] args) throws Exception {
33          if (args == null || args.length < 2) {
34              throw new Exception("参数不足,需要两个参数!");
35          }
36          Configuration conf = new Configuration();
```

< 129 >

```
37        conf.set("fs.defaultFS", "hdfs://hadoop102:8020");
38        Job job = Job.getInstance(conf, "sensitive words filter");
39        job.setJarByClass(SensitiveWordsFilter.class);
40        job.setMapperClass(TokenizerMapper.class);
41        job.setOutputKeyClass(NullWritable.class);
42        job.setOutputValueClass(Text.class);
43        FileInputFormat.addInputPath(job, new Path(args[0]));
44        FileOutputFormat.setOutputPath(job, new Path(args[1]));
45        System.exit(job.waitForCompletion(true) ? 0 : 1);
46    }
47 }
```

4. 上传文件到 HDFS 新建的目录下

在活跃虚拟机的 HDFS 上新建目录/ article，将 article.txt 上传到该目录下，具体命令如下：

```
[root@qf01 ~]# hdfs dfs -mkdir /article_in
[root@qf01 ~]# hdfs dfs -put article.txt /article_in
```

5. 运行 MapReduce 作业

在 Hadoop 集群上运行 MapReduce 作业，具体命令如下：

```
[root@qf01 ~]# hadoop jar com.qf.filtersensitive. SensitiveWordsFilter.jar
/article_in /outdata/article
```

【实战结果】

MapReduce 作业的运行结果如下：

```
We  that you please do not send us emails privately asking for support.
We are non-paid volunteers who help out with the project and we do not necessarily
have the time or energy to help people on an individual basis. Instead, we have setup
mailing lists for each module which often contain hundreds of individuals who will
help answer detailed requests for help. The benefit of using mailing lists over private
communication is that it is a shared resource where others can also learn common
mistakes and as a community we grow together.
```

本章小结

本章主要讲解了分布式计算框架 MapReduce，包括 MapReduce 的基础知识、工作原理、Shuffle 阶段、编程组件、数据倾斜的处理和排序等内容。学习完 MapReduce 的工作原理和编程组件之后，需要实现倒排索引、连接、平均分和百分比、过滤敏感词汇等案例。希望读者通过这些实战演练的练习，更好地掌握 MapReduce 的原理和使用方式，为后续使用 MapReduce 奠定基础。

习题

一、填空题

1. MapReduce 把数据处理流程分成两个主要阶段：_____ 阶段和_____ 阶段。

< 130 >

2. InputFormat 源码中有两个方法：getSplits()和_____。

3. MapReduce 中的 Map 阶段负责数据的_____，Reduce 阶段负责数据的_____。

4. LineRecordReader 以_____作为 Key（键），_____作为 Value（值）。

5. Partitioner 的数量与_____的任务数量相同。

二、选择题

1. 下列关于 MapReduce 特点的描述，正确的是（　　）。
   A. 易于编程
   B. 具有良好的扩展性
   C. 具有高容错性
   D. 适合 PB 级以上海量数据的离线处理

2. 下列方法中，用于控制作业的方法是（　　）。
   A. submit()
   B. getInstance()
   C. waitForCompletion()
   D. setJarByClass()

3. MapReduce 中常见的排序方式包括下列选项中的（　　）。
   A. 部分排序
   B. 全排序
   C. 选择排序
   D. 二次排序

4. 下列采样器中，属于 MapReduce 提供的采样器的是（　　）。
   A. 随机采样器
   B. 间隔采样器
   C. 切片采样器
   D. 分类采样器

三、简答题

1. 请简述 MapReduce 的特点和作用。

2. 请简述 MapReduce 中解决数据倾斜问题的主要方法。

四、编程题

编写一个程序，求给定日期的最高温度。

提供的日期和温度数据的内容：201701082.6、201701066、2017020810、2017030816.33、2017060833.0，每一行的前 8 位是日期，从第 8 位往后是温度。

< 131 >

第 *6* 章　YARN 框架与 HA 模式

学习目标
- 掌握 YARN 的基础知识。
- 了解 YARN 的优势。
- 熟悉 Hadoop 的 HA 模式。
- 掌握 HDFS 的 HA 模式，能够对其进行搭建、启动、自动故障转移等操作。
- 掌握 YARN 的 HA 模式，能够对其进行搭建、启动、自动故障转移等操作。

为了解决 Hadoop 集群中的单点故障与资源管理限制的问题，Hadoop 2.0 中引入了 YARN 框架。该框架是 Hadoop 生态系统中的资源管理和作业调度框架。Hadoop 3.0 中依然存在 YARN 框架，因为该框架能够为 Hadoop 集群提供高效、灵活和可扩展的资源管理能力。为了确保 Hadoop 核心组件在遇到故障或意外情况时能够保持持续的可用性，Hadoop 中引入了 HA 模式。本章将对 Hadoop 3.0 中的 YARN 框架与 HA 模式进行讲解。

6.1　YARN 框架

6.1.1　YARN 简介

YARN 是 Hadoop 生态系统中的资源管理和作业调度框架，它的主要功能是对集群资源进行动态管理和分配，以满足不同应用程序的需求。YARN 主要由以下 4 个核心组件组成，分别是资源管理器（ResourceManager）、节点管理器（NodeManager）、应用程序管理器（ApplicationMaster）和容器（Container）。

微课视频

1. ResourceManager

ResourceManager 负责集群资源的管理和分配，它接收客户端的任务请求，同时接收和监控 NodeManager 的资源分配与调度，启动和监控 ApplicationMaster。资源管理器主要由两部分组成，分别是 Scheduler 和 ApplicationManager。

① Scheduler（调度器）。Scheduler 根据分配的应用程序和可用资源进行调度。它是一个纯粹的调度程序，不执行监视或跟踪等任务，并且不保证任务失败时重新启动。YARN 调度器支持 Capacity Scheduler、Fair Scheduler 等插件对集群资源进行分区。

② ApplicationManager（应用管理器）。ApplicationManager 负责接收并处理客户端提交的应用程序请求。一旦请求被接收，ApplicationManager 即与 ResourceManager 进行沟通，协商资源来启动应用程序的 ApplicationMaster 实例。此外，如果 ApplicationMaster 因某种原因失败，ApplicationManager 还有责任确保其重新启动，从而确保应用程序的连续执行。

2．NodeManager

NodeManager 运行在每个集群节点上，负责管理该节点上的计算资源。它接收 ResourceManager 分配的任务，并在本地执行任务；跟踪任务的进度和状态，并向 ResourceManager 报告节点资源的使用情况。

3．ApplicationMaster

ApplicationMaster 是每个应用程序的主控制器，负责资源协商、任务调度、监控任务执行，并处理任务失败时的容错，从而确保应用程序的连续和成功执行。

4．Container

Container 是 YARN 中的资源抽象，主要负责对任务运行环境进行抽象，描述任务运行资源（节点、内存、CPU）、任务启动命令和任务运行环境等信息。YARN 会为每个任务分配一个 Container，且每个任务只能使用分配的 Container 中描述的资源。

除了上述 4 个核心组件外，YARN 还有其他辅助组件和工具，例如日志聚合区（Log Aggregation）和时间轴服务器（Timeline Server），用于集中管理和查看应用程序的日志和执行历史。这些组件共同协作，实现了资源的管理、作业的调度和任务的执行，提供了高效、可靠的分布式计算环境。

6.1.2　YARN 的工作流程

YARN 的工作流程如图 6-1 所示。

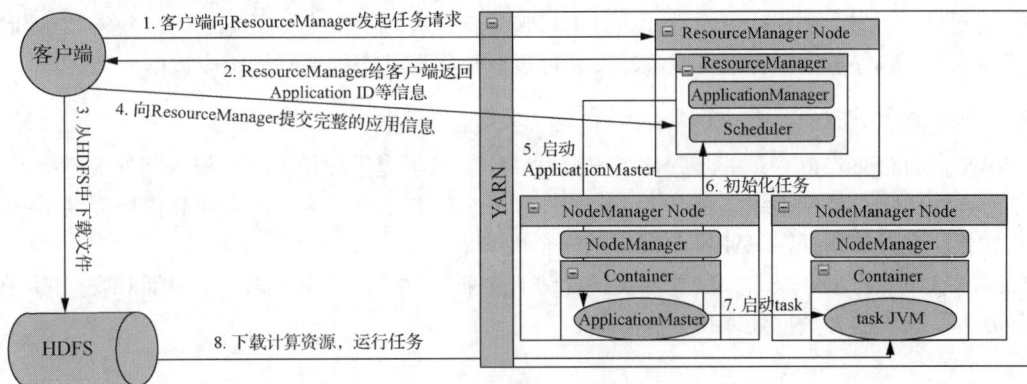

图 6-1　YARN 的工作流程

详细流程介绍如下。

① 客户端向 ResourceManager 发起任务请求。

② ResourceManager 给客户端返回 Application ID 等信息。

③ 客户端根据 Application ID 等信息从共享的文件系统中拷贝程序需要的 JAR 包等。

④ 客户端向 ResourceManager 提交完整的应用信息。

⑤ ResourceManager 将请求信息传递给自己的 Scheduler；Scheduler 给工作节点分配 Container，用于启动 ApplicationMaster；ApplicationsManager 与指定的 NodeManager 通信，请求在 Container 中启动 ApplicationMaster。

⑥ ApplicationMaster 初始化任务并向 ResourceManager 申请所需要的资源，ResourceManager 返回 ApplicationMaster 申请的资源。

⑦ ApplicationMaster 与对应的 NodeManager 通信，申请 Container 启动任务。

⑧ Container 中的应用程序会将需要的计算资源从 HDFS 下载到本地，再运行任务。

在任务运行过程中，任务会将状态和进度报告给 ApplicationMaster，客户端会轮询地从各个

< 133 >

ApplicationMaster 上获取任务状态；运行完成后，Container 会注销掉，也就是把资源归还给系统；ApplicationMaster 也会向 ResourceManager 注销自己。

6.1.3 YARN 的优势

YARN 作为 Hadoop 3.0 中的资源管理器，加入了一系列新的特性和优化。

1. 增强的资源调度

Hadoop 3.0 中的 YARN 不仅支持基于 CPU 和内存的调度，而且增加了对 GPU 等加速硬件的支持。这意味着 YARN 可以更好地处理机器学习和深度学习等资源密集型任务。YARN 还引入了资源配置的概念，允许对不同的资源进行更加灵活的配置，例如内存、CPU、GPU 等资源，这有利于开发者更好地进行资源分配。

2. Docker 容器支持

在 Hadoop 3.0 中，YARN 引入了对 Docker 容器的原生支持。这为应用程序提供了更好的运行环境隔离，确保了任务在各种环境中的一致性和隔离性。同时也使开发者可以在统一的 Docker 环境中构建、测试并部署其应用，简化了大数据应用的生命周期管理。

3. Timeline Service v2 服务

Timeline Service v2 是 YARN 历史数据和度量数据的改进服务。相对于先前版本，Timeline Service v2 提供了更好的性能、更强的可靠性和更高的可扩展性。这对于监控大规模 YARN 集群和诊断性能问题至关重要，确保了集群管理员或者开发者可以获得集群状态的实时和历史数据。

4. 增强的安全性

YARN 在 Hadoop 3.0 中进一步强化了安全性特点。除了提供细粒度的权限控制外，还增加了更为详细的审计功能，帮助组织满足严格的合规性和安全性要求。这为大型企业和机构提供了必要的工具和功能，确保其数据在 YARN 集群中的安全性。

Hadoop 3.0 中的 YARN 带来的这些关键优势为企业提供了一个更加强大、灵活和安全的平台，可满足其不断增长的大数据处理和分析需求。

6.2 Hadoop 的 HA 模式

为了确保集群的高可用性和故障恢复能力，Hadoop 中引入了 HA 模式。HA 模式可以减少系统的停机时间，保护数据免受损失，并提高整个集群的可靠性和可用性。

6.2.1 HA 模式简介

在 Hadoop 2.4.0 之前，Hadoop 集群存在单点故障的问题。单点故障问题是指对于只有一个 NameNode 的 Hadoop 集群，如果 NameNode 出现故障，会导致 Hadoop 集群无法正常工作。为了解决 Hadoop 集群中的单点故障问题，Hadoop 从 2.4.0 以后引入了 HA 模式。该模式的基本原理是当一个 NameNode 出现故障时，HA 模式下的 Hadoop 集群会通过 Zookeeper 等协调工具快速启动备用的 NameNode，确保 Hadoop 集群的高可用性。

在典型的 Hadoop 集群中，HA 模式需要配置两台或更多的独立机器作为 NameNode。无论任何

微课视频

< 134 >

时刻，集群中只允许有一个 NameNode 处于活跃状态，而其他的 NameNode 则处于备用状态。活跃的 NameNode 负责集群中的所有客户端操作，而备用的 NameNode 则只是作为工作节点。当活跃节点发生故障时，备用的节点可以进行快速的故障转移。

HA 模式在设计与实施过程中需要注意的 3 点分别是状态同步、故障转移和活跃状态节点的唯一性。

1．状态同步

在 HA 模式下，关键组件（如 NameNode、ResourceManager）的状态必须保持同步，特别是主节点与备份节点。例如，主 NameNode 与备用 NameNode 需要保持元数据的一致性。为了实现状态同步，Hadoop 使用了 JournalNode 组件，它负责记录和复制主节点的操作日志。备份节点通过读取主节点的操作日志来保持与主节点的状态同步。

2．故障转移

HA 模式的主要目标是实现故障转移。当主节点发生故障时，备份节点需要迅速接管服务，作为新的主节点，以确保集群的持续运行。为了实现故障转移，Hadoop 使用了 ZooKeeper 分布式协调服务。ZooKeeper 负责管理主节点的选举过程，并在主节点发生故障时选择新的主节点。故障转移的成功取决于快速检测故障、选择新的主节点以及重新分配任务等因素。

3．活跃状态节点的唯一性

在 HA 模式下，为了确保集群中的关键组件不会发生冲突或产生不一致的状态，同一时间只能有一个活跃状态的节点，其他节点都处于备份或待命的状态。当活跃节点发生故障时，其他备份或待命节点会接管服务。通过确保活跃状态节点的唯一性，可以避免资源冲突和数据不一致的情况。

上述 3 点确保了 Hadoop 中主节点与备份节点状态的一致性、故障转移的高效性和集群中关键节点的独立性。通过这 3 点，可以构建出可靠和高可用的 Hadoop 集群。

Hadoop 中的 HA 模式分为 HDFS 的 HA 模式和 YARN 的 HA 模式，这两种模式分别对 HDFS 和 YARN 提供高可用性和故障转移支持。Hadoop 的 HA 模式搭建规划如表 6-1 所示。

表 6-1　Hadoop 的 HA 模式搭建规划

主机名	IP 地址	相关进程
qf01	192.168.142.131	NameNode、DataNode、DFSZKFailoverController、QuorumPeerMain、JournalNode、ResourceManager、NodeManager
qf02	192.168.142.132	NameNode、DataNode、DFSZKFailoverController、QuorumPeerMain、JournalNode、NodeManager
qf03	192.168.142.133	DataNode、NodeManager、QuorumPeerMain、JournalNode

本书中 Hadoop 的 HA 模式是通过 Zookeeper 来实现的，因此需要在 Hadoop 的配置文件中对 Zookeeper 进行相关设置。

6.2.2　HDFS 的 HA 模式

HDFS 的 HA 模式中有两个 NameNode，一个 NameNode 处于活跃（Active）状态，另一个 NameNode 处于备用（Standby）状态。活跃的 NameNode 负责 Hadoop 集群中的所有客户端操作；而备用的 NameNode 只是充当从属服务器，维持一定的状态，以便在必要时进行快速故障转移。

下面对 HDFS 的 HA 模式搭建、启动、自动故障转移和验证自动故障转移进行介绍。

1．HDFS 的 HA 模式搭建

由于 HDFS 的 HA 模式搭建步骤较多，建议在搭建之前先对虚拟机 qf01、qf02、qf03 拍摄快照。如果搭建过程中系统报错，可以通过快照快速恢复到搭建以前的状态。

< 135 >

　　本书中 HDFS 的 HA 模式搭建是在之前的 Hadoop 集群和 Zookeeper 集群的基础上进行的，具体步骤如下。

　　① 确保 Hadoop 集群和 Zookeeper 集群处于关闭状态。

　　② 修改虚拟机 qf01 的/usr/local/hadoop-3.3.0/etc/hadoop/core-site.xml 文件，用于配置 Hadoop 运行时产生的临时文件目录、指定故障转移集群等。打开 core-site.xml 文件的命令如下：

```
[root@qf01 ~]# vi /usr/local/hadoop-3.3.0/etc/hadoop/core-site.xml
```

　　将 core-site.xml 文件中的内容替换为如下内容：

```
1   <configuration>
2       <!-- 指定文件系统的名称-->
3       <property>
4           <name>fs.defaultFS</name>
5           <value>hdfs://qianfeng</value>
6       </property>
7       <!-- 配置 Hadoop 运行时产生的临时文件目录 -->
8       <property>
9           <name>hadoop.tmp.dir</name>
10          <value>/tmp/hadoop-qf01</value>
11      </property>
12      <!-- 指定自动故障转移的集群 -->
13      <property>
14          <name>ha.zookeeper.quorum</name>
15          <value>qf01:2181,qf02:2181,qf03:2181</value>
16      </property>
17      <!-- 配置操作 HDFS 的缓存大小 -->
18      <property>
19          <name>io.file.buffer.size</name>
20          <value>4096</value>
21      </property>
22   </configuration>
```

　　③ 修改虚拟机 qf01 的/usr/local/hadoop-3.3.0/etc/hadoop/hdfs-site.xml 文件。打开 hdfs-site.xml 文件的命令如下：

```
[root@qf01 ~]# vi /usr/local/hadoop-3.3.0/etc/hadoop/hdfs-site.xml
```

　　将 hdfs-site.xml 文件中的内容替换为如下内容：

```
1   <configuration>
2       <!-- 配置 HDFS 块的副本数（全分布式模式下默认副本数是 3，最大副本数是 512） -->
3       <property>
4           <name>dfs.replication</name>
5           <value>3</value>
6       </property>
7       <!-- 设置 HDFS 块的大小 -->
8       <property>
9           <name>dfs.blocksize</name>
10          <value>134217728</value>
11      </property>
12      <!-- 配置 HDFS 元数据的存储目录 -->
13      <property>
14          <name>dfs.namenode.name.dir</name>
```

< 136 >

```
15          <value>/home/hadoopdata/dfs/name</value>
16      </property>
17  <!-- 配置 HDFS 真正的数据内容（数据块）的存储目录 -->
18      <property>
19          <name>dfs.datanode.data.dir</name>
20          <value>/home/hadoopdata/dfs/data</value>
21      </property>
22  <!-- 开启通过 Web 操作 HDFS -->
23      <property>
24          <name>dfs.webhdfs.enabled</name>
25          <value>true</value>
26      </property>
27  <!-- 关闭 HDFS 文件的权限检查 -->
28      <property>
29          <name>dfs.permissions.enabled</name>
30          <value>false</value>
31      </property>
32  <!-- 配置虚拟服务名-->
33      <property>
34          <name>dfs.nameservices</name>
35          <value>qianfeng</value>
36      </property>
37  <!-- 为虚拟服务指定两个 NameNode（目前每个虚拟服务最多可以配置两个 NameNode） -->
38      <property>
39          <name>dfs.ha.namenodes.qianfeng</name>
40          <value>nn1,nn2</value>
41      </property>
42  <!-- 配置 NameNode（nn1）的 RPC 地址 -->
43      <property>
44          <name>dfs.namenode.rpc-address.qianfeng.nn1</name>
45          <value>qf01:8020</value>
46      </property>
47  <!-- 配置 NameNode（nn2）的 RPC 地址 -->
48      <property>
49          <name>dfs.namenode.rpc-address.qianfeng.nn2</name>
50          <value>qf02:8020</value>
51      </property>
52  <!-- 配置 NameNode（nn1）的 HTTP 地址 -->
53      <property>
54          <name>dfs.namenode.http-address.qianfeng.nn1</name>
55          <value>qf01:9870</value>
56      </property>
57  <!-- 配置 NameNode（nn2）的 HTTP 地址 -->
58      <property>
59          <name>dfs.namenode.http-address.qianfeng.nn2</name>
60          <value>qf02:9870</value>
61      </property>
62  <!-- 配置 JournalNode 的通信地址 -->
63      <property>
64          <name>dfs.namenode.shared.edits.dir</name>
65          <value>qjournal://qf01:8485;qf02:8485;qf03:8485/qianfeng</value>
66      </property>
67  <!-- 设置 NameNode 出现故障时，启用备用 NameNode 的代理-->
```

< 137 >

```
68      <property>
69          <name>dfs.client.failover.proxy.provider.qianfeng</name>
70          <value>org.apache.hadoop.hdfs.server.namenode.ha.
71      ConfiguredFailoverProxyProvider</value>
72      </property>
73      <!-- 配置自动故障转移 -->
74      <property>
75          <name>dfs.ha.automatic-failover.enabled</name>
76          <value>true</value>
77      </property>
78      <!-- 配置防止"脑裂"的手段，本书使用 shell 脚本(/bin/true) -->
79      <property>
80          <name>dfs.ha.fencing.methods</name>
81          <value>shell(/bin/true)</value>
82      </property>
83  </configuration>
```

上述代码中，第 78 行注释中的"脑裂"（split-brain）是指在 HA 模式下，原本作为一个整体系统的两个节点断开联系，分裂为两个独立节点，开始争抢共享资源，导致系统混乱，数据损坏。

④ 将虚拟机 qf01 上的 Hadoop 目录分发给虚拟机 qf02、qf03，命令如下：

```
[root@qf01 ~]# scp -r /usr/local/hadoop-3.3.0 qf02:/usr/local/
[root@qf01 ~]# scp -r /usr/local/hadoop-3.3.0 qf03:/usr/local/
```

⑤ 在虚拟机 qf02 上新建 SSH 公私密钥对，命令如下：

```
[root@qf02 ~]# ssh-keygen -t rsa -P '' -f ~/.ssh/id_rsa
```

⑥ 在虚拟机 qf02 上配置免密登录虚拟机 qf01、qf02、qf03，命令如下：

```
[root@qf02 ~]# ssh-copy-id root@qf01
[root@qf02 ~]# ssh-copy-id root@qf02
[root@qf02 ~]# ssh-copy-id root@qf03
```

⑦ 将虚拟机 qf01 上 HDFS 元数据的存储目录（/home/hadoopdata/dfs/name）分发到虚拟机 qf02 的/home/hadoopdata/dfs/目录下，命令如下：

```
[root@qf01 ~]# rsync -lr /home/hadoopdata/dfs/name root@qf02:/home
/hadoopdata/dfs/
```

2. 启动 HDFS 的 HA 模式

首次启动 HDFS 的 HA 模式时步骤较多，再次启动时步骤相对简单。下面介绍这两种启动方式。

首次启动 HDFS 的 HA 模式，步骤如下。

① 在虚拟机 qf01 上启动 ZooKeeper 集群，命令如下：

```
[root@qf01 ~]# xzk.sh start
```

② 在虚拟机 qf01 上格式化 ZooKeeper 集群，命令如下：

```
[root@qf01 ~]# hdfs zkfc -formatZK
```

③ 分别在虚拟机 qf01、qf02、qf03 上启动 JournalNode 进程，命令如下：

```
[root@qf01 ~]# hadoop-daemon.sh start journalnode
```

< 138 >

```
[root@qf02 ~]# hadoop-daemon.sh start journalnode
[root@qf03 ~]# hadoop-daemon.sh start journalnode
```

④ 在虚拟机 qf01 上初始化共享编辑日志，命令如下：

```
[root@qf01 ~]# hdfs namenode -initializeSharedEdits
```

⑤ 在虚拟机 qf01 上启动 HDFS 进程，命令如下：

```
[root@qf01 ~]# start-dfs.sh
```

再次启动 HDFS 的 HA 模式，步骤如下。

① 在虚拟机 qf01 上启动 ZooKeeper 集群，命令如下：

```
[root@qf01 ~]# xzk.sh start
```

② 在虚拟机 qf01 上启动 HDFS 进程，命令如下：

```
[root@qf01 ~]# start-dfs.sh
```

启动完 HDFS 的 HA 模式后，需要验证 HDFS 相关进程是否成功启动。在虚拟机 qf01 上查看虚拟机 qf01、qf02、qf03 的 HDFS 相关进程，命令如下：

```
[root@qf01 ~]# xcmd.sh jps
============ qf01 jps ============
7024 DFSZKFailoverController
6515 NameNode
6633 DataNode
7161 Jps
5210 QuorumPeerMain
5818 JournalNode
============ qf02 jps ============
3191 QuorumPeerMain
3736 JournalNode
4362 DataNode
4698 Jps
4573 DFSZKFailoverController
4271 NameNode
============ qf03 jps ============
3122 QuorumPeerMain
3924 JournalNode
4356 Jps
4153 DataNode
```

出现以上内容时，表明 HDFS 相关进程启动成功。

3．自动故障转移

HDFS 的 HA 模式主要用于实现服务器的自动故障转移，保证 HDFS 的高可用性。而自动故障转移的实现依赖于 ZooKeeper 的如下功能。

① 故障检测。在 Hadoop 集群中，每个 NameNode 所在的服务器都在 ZooKeeper 中维护一个持久会话。如果当前活跃的 NameNode 服务器出现故障，该服务器在 ZooKeeper 中维持的会话中断，并通知另一个 NameNode 触发故障转移。

② 指定活跃的 NameNode。如果当前活跃的 NameNode 服务器出现故障，则 ZooKeeper 会指定备用的 NameNode 成为活跃的节点。

以上两个功能主要是通过 QuorumPeerMain、JournalNode 和 DFSZKFailoverController（ZKFC）

< 139 >

进程实现的。下面对 JournalNode 和 DFSZKFailoverController 进行讲解。

（1）JournalNode

JournalNode 主要用于实现两个 NameNode 的数据同步，确保修改记录的写入。为了实现数据同步，需要通过一组 JournalNode 的独立进程进行通信。当活跃 NameNode 中的 edits 日志有任何修改时，修改记录会写入大多数 JournalNode 中；备用的 NameNode 会监控并读取 JournalNode 中的变更数据，确保与活跃的 NameNode 数据同步。

由于 edits 日志的变更必须写入大多数（一半以上）JournalNode 中，所以至少应存在 3 个 JournalNode 进程，确保系统在单个主机出现故障时能够正常运行。一般设置 JournalNode 的数量为奇数。

HA 模式下的 Hadoop 集群一次只能有一个 NameNode 处于活跃状态，否则可能发生数据丢失或集群不能正常工作。事实上，为了防止脑裂的出现，JournalNode 只允许一个 NameNode 处于活跃状态，并对其进行相关的写操作。在故障转移期间，将要变为活跃状态的 NameNode 会全面接管写入 JournalNode 的操作，这有效地阻止了其他 NameNode 继续处于活跃状态。

（2）DFSZKFailoverController

DFSZKFailoverController 是一个 ZooKeeper 客户端进程，主要负责监视 NameNode 的运行状态，管理 ZooKeeper 会话，进行基于 ZooKeeper 的选举。运行 NameNode 的每台服务器同时运行 DFSZKFailoverController 进程。

4．验证自动故障转移

（1）查看 NameNode nn1 和 nn2 的状态

查看 nn1 和 nn2 的状态有两种方法。

① 在虚拟机 qf01 上查看 nn1 和 nn2 的状态。首次查看状态需要十几秒，之后查看只需几秒。具体命令如下：

```
[root@qf01 ~]# hdfs haadmin -getServiceState nn1
active
[root@qf01 ~]# hdfs haadmin -getServiceState nn2
standby
```

上述代码中，nn1 处于活跃状态，nn2 处于备用状态。如果出现 nn1 处于备用状态、nn2 处于活跃状态的情况，也是正确的。因为在 HA 模式下，HDFS 在启动时会随机指定一个 NameNode 处于活跃状态。

② 通过访问 NameNode Web 界面来查看 nn1 和 nn2 的状态。在 Windows 系统的浏览器地址栏中输入网址 http://192.168.142.131:9870，可看到 nn1 处于活跃状态，如图 6-2 所示。

在 Windows 系统的浏览器地址栏中输入网址 http://192.168.142.132:9870，可看到 nn2 处于备用状态，如图 6-3 所示。

图 6-2　查看 nn1 的状态　　　　图 6-3　查看 nn2 的状态

（2）验证 HDFS 的 HA 模式是否可以进行自动故障转移

为了验证 HDFS 的 HA 模式可以成功进行自动故障转移，需要通过一些操作使活跃的 nn1 出现故障，将处于备用状态的 nn2 切换到活跃状态。可以通过使用 kill 命令强制关闭 NameNode 进程，

< 140 >

来模拟虚拟机的崩溃；也可通过关闭虚拟机或断开网络连接，来模拟不同类型的停机故障。

本书以使用 kill 命令强制关闭 NameNode 进程为例，验证 HDFS 的 HA 模式是否可以成功进行自动故障转移，具体步骤如下。

① 在虚拟机 qf01 上查看 NameNode 的进程 ID，命令如下：

```
[root@qf01 ~]# jps
3447 NameNode
2408 QuorumPeerMain
3529 DataNode
17625 Jps
3660 JournalNode
3806 DFSZKFailoverController
```

② 使用 kill 命令强制关闭 NameNode 进程，使 nn1 出现故障，命令如下：

```
[root@qf01 ~]# kill -9 3447
```

③ 在虚拟机 qf01 上查看 nn2 的状态，命令如下：

```
[root@qf01 ~]# hdfs haadmin -getServiceState nn2
active
```

上述命令的执行结果为 active，表明 nn2 由原来的备用状态自动切换到活跃状态，说明 HDFS 的 HA 模式成功实现了自动故障转移操作。如果 nn2 未切换到活跃状态，则表明 HDFS 的 HA 模式没有实现自动故障转移操作，该模式的搭建不成功，相关配置可能存在错误。

6.2.3 YARN 的 HA 模式

在 YARN 的 HA 模式下，ZooKeeper 集群中有多个 ResourceManager，一个 ResourceManager 处于活跃（Active）状态，一个或多个 ResourceManager 处于备用（Standby）状态。活跃的 ResourceManager 负责将其状态写入 ZooKeeper 中；当活跃的 ResourceManager 出现故障时，另一个备用的 ResourceManager 会切换到活跃状态。YARN 的 HA 模式架构如图 6-4 所示。

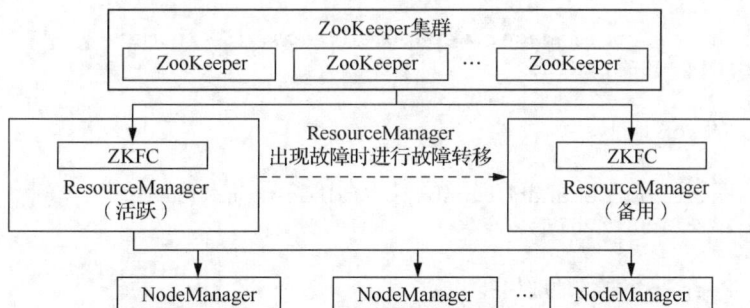

图 6-4　YARN 的 HA 模式架构

将备用的 ResourceManager 切换为活跃状态的方式有两种，分别是管理员手动切换和配置自动故障转移。本书以配置自动故障转移为例，进行 YARN 的 HA 模式搭建。

1. YARN 的 HA 模式搭建

① 确保 Hadoop 集群和 ZooKeeper 集群处于关闭状态。

② 修改虚拟机 qf01 的/usr/local/hadoop-3.3.0/etc/hadoop/yarn-site.xml 文件，将 yarn-site.xml 文件中的内容替换如下：

< 141 >

```
<configuration>
    <!-- 配置 NodeManager 启动时加载 Shuffle 服务 -->
    <property>
        <name>yarn.nodemanager.aux-services</name>
        <value>mapreduce_shuffle</value>
    </property>
    <!-- 启动 YARN ResourceManager 的 HA 模式 -->
    <property>
        <name>yarn.resourcemanager.ha.enabled</name>
        <value>true</value>
    </property>
    <!-- 配置 YARN ResourceManager 的集群 ID -->
    <property>
        <name>yarn.resourcemanager.cluster-id</name>
        <value>qianfeng</value>
    </property>
    <!-- 指定 YARN ResourceManager 实现 HA 的节点名称 -->
    <property>
        <name>yarn.resourcemanager.ha.rm-ids</name>
        <value>rm1,rm2</value>
    </property>
    <!-- 配置启动 rm1 的主机为虚拟机 qf01 -->
    <property>
        <name>yarn.resourcemanager.hostname.rm1</name>
        <value>qf01</value>
    </property>
    <!-- 配置启动 rm2 的主机为虚拟机 qf02 -->
    <property>
        <name>yarn.resourcemanager.hostname.rm2</name>
        <value>qf02</value>
    </property>
    <!-- 配置 rm1 的 Web 地址 -->
    <property>
        <name>yarn.resourcemanager.webapp.address.rm1</name>
        <value>qf01:8088</value>
    </property>
    <!-- 配置 rm2 的 Web 地址 -->
    <property>
        <name>yarn.resourcemanager.webapp.address.rm2</name>
        <value>qf02:8088</value>
    </property>
    <!-- 配置 ZooKeeper 集群的地址 -->
    <property>
        <name>yarn.resourcemanager.zk-address</name>
        <value>qf01:2181,qf02:2181,qf03:2181</value>
    </property>
</configuration>
```

③ 将虚拟机 qf01 上的 yarn-site.xml 文件分发给虚拟机 qf02、qf03，命令如下：

```
[root@qf01 ~]# scp -r /usr/local/hadoop-3.3.0/etc/hadoop/yarn-site.xml
qf02:/ usr/local/hadoop-3.3.0/etc/hadoop
```

< 142 >

```
[root@qf01 ~]# scp -r /usr/local/hadoop-3.3.0/etc/hadoop/yarn-site.xml
qf03:/ usr/local/hadoop-3.3.0/etc/hadoop
```

④ 在虚拟机 qf01 的/usr/local/hadoop-3.3.0/etc/hadoop/目录下新建文件 rm_hosts，命令如下：

```
[root@qf01 ~]# vi /usr/local/hadoop-3.3.0/etc/hadoop/rm_hosts
```

在 rm_hosts 文件中输入如下内容：

```
qf01
qf02
```

⑤ 将虚拟机 qf01 的/usr/local/hadoop-3.3.0/sbin/start-yarn.sh 文件的倒数第 5 行替换为如下内容：

```
"$bin"/yarn-daemons.sh --config $YARN_CONF_DIR --hosts rm_hosts  start resourcemanager
```

⑥ 将虚拟机 qf01 的/usr/local/hadoop-3.3.0/sbin/stop-yarn.sh 文件的倒数第 5 行替换为如下内容：

```
"$bin"/yarn-daemons.sh --config $YARN_CONF_DIR --hosts rm_hosts  stop
resourcemanager
```

⑦ 将虚拟机 qf01 的 rm_hosts、start-yarn.sh、stop-yarn.sh 文件分发给虚拟机 qf02、qf03。命令如下：

```
[root@qf01 ~]# scp -r /usr/local/hadoop-3.3.0/etc/hadoop/rm_hosts
 qf02:/usr/local/hadoop-3.3.0/etc/Hadoop
[root@qf01 ~]# scp -r /usr/local/hadoop-3.3.0/etc/hadoop/rm_hosts
 qf03:/usr/local/hadoop-3.3.0/etc/hadoop
[root@qf01 ~]# scp -r /usr/local/hadoop-3.3.0/sbin/start-yarn.sh
 qf02: /usr/local/hadoop-3.3.0/sbin/
[root@qf01 ~]# scp -r /usr/local/hadoop-3.3.0/sbin/start-yarn.sh
 qf03: /usr/local/hadoop-3.3.0/sbin/
[root@qf01 ~]# scp -r /usr/local/hadoop-3.3.0/sbin/stop-yarn.sh
 qf02: /usr/local/hadoop-3.3.0/sbin/
[root@qf01 ~]# scp -r /usr/local/hadoop-3.3.0/sbin/stop-yarn.sh
 qf03: /usr/local/hadoop-3.3.0/sbin/
```

2. 启动 YARN 的 HA 模式

首先启动 ZooKeeper 集群，然后启动所有节点的 YARN 进程，命令如下：

```
[root@qf01 ~]# xzk.sh start
[root@qf01 ~]# start-yarn.sh
```

启动完 YARN 的 HA 模式后，需要验证 YARN 相关进程是否启动成功。在虚拟机 qf01 上查看虚拟机 qf01、qf02、qf03 的 YARN 相关进程，命令如下：

```
 [root@qf01 sbin]# xcmd.sh jps
============ qf01 jps ============
13588 ResourceManager
6037 QuorumPeerMain
13770 Jps
13707 NodeManager
============ qf02 jps ============
5904 QuorumPeerMain
11441 NodeManager
11359 ResourceManager
```

< 143 >

```
11551 Jps
============ qf03 jps ============
5717 QuorumPeerMain
10662 Jps
10604 NodeManager
```

出现以上内容时，表明 YARN 相关进程启动成功。

3．验证自动故障转移

（1）查看 rm1 和 rm2 的状态

查看 rm1 和 rm2 的状态有两种方式，分别是在虚拟机上查看和通过访问 ResourceManager Web 界面来查看。

① 在虚拟机 qf01 上查看 rm1 和 rm2 的状态。首次查看状态需要十几秒，之后查看只需几秒。具体命令如下：

```
[root@qf01 ~]# yarn rmadmin -getServiceState rm1
standby
[root@qf01 ~]# yarn rmadmin -getServiceState rm2
active
```

上述代码中，rm1 处于备用状态，rm2 处于活跃状态。与 HDFS 的 HA 模式类似，可能出现 rm1 处于活跃状态、rm2 处于备用状态的情况。

② 通过访问 ResourceManager Web 界面来查看 rm1 和 rm2 的状态。在 Windows 系统的浏览器地址栏中输入网址 http://192.168.142.131:8088，可看到 rm1 处于备用状态，如图 6-5 所示。

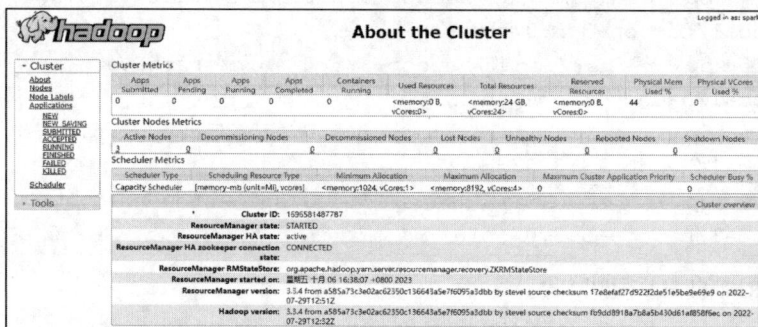

图 6-5　查看 rm1 的状态

在 Windows 系统的浏览器地址栏中输入网址 http://192.168.142.132:8088，可看到 rm2 处于活跃状态，如图 6-6 所示。

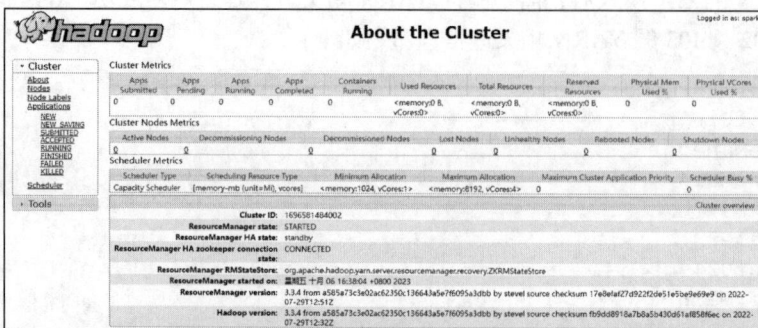

图 6-6　查看 rm2 的状态

< 144 >

（2）验证 YARN 的 HA 模式是否可以进行自动故障转移

使用 kill 命令强制关闭 ResourceManager 进程，模拟自动故障转移，具体步骤如下。

① 在虚拟机 qf02 上查看 ResourceManager 的进程 ID，命令如下：

```
[root@qf02 ~]# jps
5904 QuorumPeerMain
11441 NodeManager
14174 Jps
11359 ResourceManager
```

② 使用 kill 命令强制关闭 ResourceManager 进程，使 rm2 出现故障，命令如下：

```
[root@qf02 ~]# kill -9 11359
```

③ 查看 rm1 的状态，命令如下：

```
[root@qf02 ~]# yarn rmadmin -getServiceState rm1
active
```

上述命令的执行结果为 active，表明 rm1 由原来的备用状态自动切换到活跃状态，说明 YARN 的 HA 模式成功实现了自动故障转移操作。如果 rm1 未切换到活跃状态，则表明 YARN 的 HA 模式没有实现自动故障转移操作，该模式的搭建不成功，相关配置可能存在错误。

6.2.4　启动和关闭 Hadoop 的 HA 模式

前面分别介绍了 HDFS 与 YARN 的 HA 模式的启动与关闭，本小节将介绍如何启动与关闭 Hadoop 的 HA 模式。具体步骤如下。

① 启动 Hadoop 的 HA 模式。在虚拟机 qf01 上首先启动 ZooKeeper 集群，然后启动 Hadoop 集群，具体命令如下：

```
[root@qf01 ~]# xzk.sh start
[root@qf01 ~]# start-dfs.sh
[root@qf01 ~]# start-yarn.sh
```

② 通过 jps 命令查看相关进程是否已经启动，具体命令与执行结果如下：

```
[root@qf01 sbin]# xcmd.sh jps
============ qf01 jps ============
17316 NameNode
6037 QuorumPeerMain
17670 DFSZKFailoverController
18134 Jps
17767 ResourceManager
17863 NodeManager
17532 JournalNode
17405 DataNode
============ qf02 jps ============
5904 QuorumPeerMain
15985 ResourceManager
15250 NameNode
15620 JournalNode
16116 NodeManager
16600 Jps
15372 DataNode
```

< 145 >

```
15823 DFSZKFailoverController
============ qf03 jps ============
13890 DataNode
14594 Jps
5717 QuorumPeerMain
14157 NodeManager
14014 JournalNode
```

③ 关闭 Hadoop 的 HA 模式。在虚拟机 qf01 上首先关闭 Hadoop 集群，然后关闭 ZooKeeper 集群，具体命令如下：

```
[root@qf01 ~]# stop-dfs.sh
[root@qf01 ~]# stop-yarn.sh
[root@qf01 ~]# xzk.sh stop
```

本章小结

本章首先讲解了 YARN 框架的基础知识、工作流程和优势，然后介绍了 Hadoop 的 HA 模式的搭建。学习完本章内容后，读者应能独立搭建完成一个高可用的 Hadoop 集群。

习题

一、填空题

1. Hadoop 的 HA 模式出现的原因是 Hadoop 集群存在＿＿＿＿问题。
2. YARN 的主要组件包括＿＿＿＿、NodeManager、ApplicationMaster、Container。
3. YARN 是基于 MapReduce＿＿＿＿与＿＿＿＿的框架。
4. Timeline Service v2 是 YARN＿＿＿＿和＿＿＿＿的改进服务。

二、选择题

1. 下列不属于 YARN 优势的是（   ）。
    A. 更快的 MapReduce 计算   B. 对多框架的支持
    C. 更高的容错性   D. 框架升级更容易
2. 下列关于启动 Hadoop 的 HA 模式的描述，正确的是（   ）。
    A. 先启动 ZooKeeper，后启动 Hadoop   B. 先启动 Hadoop，后启动 ZooKeeper
    C. 只启动 ZooKeeper   D. 只启动 Hadoop
3. Hadoop 的 HA 模式启动后，下列不属于 qf03 机器进程的是（   ）。
    A. zookeeper   B. nodemanager   C. resourcemanager D. datanode

三、简答题

1. 简述 YARN 的工作流程。
2. 简述 YARN 的几大优势。
3. 如果先关闭了高可用集群中的 ZooKeeper 服务，集群会出现什么结果？

< 146 >

第 7 章　数据仓库 Hive

学习目标

- 了解数据仓库，能够简述数据仓库的应用、特点、数据模型及其与数据库的区别。
- 熟悉 Hive，能够描述 Hive 的架构、特点及其与关系型数据库的不同点。
- 熟悉 Hive 的安装，能够熟练搭建 Hive 集群。
- 了解 Hive 的数据类型。
- 会在 Hive 中执行数据库操作，包括创建、删除、查询和更新。
- 熟悉 select 查询语句，能够创建视图和执行连接操作。
- 熟悉 Hive 内置函数的使用，能够使用 Hive 内置函数实现词频统计案例。
- 掌握通过 JDBC 驱动程序使用 HiveServer2 服务的方式，能够配置和使用 JDBC 驱动程序连接 HiveServer2。
- 掌握自定义 Hive 函数的步骤。
- 熟悉 Hive 的性能调优，能够对 HQL 语句进行优化。

　　Hive 是一个开源的数据仓库基础设施，属于 Hadoop 生态系统的重要组件。在大数据时代，企业和组织面对海量的数据积累和复杂的数据处理需求。为了高效管理和分析这些数据，数据仓库成为关键工具。Hive 提供了一种类 SQL（Structured Query Language，结构化查询语言）语言，称为 HiveQL（Hive Query Language，HQL）。这种语言用于数据查询和分析，底层基于 Hadoop 执行 MapReduce 任务，使数据仓库的建设和数据处理更加便捷。本章将详细介绍 Hive 数据仓库的基础知识、Hive 的架构与安装、Hive 的数据类型以及 HiveQL 的基本语法和常用操作等。

7.1　数据仓库简介

微课视频

7.1.1　数据仓库概述

　　数据仓库是一种面向主题的、集成的、非易失的、时间一致的数据存储系统，用于支持企业决策和业务分析。在信息爆炸的时代，企业和组织积累了大量的数据，这些数据来自不同的业务系统和数据源，涉及多个部门和业务领域。数据仓库的目标是将这些分散的、异构的数据整合到一个统一的数据存储系统中，并以适合决策和分析的方式进行组织和展现。

　　数据仓库的设计和构建是为了支持复杂的查询和分析需求。它采用了一系列技术和方法来对数据进行清洗、抽取、转换和加载，从而保证数据的准确性和一致性。数据仓库通常采用星形或雪花的数据模型，以便快速查询和分析数据。同时，为了提高查询性能，数据仓库会对数据进行预聚合和索引优化。

数据仓库的优势在于它能够提供高性能的数据查询和分析能力,支持复杂的多维分析和数据挖掘任务。它帮助企业从海量数据中挖掘出有价值的信息和行业发展趋势,为决策者提供准确的数据支持。数据仓库的建设还能促进不同部门之间的信息共享和协作,提高企业的整体运营效率和竞争力。

7.1.2 数据仓库应用

数据仓库在现代企业中的应用非常广泛,如应用于数据库管理系统(如 MySQL、MongoDB)和外部数据的整合与处理。以下是数据仓库在企业中的主要应用。

(1)数据整合与存储

数据仓库作为一个集成的数据存储平台,可以将来自不同数据源(包括 MySQL、MongoDB 等数据库)的数据进行整合和存储,为企业提供一个统一的数据视图。

(2)数据清洗与转换

数据仓库对外部数据进行清洗和转换,确保数据的准确性和一致性。这有助于消除数据冗余和错误,提高数据质量。

(3)数据挖掘与分析

数据仓库的数据可以被用于数据挖掘和分析。通过运用各种数据分析技术,企业可以挖掘出潜在的商业机会、发现行业发展趋势和模式,并做出相应的决策。

(4)数据报表与可视化

数据仓库可以生成各种类型的数据报表和可视化图表,帮助企业更直观地了解业务情况,监控绩效,及时发现问题。

(5)决策支持

数据仓库为企业提供了全面的历史数据和实时数据,可以为企业决策者提供有力的支持,帮助他们做出更明智的决策。

(6)业务优化

通过对数据仓库中的数据进行深入分析,企业可以发现业务上的瓶颈和不足之处,进而优化业务流程,提高运营效率和利润。

(7)客户分析

数据仓库中的客户数据可以被用于客户分析,以了解客户需求和行为,优化客户关系,提高客户满意度。

总的来说,数据仓库在企业中的应用涵盖了数据整合、数据挖掘、数据分析、数据报表等多个方面,为企业提供了强大的数据支持,助力企业做出更明智的决策和提升业务竞争力。数据仓库的数据处理流程如图 7-1 所示。

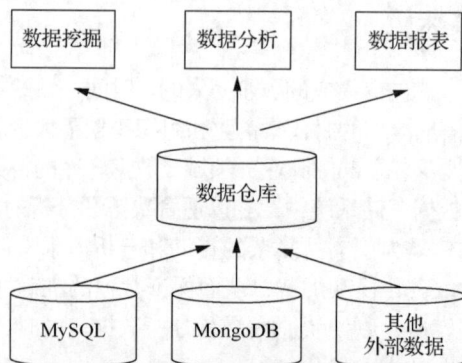

图 7-1 数据仓库的数据处理流程

< 148 >

7.1.3　数据仓库特点

数据仓库的常见特点有以下 4 个。

（1）主题性

数据仓库是以主题为导向进行建模和组织数据的。它将数据按照业务主题进行集成和存储，而不是按照应用系统或业务功能进行组织，使用户可以更加方便地访问和分析与其业务关系密切的数据。以滴滴出行为例，司机行为分析就是一个主题，因此可以将多个不同的数据源进行整合。与此相反，传统的数据库主要针对特定项目，导致数据相对分散和孤立。

（2）集成性

数据仓库需要将来自多个数据源的异构数据集成到统一的存储系统中。由于原始数据的存储方式和格式各不相同，数据仓库在加载数据前需要经过抽取、清洗和转换的过程，以确保数据的一致性和准确性。

（3）稳定性

数据仓库中的数据具有持久性。数据一旦被加载到数据仓库中，便不会被随意修改或删除。这意味着数据仓库提供了对历史数据的完整记录，方便用户进行历史数据分析和回溯。

（4）时变性

数据仓库存储了随时间变化的历史数据，因此支持时间相关的分析。用户可以对不同时间点的数据进行查询和比较，以便更好地了解业务的发展和趋势。

数据仓库的这些特征使其成为企业决策支持和业务分析的重要工具。通过提供一致、集成、稳定的数据视图，数据仓库可以帮助企业管理者和分析师更好地了解业务情况，做出更加明智的决策，并发现潜在的商业机会。

7.1.4　数据仓库数据模型

数据仓库的数据模型主要包括星形模型、雪花模型和星座模型，这些模型都是为了支持数据仓库的分析和查询需求而设计的。

1. 星形模型

星形模型（Star Schema）是最常用的数据仓库数据模型之一，采用维度建模的思想。在星形模型中，数据围绕一个中心的事实表（Fact Table）和多个维度表（Dimension Table）进行组织。事实表用于存储业务指标，如销售额、订单数量、利润等；维度表用于描述业务的维度信息，如时间、地理位置、产品、客户等。

在星形模型中，维度表直接连接事实表，形成星形的结构，因此得名星形模型。维度表之间通常不进行关联或连接。这种结构使查询非常简单和高效，因为可以直接通过事实表和维度表的关联来获取所需的数据。另外，由于维度表之间通常不进行直接的关联或连接，因此也易于理解和维护。星形模型适用于大多数数据仓库的分析需求，尤其是查询较为简单的情况。

2. 雪花模型

雪花模型（Snowflake Schema）是星形模型的一种变种，同样采用了维度建模的思想。与星形模型不同的是，雪花模型在维度表的基础上进一步将其细分为多个层级的维度表，形成层级的结构。在雪花模型中，维度表被划分为多个层次，每个层次都与上一层的维度表进行关联。最细的维度信息被放在最内层的维度表中，而上一层的维度表则包含更加概括的信息。这种结构使维度表之间形成了多级的关联，从而形成类似雪花的形状，因此得名雪花模型。

< 149 >

雪花模型的优点是更加节省存储空间，这是因为共享的维度表可以在多个事实表之间共享，避免了数据的重复存储。然而，雪花模型也增加了数据查询的复杂性，因为在查询数据时需要在多个维度表之间进行连接操作。

雪花模型适用于一些具有复杂维度结构的数据仓库，特别是当需要节省存储空间时。但也需要更多的查询资源和时间，因此在选择雪花模型时需要根据实际情况进行权衡。

3．星座模型

星座模型（Constellation Schema）是一种综合了星形模型和雪花模型特点的数据模型。在星座模型中，可以同时存在星形模型和雪花模型。也就是说，一部分维度表可能是直接连接事实表，形成星形结构；而另一些维度表可能会被细分成多个层级，形成雪花结构。

星座模型具有很高的灵活性，可以适应不同复杂度和查询需求的数据仓库。在某些维度上，可以采用简单的星形模型，以保持数据模型的简洁性和易理解性；而在其他维度上，可以采用更复杂的雪花模型，以适应更复杂的业务需求和数据结构。通过综合运用星形模型和雪花模型，星座模型可以在满足查询性能要求的同时，保持数据模型的整洁和简单。

总的来说，星形模型、雪花模型和星座模型都是数据仓库中常用的数据模型。选择哪种模型需要根据具体的业务需求、查询复杂性以及存储要求来进行综合考虑。

7.1.5　数据仓库和数据库的区别

数据仓库与数据库的区别主要体现在以下几个方面。

（1）目标和用途

数据库是 OLTP（Online Transaction Processing，联机事务处理）系统，主要用于在线事务处理。这是指一种数据处理系统，用于支持企业的日常交易和业务运作。数据库是面向应用的，是为了处理具体的业务需求而设计的，主要用于处理大量的小事务，例如插入、更新、删除数据等。

数据仓库是 OLAP（Online Analytical Processing，联机分析处理）系统，主要用于在线分析处理。这是一种多维数据分析工具，用于支持企业的决策支持和数据分析。数据仓库是面向主题的，是为了解决某一特定主题的问题而设计的，用于处理大量的复杂查询和分析操作，例如数据挖掘、报表生成等。

（2）数据结构和模型

数据库通常采用 RDBMS（Relational DataBase Management System，关系型数据库管理系统）来存储数据，使用表格（表）的形式组织数据。数据之间存在明确的关系和约束，例如主键和外键的关系、数据的完整性约束等。

数据仓库常用的数据结构包括星形模型和雪花模型，采用维度表和事实表来组织数据，更适合复杂的数据分析和查询。

（3）数据量和历史数据

数据库一般存储企业当前的业务数据和较短时间范围内的历史数据，数据量相对较小；数据仓库存储历史数据和大量数据，用于长期存储和分析，数据量通常很大。

（4）性能需求

数据库对响应时间和并发性能要求较高，支持多用户并行处理；数据仓库对查询性能和数据处理能力要求较高，支持复杂查询和大数据量的分析操作。

数据仓库和数据库在目标、数据结构、数据量、数据处理方式和性能需求等方面存在明显的区别，数据库主要用于支持日常的业务交易和事务处理，而数据仓库主要用于决策支持和数据分析，为企业提供更全面、准确的数据视图。

< 150 >

7.2 初识 Hive

7.2.1 Hive 简介

Hive 是一个开源的数据仓库工具,构建在 Hadoop 生态系统之上,旨在帮助用户处理和分析大规模的数据集。Hive 使用类似于 SQL 的查询语言 HiveQL 来访问和操作数据,使熟悉关系型数据库和 SQL 的用户能够轻松地利用 Hadoop 进行数据处理。

Hive 的主要设计目标是提供一个高级抽象层,将结构化数据映射到 Hadoop 分布式存储系统 HDFS 中,并通过 MapReduce 执行查询和聚合操作。这样,用户可以通过熟悉的 SQL 语法来查询和分析数据,而无须深入了解 Hadoop 的底层细节。

作为一个数据仓库工具,Hive 支持各种数据源,包括 HDFS、HBase、Amazon S3 等,用户可以从不同的数据源中汇总数据,并进行复杂的数据处理。同时,Hive 还支持自定义函数和用户定义的聚合函数,允许用户根据自己的需求扩展 Hive 的功能。除了支持基本的数据查询和分析外,Hive 还可以进行数据抽取、转换和加载(Extract-Transform-Load,ETL),使用户可以将原始数据转换为结构化数据,并存储在数据仓库中进行后续处理。

Hive 的诞生背景及 Hive 与 Hadoop 的区别如下。

1. Hive 诞生的背景

Hive 的诞生源自 Facebook 团队对 Hadoop MapReduce 的使用挑战。在处理海量数据时,MapReduce 的专业性和开发难度较高,尤其在复杂查询等操作上更为困难。为了降低数据处理门槛,Facebook 推出了 Hive。

Hive 的核心精髓是提供类似于 SQL 的查询语言(HiveQL),使用户能够通过熟悉的查询方式操作 Hadoop 上的数据,而无须深入了解 MapReduce 编程细节。Hive 利用 Hadoop MapReduce 作为底层引擎,但屏蔽了复杂细节,让用户专注于查询和分析数据,大幅减少学习成本和开发难度。

通过 Hive,数据分析师和开发者可以用 SQL 语句来定义数据结构和执行查询操作,这些查询会被转换成 MapReduce 任务自动执行。Hive 还支持用户自定义函数和扩展插件,进一步增强了其灵活性和功能性。

2. Hive 与 Hadoop 的区别

(1)功能和用途

Hadoop 是一个分布式计算框架,包含 HDFS 和 MapReduce,用于存储和处理大规模数据。

Hive 是建立在 Hadoop 之上的数据仓库工具,为 Hadoop 提供了一个类似 SQL 的查询语言 HiveQL,用于查询和分析存储在 Hadoop 中的数据。

(2)编程语言

Hadoop 的底层编程是基于 Java 的,用户需要编写 MapReduce 程序来实现数据处理。

Hive 使用 HiveQL,它类似于 SQL 语言,用户可以使用类似于 SQL 的语法来查询和分析数据,而不需要编写复杂的 Java 代码。

(3)抽象层次

Hadoop 是一个底层的分布式计算框架,用户需要深入地了解和掌握分布式计算原理和编程模型。

Hive 提供了更高级的抽象,隐藏了底层的细节,使数据分析师和开发人员可以更轻松地进行数据处理和分析。

< 151 >

（4）处理复杂性

Hadoop 适用于复杂的数据处理任务，可以实现各种自定义的计算逻辑。

Hive 更适用于相对简单的数据查询和分析，对于复杂的数据处理任务可能会有性能上的限制。

（5）执行引擎

Hadoop 使用 MapReduce 作为执行引擎，将任务分发给不同的节点进行并行计算。

Hive 底层使用 Hadoop MapReduce 执行任务，但也支持 Apache Tez 等其他执行引擎。

总之，Hive 是一个功能强大且易于使用的数据仓库工具，适用于大规模数据处理和分析任务。它为用户提供了灵活的查询和分析能力，使在 Hadoop 生态系统中进行数据处理变得更加高效和便捷。无论是数据分析师、开发人员还是数据工程师，都可以从 Hive 中受益，并发现和利用海量数据中的有价值信息。

7.2.2　Hive 架构

Hive 架构旨在实现高效的大规模数据处理和查询分析。它建立在 Hadoop 等分布式计算框架之上，允许用户使用类 SQL 语言进行数据查询和分析。Hive 的架构将数据抽象为表格，并提供了元数据存储、查询优化以及执行引擎等关键组件，使用户可以通过简单的查询语句来处理庞大的数据集。这种架构设计的优点在于降低了底层分布式计算的复杂性，提高了数据处理的效率和灵活性。以 Hive 的 3.1.3 版本为例，其架构如图 7-2 所示。

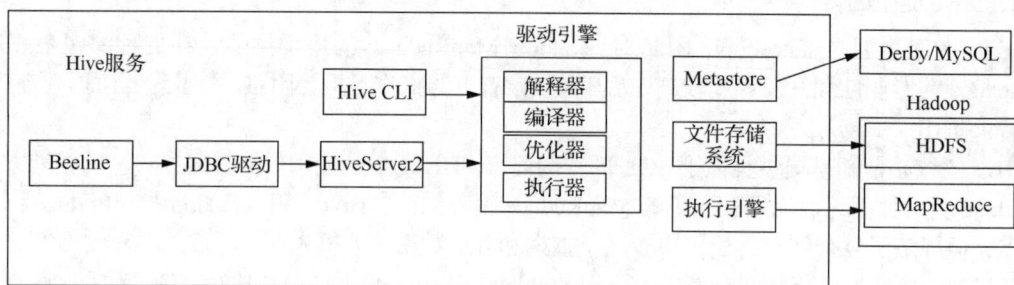

图 7-2　Hive 的架构

下面对图 7-2 中的各组件进行介绍。

1. Beeline

Beeline 是 Hive 的命令行客户端工具，用于与 Hive 服务器建立连接并提交 SQL 查询语句。它支持通过 JDBC（Java Database Connectivity，Java 数据库连接）协议连接 Hive，使用户可以使用任何支持 JDBC 的编程语言来访问 Hive。

2. JDBC 驱动

JDBC 驱动是一个 Java 库，用于在 Java 应用程序中与 Hive 服务器进行交互。通过 JDBC 驱动，Java 开发人员可以在代码中直接执行 Hive 查询，实现与 Hive 的集成。

3. Hive CLI

Hive CLI（Command Line Interface，命令行界面）是 Hive 的旧版命令行客户端，用于与 Hive 服务器进行交互。它已经逐渐被 Beeline 取代，但在一些旧版环境中仍然使用。

4. HiveServer2

HiveServer2 是 Hive 的服务器端，它负责处理客户端的连接请求，解析查询语句，并协调执行

< 152 >

计划。HiveServer2 使用 Thrift 协议与客户端通信，支持多个客户端并发访问。

5．驱动引擎

驱动引擎是 Hive 的查询执行引擎，包含解释器、编译器、优化器和执行器等组件。

① 解释器：将 Hive 查询语句转换为抽象语法树（Abstract Syntax Tree，AST），并进行语义解析。

② 编译器：将 AST 编译为逻辑执行计划。

③ 优化器：对逻辑执行计划进行优化，包括重写查询、选择最优执行路径等。

④ 执行器：负责将优化后的执行计划转换为实际的 MapReduce 或 Tez 作业，并在 Hadoop 集群上执行查询。

6．Metastore

Metastore 是 Hive 客户端连接 Metastore 的服务，Metastore 服务通过连接关系型数据库来存储元数据。Hive 中的元数据包括表的名称、表的列和分区及其属性、表的属性（是否为外部表等）、表的数据所在目录等。Metastore 连接的关系型数据库一般是 Derby 或 MySQL。Derby 是 Hive 默认使用的存储元数据的数据库，只能支持一个 Hive 会话。在实际开发环境中，需要使用多个 Hive 会话进行 Hive 的相关操作，而 MySQL 可以支持多个 Hive 会话，因此在企业中使用 MySQL 存储 Hive 元数据的情况比较常见。本书以使用 MySQL 为例进行讲述。

7.2.3　Hive 特点

1．Hive 的优点

（1）高度抽象

Hive 提供了类似于 SQL 的查询语言（HiveQL），使用户可以使用熟悉的 SQL 语法来进行数据查询和分析，无须编写复杂的 MapReduce 代码。

（2）易于学习和使用

相比于编写原生的 MapReduce 程序，使用 Hive 可以降低学习成本和开发难度，适合数据分析师和非专业开发人员使用。

（3）高可扩展性

Hive 是建立在 Hadoop 生态系统之上的，可以无缝集成 Hadoop 和其他组件，如 HDFS、YARN 等，并且可以通过横向扩展来支持更大的数据集和处理需求。

（4）支持大规模数据处理

Hive 适用于大规模数据的处理和分析，能够处理 TB 级甚至 PB 级的数据。

（5）强大的优化功能

Hive 提供了多种优化技术，如基于 CBO（Cost-Based Optimizer，基于成本的优化）的查询优化和基于 Tez 等执行引擎的优化。

2．Hive 的缺点

（1）延迟较高

Hive 是基于 MapReduce 等批处理模型的，对于实时数据处理和低延迟的需求表现较差。

（2）不支持复杂查询性能

Hive 在处理复杂查询时性能可能较差，尤其是涉及多表连接和聚合操作的复杂查询时。

（3）不适合事务处理

Hive 不支持事务处理，对于需要频繁更新和删除数据的场景不太适用。

< 153 >

（4）数据格式限制

Hive 对数据的存储格式有一定的限制，需要进行数据转换和适配。

（5）存储效率低

Hive 使用 HDFS 作为底层存储，对小文件存储效率较低，容易产生数据倾斜。

综合而言，Hive 作为一个数据仓库工具，在大规模数据处理和数据分析领域具有重要的应用价值，特别适合用于离线数据处理和复杂查询分析。然而，在处理实时数据和低延迟应用方面有一定的局限性，需根据具体业务场景选择合适的工具和技术。

7.2.4 Hive 和关系型数据库的比较

Hive 和关系型数据库都是数据管理和分析领域中常见的工具，它们在数据处理、查询和分析方面有着各自独特的优势和适用场景。本小节将对 Hive 和关系型数据库进行比较，探讨它们的异同点以及在不同场景下的应用优势，使读者更好地理解它们在大数据和传统数据处理中的角色和功能，以及如何根据具体需求选择合适的工具。Hive 和 RDBMS 的对比如表 7-1 所示。

表 7-1　Hive 和 RDBMS 的对比

对比项	Hive	RDBMS
查询语言	HQL	SQL
数据存储	HDFS	块设备或本地文件系统
执行引擎	MapReduce	Executor
执行延迟	较高	较低
处理数据规模	较大	较小
可扩展性	较高	较低

Hive 与关系型数据库在查询语言、数据存储、执行引擎、执行延迟、处理数据规模、可扩展性等方面存在差异。Hive 使用 HiveQL 语言，适用于大规模数据处理与批量分析，存储在 HDFS 中。它的执行延迟通常较高，因此更适合离线分析。相比之下，关系型数据库适合小规模实时查询与事务处理，执行延迟较低。Hive 具有横向扩展性，可以支持 PB 级的数据规模；而关系型数据库通常需要进行垂直扩展，故 Hive 在处理大规模数据集时具有更大的优势。

在进行工具选择时，需要根据具体的需求和场景来决定。如果需要进行大规模的批量分析和离线分析，Hive 是一个很好的选择；如果需要处理小规模数据并进行实时查询和事务处理，关系型数据库可能更适合。

7.3 Hive 的安装

安装 Hive 后，用户可以在 Hadoop 生态系统中使用与 SQL 类似的语言（HiveQL）来处理和分析存储在 HDFS 中的数据。安装 Hive 是搭建数据处理和分析环境的关键步骤之一。本节将介绍 Hive 的安装过程，包括环境准备、软件下载与配置、依赖项安装等内容，帮助读者顺利搭建 Hive 环境，实现高效的数据查询与分析。

微课视频

本书使用的是 3.1.3 版本的 Hive，具体安装步骤如下。

1. 安装 Hive

① 将 Hive 安装包 apache-hive-3.1.3-bin.tar.gz 放到虚拟机 qf01 的/root/Downloads/目录下，然后

< 154 >

切换到 root 用户，解压 Hive 安装包到/mysoft 目录（该目录在安装 Zookeeper 时已创建）下，具体命令如下：

```
[root@qf01 ~]# tar -zxvf /root/Downloads/apache-hive-3.1.3-bin.tar.gz -C /mysoft/
```

② 进入/mysoft 目录，将文件 apache-hive-3.1.3-bin 重命名为 hive，具体命令如下：

```
[root@qf01 ~]# cd /mysoft/
[root@qf01 mysoft]# mv apache-hive-3.1.3-bin hive
```

③ 打开/etc/profile 文件，配置 Hive 环境变量，具体命令如下：

```
[root@qf01 mysoft]# vi /etc/profile
```

在文件末尾添加如下 3 行内容：

```
# Hive environment variables
export HIVE_HOME=/mysoft/hive
export PATH=$PATH:$HIVE_HOME/bin
```

④ 刷新环境变量使其生效，具体命令如下：

```
[root@qf01 mysoft]# source /etc/profile
```

2．安装 MySQL

本书使用的是 5.6 版本的 MySQL，安装 MySQL 的具体步骤如下。

① 将与 MySQL 相关的两个文件 mysql-community-release-el7-5.noarch.rpm、mysql-connector-java-5.1.41.jar 放到虚拟机 qf01 的/root/Downloads/目录下。

② 进入/root/Downloads/目录，安装 mysql-community-release-el7-5.noarch.rpm 文件，具体命令如下：

```
[root@qf01 mysoft]# cd /root/Downloads/
[root@qf01 Downloads]# rpm -ivh mysql-community-release-el7-5.noarch.rpm
```

③ 进入 mysql 目录，安装 MySQL，具体命令如下：

```
[root@qf01 Downloads]# cd mysql
[root@qf01 mysql]# yum localinstall *
```

④ 启动 MySQL 进程，将其设置为开机启动，具体命令如下：

```
[root@qf01 mysql]# systemctl start mysqld
[root@qf01 mysql]# systemctl enable mysqld
```

⑤ 查看 MySQL 进程是否启动成功，如果出现"Active: active (running)"，表明 MySQL 进程启动成功，具体命令如下：

```
[root@qf01 mysql]# systemctl status mysqld
● mysqld.service - MySQL Community Server
  Loaded: loaded (/usr/lib/systemd/system/mysqld.service; enabled; vendor preset:
  disabled)
  Active: active (running)
...
```

⑥ 进入 MySQL 的命令行客户端，具体命令如下：

```
[root@qf01 mysql]# mysql
```

⑦ 设置 MySQL 的 root 用户的密码为 root，具体命令如下：

```
mysql> ALTER USER 'root'@'localhost' IDENTIFIED BY 'root';
```

< 155 >

⑧ 更新 MySQL 的权限，命令如下：

```
mysql> flush privileges;
```

⑨ 退出 MySQL 的命令行客户端，具体命令如下：

```
mysql> exit
```

⑩ 配置密码后，重新进入 MySQL 的命令行客户端，具体命令如下：

```
[root@qf01 mysql]# mysql -uroot -p
Enter password:
...
mysql>
```

出现 "Enter password" 后输入密码 root。至此，MySQL 安装完成。

3．配置 Hive

通过设置 Hive 的配置文件，将 Hive 中存储 Metastore 数据的数据库由 Derby 替换为 MySQL。

① 进入 /mysoft/hive/conf 目录，修改如下两个配置文件的名称：

```
[root@qf01 mysql]# cd /mysoft/hive/conf
[root@qf01 conf]# mv hive-env.sh.template hive-env.sh
[root@qf01 conf]# mv hive-default.xml.template hive-site.xml
```

② 修改 hive-env.sh 文件。打开 hive-env.sh 文件的命令如下：

```
[root@qf01 conf]# vim hive-env.sh
```

将 hive-env.sh 文件中的 "# HADOOP_HOME=${bin}/../../hadoop" 一行替换为如下内容：

```
HADOOP_HOME=/usr/local/hadoop-3.3.0
```

③ 修改 hive-site.xml 文件。打开 hive-site.xml 文件的命令如下：

```
[root@qf01 conf]# vim hive-site.xml
```

a．修改 hive-site.xml 文件中的 MySQL 数据库信息：驱动、连接、账号、密码，依次替换为以下 4 行内容，具体如下：

```
<value>com.mysql.jdbc.Driver</value>
<value>jdbc:mysql://qf01:3306/hive?createDatabaseIfNotExist=true</value>
<value>root</value>
<value>root</value>
```

b．使用 vi 编辑器的替换字符串功能，将 hive-site.xml 文件中的 ${system:java.io.tmpdir} 替换为 /root/hivetemp，${system:user.name} 替换为 root，具体命令如下：

```
（按 Esc 键，输入以下指令）
:%s#${system:java.io.tmpdir}#/root/hivetemp#g
:%s#${system:user.name}#root#g
```

④ 将 MySQL 的驱动文件 mysql-connector-java-5.1.41.jar 复制到 /mysoft/hive/lib 目录下，具体命令如下：

```
[root@qf01 conf]# cp /root/Downloads/mysql-connector-java-5.1.41.jar
    /mysoft/hive/lib
```

⑤ 初始化 Metastore，具体命令如下：

```
[root@qf01 conf]# schematool -initSchema -dbType mysql
```

< 156 >

4．启动 Hive 的 Cli 客户端

① 在启动 Hive 的 Cli 客户端之前，需要先启动 Hadoop 的 HA 模式，命令如下：

```
//启动 HDFS，即 Hadoop 分布式文件系统
[root@qf01 conf]# start-dfs.sh
//启动 YARN，即 Hadoop 资源调度器
[root@qf01 conf]# start-yarn.sh
//启动 Hive 客户端
[root@qf01 conf]# hive
...
hive>
```

② 进行简单的测试，验证 Hive 是否安装成功。

a. 查看数据库的具体命令如下：

```
hive> show databases;
OK
default
Time taken: 1.388 seconds, Fetched: 1 row(s)
```

b. 创建数据库，并查看数据库是否创建成功，具体命令如下：

```
hive> create database if not exists qfdb01;
hive> show databases;
OK
qfdb01
default
Time taken: 0.012 seconds, Fetched: 2 row(s)
```

如果两个测试的返回结果如上所示，表明 Hive 安装成功。

③ 退出 Hive 的 Cli 客户端，具体命令如下：

```
hive> exit;
```

5．启动 Hive 的 Beeline 客户端

Beeline 客户端是与 Hive 进行交互的另一种方式。Beeline 是一个用于执行 Hive 查询的命令行工具，相比传统的 Hive CLI，它具有更多的优势，如更好的 JDBC 支持、更强大的命令编辑和历史记录功能等。

① 关闭 Hadoop 的 HDFS 和 YARN 进程，具体命令如下：

```
[root@qf01 ~]# stop-dfs.sh
[root@qf01 ~]# stop-yarn.sh
```

② 在虚拟机 qf01 上修改/usr/local/hadoop-3.3.0/etc/hadoop 目录下的 core-site.xml 文件，具体命令如下：

```
Vim core-site.xml
```

在 core-site.xml 文件中的</configuration>一行之前添加如下几行内容：

```
<property>
    <name>hadoop.proxyuser.root.hosts</name>
    <value>*</value>
</property>
<property>
```

< 157 >

```
    <name>hadoop.proxyuser.root.groups</name>
    <value>*</value>
</property>
```

③ 将 core-site.xml 文件分发给虚拟机 qf02、qf03，具体命令如下：

```
[root@qf01 ~]#rsync -lr /usr/local/hadoop-3.3.0/etc/hadoop/core-site.xml
 root@qf02: /usr/local/hadoop-3.3.0/etc/hadoop/
[root@qf01 ~]#rsync -lr /usr/local/hadoop-3.3.0/etc/hadoop/core-site.xml
 root@qf03: /usr/local/hadoop-3.3.0/etc/hadoop/
```

④ 启动 Hadoop 的 HDFS 和 YARN 进程，具体命令如下：

```
[root@qf01 ~]# start-dfs.sh
[root@qf01 ~]# start-yarn.sh
```

⑤ 在虚拟机 qf01 上启动 Hive 的 HiveServer2 服务，具体命令如下：

```
[root@qf01 ~]# hiveserver2
...
SLF4J: Actual binding is of type [org.apache.logging.slf4j.Log4jLoggerFactory]
```

启动 Hive 的 HiveServer2 服务后，命令行处于堵塞状态，等待客户端的接入。

⑥ 在虚拟机 qf01 上重新打开一个终端窗口，用来启动 Hive 的 Beeline 客户端，具体命令如下：

```
[root@qf01 ~]# beeline
...
beeline>
```

⑦ Beeline 使用 JDBC 驱动连接 HiveServer2 服务，连接方法有以下两种。

方法一：分步骤连接，具体命令如下：

```
beeline> !connect jdbc:hive2://localhost:10000
```

提示出现 Enter username for jdbc:hive2://localhost:10000:时，按下 Enter 键；出现 Enter password for jdbc:hive2://localhost:10000:时，按下 Enter 键。

若出现以下内容，表明成功连接 HiveServer2 服务。

```
0: jdbc:hive2://localhost:10000>
```

需要注意的是，10000 是指 HiveServer2 默认使用的端口号。

方法二：直接连接 HiveServer2 服务，并指定用户名 root，具体命令如下：

```
[root@qf01 ~]# beeline -u jdbc:hive2://localhost:10000 -n root
...
0: jdbc:hive2://localhost:10000>
```

本书为了方便表述，后续章节将使用 jdbc:hive2://>代替 0: jdbc:hive2://localhost:10000>。

7.4 Hive 的数据类型

在 Hive 中，数据类型是数据存储和处理的基础，它定义了数据在数据仓库中的格式和结构。Hive 支持各种数据类型，包括基本数据类型和复杂数据类型。基本数据类型包括常见的整数、浮点

< 158 >

数、字符串等，而复杂数据类型则包括数组、结构体、映射等。丰富的数据类型支持使 Hive 可以更灵活地处理和分析不同类型的数据。本节将深入介绍 Hive 所支持的基本数据类型和复杂数据类型以及它们在数据仓库中的应用场景。

7.4.1　基本数据类型

Hive 支持丰富的基本数据类型，包括整数、浮点数、字符串等，如表 7-2 所示。

表 7-2　常见的基本数据类型

数据类型分类	基本数据类型	描述	示例
整数类型	TINYINT	1 字节有符号整数，从 – 128～127	3Y
	SMALLINT	2 字节有符号整数，从 – 32768～32767	3S
	INT/INTEGER	4 字节有符号整数，从 – 2147483648～2147483647	3
	BIGINT	8 字节有符号整数，从 – 9223372036854775808～9223372036854775807	3L
浮点数据类型	FLOAT	4 字节单精度浮点数	3.0
	DOUBLE	8 字节双精度浮点数	3.0
日期/时间类型	TIMESTAMP	从 Hive 0.8.0 开始提供	1528236366000, '2018-06-06 06:06:06'
	DATE	从 Hive 0.12.0 开始提供	'2018-06-06'
字符串类型	STRING	用于存储文本数据	'qf', " qf "
	VARCHAR	字符数介于 1～65355，从 Hive 0.12.0 开始提供	'qf', " qf "
	CHAR	最大字符数为 255，从 Hive 0.13.0 开始提供	'qf', " qf "
布尔类型	BOOLEAN	true/false	true
二进制类型	BINARY	用于存储变长的二进制数据，从 Hive 0.8.0 开始提供	10000011

Hive 是使用 Java 语言开发的，其基本数据类型和 Java 的基本数据类型大致上是一一对应的。Hive 中有符号的整数类型 TINYINT、SMALLINT、INT 和 BIGINT 分别对应 Java 中的 byte、short、int 和 long 类型；浮点数据类型 FLOAT 和 DOUBLE 分别对应 Java 的 float 和 double 类型；BOOLEAN 类型对应 Java 的 boolean 类型。

Hive 的基本数据类型可以进行隐式转换，TINYINT 类型能够自动转为 INT 类型，但是 INT 不能自动转为 TINYINT 类型；TINYINT、SMALLINT、INT、INTEGER 类型都可以转为 FLOAT 类型；TINYINT、SMALLINT、INT、INTEGER、BIGINT、FLOAT 和 STRING 类型都可以转为 DOUBLE 类型；BOOLEAN 类型不可以转换为其他基本数据类型。

7.4.2　复杂数据类型

1. 复杂数据类型简介

复杂数据类型可以使用基本数据类型和其他复合类型来进行构建。Hive 中的复杂数据类型包括 ARRAY、MAP、STRUCT、UNIONTYPE。其中，ARRAY、MAP 与 Java 中的 Array 和 Map 相似，STRUCT 与 C 语言中的 Struct 相似。复杂数据类型允许任意层次的嵌套。在大数据系统中，使用复杂数据类型的好处是能够减少寻址次数，提高查询速度和数据的吞吐量。下面对复杂数据类型进行讲解。

< 159 >

（1）ARRAY

ARRAY 中必须是相同类型的元素，用户可以使用下标索引访问 ARRAY 中的元素。例如，ARRAY 类型的数据 A 为{'x', 'y', 'z'}，其中 A[0]为'x'。

（2）MAP

MAP 类型的数据以键值对的形式存在，其中键必须是基本数据类型，而值可以是任意数据类型。要访问 MAP 中的元素，可以使用类似于数组的下标访问方式，即通过键访问值。例如，假设 MAP 类型的数据 M 为{name:'tom',age: '18'}，则可以通过 M[name]来访问键'name'对应的值，即'tom'。

（3）STRUCT

STRUCT 是用户自定义的结构，需要自定义字段。可以使用"."（下圆点）表示法访问 STRUCT 类型的数据中的元素。

（4）UNIONTYPE

UNIONTYPE 是从 Hive 0.7 开始支持的。UNIONTYPE 可以在多个定义的数据类型中任意指定一个。

2．复杂数据类型的使用

接下来通过一个示例来掌握 Hive 复杂数据类型的使用方法，涉及的 Hive 数据库和表的相关操作在本章后续内容中会讲解。

① 准备数据。在虚拟机 qf01 的/root 目录下新建文件 complexdata.txt 并添加如下模拟数据：

```
Sophie|London,Britain|Female,30|Java:80|Developmen:01
Coco|Paris,France|Female,38|Python:85|Product:02
Tom|Washington,America|Male,27|Kotlin:80|HR:03
Jack|Beijing,China|Male,57|Scala:89|Test:04
```

② 创建表。Hive 默认自带一个名为 default 的数据库。如果新建表时没有指定存放的数据库，Hive 默认将创建到 default 数据库中，具体命令如下：

```
jdbc:hive2://> create table complex(
co1 string,
co2 array<string>,
co3 struct<sex:string,age:int>,
co4 map<string,int>,
co5 uniontype<string,int>
)
row format delimited
fields terminated by '|'
collection items terminated by ','
map keys terminated by ':'
lines terminated by '\n'
stored as textfile;
```

其中，co1、co2、co3、co4、co5 是指各列的字段名称。

③ 将 complexdata.txt 文件加载到 default 数据库的 complex 表中，具体命令如下：

```
jdbc:hive2://> load data local inpath '/root/complexdata.txt' into table complex;
```

④ 查询复杂数据类型的字段，具体命令如下：

```
jdbc:hive2://> select co1,co2[0],co3.sex,co4['Java'],co5 from complex;
+---------+------------+---------+-------+------------------------------------+--+
|co1      |  _c1 |sex        |_c3    |co5                                 |
+---------+------------+---------+-------+------------------------------------+--+
```

< 160 >

```
|Sophie|London|Female|80|{0:"Sophie|London,Britain|Female,30|Java:80|Developmen:01"}|
|Coco|Paris
|Female|NULL|{0:"Coco|Paris,France|Female,38|Python:85|Product:02"}|
|Tom|Washington|Male|NULL|{0:"Tom|Washington,America|Male,27|Kotlin:80|HR:03"}|
|Jack |Beijing|Male|NULL|{0:"Jack|Beijing,China|Male,57|Scala:89|Test:04"}|
+---------+------------+---------+-------+---------------------------------------------+--+
4 rows selected (3.214 seconds)
```

其中，查询 co4['Java'] 时，complexdata.txt 文件的后 3 行数据中没有对应的数据，因此返回 NULL。

7.5　Hive 的数据库操作

数据库操作是数据仓库中存储的数据进行交互的关键步骤，本节将重点介绍 Hive 中的数据库操作。

Hive 中的表都存储在数据库中，因此需要先了解 Hive 的数据库操作。Hive 对数据库的操作与 MySQL 类似，常见的操作如下。

① 查看所有的数据库，具体命令如下：

```
jdbc:hive2://> show databases;
```

② 使用指定的数据库，具体命令如下：

```
jdbc:hive2://> use default;
```

③ 查看数据库信息，具体命令如下：

```
jdbc:hive2://> desc database default;
```

Hive 会为每一个数据库创建一个目录，该数据库中的表将会以子目录的形式放在该数据库目录下。在创建数据库时，如果没有指定存储位置，默认存放在 HDFS 的/user/hive/warehouse 目录下。default 数据库中的表直接存放在 HDFS 的/user/hive/warehouse 目录下。

④ 创建数据库，具体命令如下：

```
jdbc:hive2://> create database qfdb02;
```

⑤ 切换到数据库 qfdb02，具体命令如下：

```
jdbc:hive2://> use qfdb02;
```

⑥ 查看当前使用的数据库，具体命令如下：

```
jdbc:hive2://> select current_database();
+--------+--+
|  _c0   |
+--------+--+
| qfdb02 |
+--------+--+
1 row selected (0.165 seconds)
```

⑦ 删除数据库 qfdb02，具体命令如下：

```
jdbc:hive2://> drop database qfdb02;
```

删除数据库时，如果删除含有数据的数据库，数据库会报错。如果要强制删除数据库，则需要添加 cascade 关键字，具体命令如下：

< 161 >

```
jdbc:hive2://> drop database if exists qfdb02 cascade;
```

Hive 的灵活性和类 SQL 语法使数据库操作变得简单易懂，同时它与 Hadoop 生态系统的无缝集成使处理大规模数据变得高效而便捷。

7.6　Hive 中的表

上一节探讨了 Hive 的数据库操作，本节将进一步深入学习如何在 Hive 中创建与管理不同类型的表。在 Hive 中，表是数据组织和管理的核心，它可以是内部表或外部表。

7.6.1　内部表和外部表

内部表是由 Hive 完全管理的真实数据和元数据。对于内部表，Hive 会自动清理数据。而外部表允许用户自行管理表中数据的位置，Hive 仅管理元数据。这种灵活性使外部表适用于与其他系统共享数据，而内部表则更适合 Hive 自身的数据处理需求。简单来说，不含 external 关键字的表就是内部表，含有 external 关键字的表就是外部表。本小节将介绍内部表和外部表的创建、查询和删除操作。

1. 常用的建表规则

在讲解内部表之前，先了解常用的建表规则，具体如下（[]中的内容为可选内容）：

```
CREATE [TEMPORARY] [EXTERNAL] TABLE [IF NOT EXISTS] [db_name.]table_name
[(col_name data_type [COMMENT col_comment], ... [constraint_specification])]
[COMMENT table_comment]
[
 [ROW FORMAT row_format]
 [STORED AS file_format]
]
[LOCATION hdfs_path]
```

上述语法中，关键字的说明如下。

① CREATE TABLE 用于创建一个指定名称的表。如果已经存在相同名称的表，则抛出异常。用户可以用 IF NOT EXISTS 选项来忽略这个异常。

② EXTERNAL 关键字可以让用户创建一个外部表。

③ COMMENT 能够为表与字段添加描述。

④ ROW FORMAT 用于指定表的行格式，常见使用方法如下：

```
ROW FORMAT DELIMITED
[FIELDS TERMINATED BY char]
[COLLECTION ITEMS TERMINATED BY char]
[MAP KEYS TERMINATED BY char]
[LINES TERMINATED BY char]
```

⑤ STORED AS 用于指定表存储的文件格式。Hive 常见的文件格式有 TextFile、SequenceFile、RCFile、ORCFile、Parquet。Hive 默认的文件格式是 TextFile。

⑥ LOCATION 用于指定外部表的存储位置，一般是 HDFS 的目录。

2. 创建内部表和外部表

（1）创建内部表

创建内部表的示例代码如下：

< 162 >

```
jdbc:hive2://> create table internal_table(
co1 string,
co2 array<string>,
co3 struct<sex:string,age:int>,
co4 map<string,int>,
co5 uniontype<string,int>
)
comment 'this is a internal_table'
row format delimited
fields terminated by '|'
collection items terminated by ','
map keys terminated by ':'
lines terminated by '\n'
stored as textfile;
```

其中，fields terminated by '|'是指字段与字段之间的分隔符为'|'（Hive 默认的字段分隔符为\001），collection items terminated by ','是指一个字段各个条目的分隔符为','。

需要注意的是，Hive 在创建表时，如果未指定存放在哪个数据库，则默认存放在 default 数据库中。

查看所有的表，验证内部表是否创建成功，命令如下：

```
jdbc:hive2://> show tables;
+----------------+--+
| tab_name       |
+----------------+--+
| complex        |
| internal_table |
+----------------+--+
2 rows selected (0.06 seconds)
```

由以上结果可知，内部表 internal_table 已成功创建。

使用 DESCRIBE 命令或 DESC 命令来查看表的结构和元数据信息：

```
jdbc:hive2://> desc internal_table;
+-----------+-------------------------------+------------+--+
| col_name  | data_type                     | comment    |
+-----------+-------------------------------+------------+--+
| co1       | string                        |            |
| co2       | array<string>                 |            |
| co3       | struct<sex:string,age:int>    |            |
| co4       | map<string,int>               |            |
| co5       | uniontype<string,int>         |            |
+-----------+-------------------------------+------------+--+
5 rows selected (0.168 seconds)
```

获取内部表的详细信息，命令如下：

```
jdbc:hive2://> desc formatted internal_table;
```

通常情况下将返回一个内部表的详细描述，包括表的属性、列信息、分区信息等。

（2）创建外部表

① 创建外部表的 HDFS 存储目录。外部表的存储位置需要在创建外部表时指明。在虚拟机 qf01 上新建 HDFS 级联目录/user/qf/external_table，命令如下：

```
[root@qf01 ~]# hdfs dfs -mkdir -p /user/qf/external_table
```

< 163 >

② 创建外部表，命令如下：

```
jdbc:hive2://> create external table external_table(name string)
location '/user/qf/external_table';
```

在实际开发环境中，如果所有操作都由 Hive 完成，一般选择使用内部表；如果 Hive 和其他工具使用同一个数据集进行操作，一般选择使用外部表。

3．加载数据到表中

内部表和外部表的区别主要体现在加载数据和删除数据的方式上。

（1）加载数据到内部表

加载数据到内部表有以下两种情况。

加载虚拟机 qf01 的/root 目录下的 complexdata.txt 文件到内部表，命令如下：

```
jdbc:hive2://> load data local inpath '/root/complexdata.txt' into table complex;
```

加载 HDFS 的/user/root 目录下的 complexdata.txt 文件到内部表，需要先上传 complexdata.txt 文件到 HDFS 的/root 目录下（建议重新开启一个终端窗口进行该操作），命令如下：

```
[root@qf01 ~]# hdfs dfs -put complexdata.txt /user/root
jdbc:hive2://> load data inpath '/user/root/complexdata.txt' into table complex;
```

上述操作把 HDFS 的/user/root 目录下的 complexdata.txt 文件移动到 Hive 的 complex 表的仓库（warehouse）目录下，Hive 的 complex 表的仓库目录为 HDFS 的/user/hive/warehouse/complex 目录。

（2）加载数据到外部表

```
[root@qf01 ~]# hdfs dfs -put complexdata.txt /user/root
jdbc:hive2://> load data inpath '/user/root/complexdata.txt' into table
external_table;
```

上述操作不会把 HDFS 的/user/root 目录下的 complexdata.txt 文件移动到 Hive 的 external_table 表的仓库目录下。

4．删除表

删除表的一般操作如下：

```
jdbc:hive2://> drop table external_table;
jdbc:hive2://> drop table internal_table;
```

需要注意的是，删除内部表，不仅会删除表中的数据，还会删除与之相关的元数据。而对于外部表，删除操作只删除关系型数据库中存储的元数据，不会删除 HDFS 中存储的真实数据。

5．复制表

在 Hive 中，复制表是指创建一个新表，该新表的结构与现有表相同。这可以用来快速创建具有相同结构的新表，以备不同的数据操作或数据处理需求。在 Hive 中，复制表有两种常用的方法：使用 like 关键字和使用 as 关键字。

（1）使用 like 关键字

like 关键字只用来复制指定表的表结构，并不复制其数据。

使用 like 关键字复制表 copy_insert_data，命令如下：

```
jdbc:hive2://> create table copy_insert_data like insert_data;
```

上述语句将创建一个新表 copy_insert_data，它的结构与 insert_data 表相同，但是不包含现有表

< 164 >

的数据。

分别查看 copy_insert_data 表和 insert_data 表的表结构，命令如下：

```
jdbc:hive2://> desc copy_insert_data;
+-----------+------------+----------+--+
| col_name  | data_type  | comment  |
+-----------+------------+----------+--+
| name      | string     |          |
+-----------+------------+----------+--+
1 row selected (0.099 seconds)

+-----------+------------+----------+--+
| col_name  | data_type  | comment  |
+-----------+------------+----------+--+
| name      | string     |          |
+-----------+------------+----------+--+
1 row selected (0.168 seconds)
```

由返回结果可知，copy_insert_data 复制了 insert_data 的表结构。

查询 copy_insert_data 表的数据，命令如下：

```
jdbc:hive2://> select * from copy_insert_data;
+----------------------+--+
| copy_insert_data.name  |
+----------------------+--+
+----------------------+--+
No rows selected (0.162 seconds)
```

由查询结果可知，copy_insert_data 表并没有复制 insert_data 表中的数据。

（2）使用 as 关键字

as 关键字用来复制指定表的表结构和数据。

① 复制指定表。

使用 as 关键字复制表 copy_as_insert_data，命令如下：

```
jdbc:hive2://> create table copy_as_insert_data as select * from insert_data;
```

上述语句将创建一个新表 copy_as_insert_data，它的结构和数据与 insert_data 表相同。

查看 copy_as_insert_data 表的表结构，命令如下：

```
jdbc:hive2://> desc copy_as_insert_data;
+-----------+------------+----------+--+
| col_name  | data_type  | comment  |
+-----------+------------+----------+--+
| name      | string     |          |
+-----------+------------+----------+--+
1 row selected (0.103 seconds)
```

查询 copy_as_insert_data 表中的数据，命令如下：

```
jdbc:hive2://> select * from copy_as_insert_data;
+---------------------------+--+
| copy_as_insert_data.name  |
+---------------------------+--+
| Sophie                    |
+---------------------------+--+
1 row selected (0.243 seconds)
```

< 165 >

由以上查询结果可知，copy_as_insert_data 复制了指定表的结构和数据。

② 复制指定表的指定列。

as 关键字在复制表时，还可以用来复制指定表的指定列，命令如下：

```
jdbc:hive2://> create table t1 as select new_complex.co1, new_complex.co2 from
new_complex;
```

执行上述语句则会创建一个名为 t1 的新表，且该表的结构和数据如下。

查看 t1 表的结构，命令如下：

```
jdbc:hive2://> desc t1;
+-----------+---------------+----------+--+
| col_name  |  data_type    | comment  |
+-----------+---------------+----------+--+
| co1       | string        |          |
| co2       | array<string> |          |
+-----------+---------------+----------+--+
2 rows selected (0.1 seconds)
```

查询 t1 表中的数据，命令如下：

```
jdbc:hive2://> select * from t1;
+---------+------------------------+--+
| t2.co1  |         t2.co2         |
+---------+------------------------+--+
| Sophie  | ["London","Britain"]   |
| Coco    | ["Paris","France"]     |
| Tom     | ["Washington","America"] |
| Jack    | ["Beijing","China"]    |
+---------+------------------------+--+
4 rows selected (0.18 seconds)
```

6. 删除表中的数据，保留表结构

在 Hive 中，如果想要删除表中的数据，同时保留表的结构，可以使用 TRUNCATE TABLE 命令。

使用 truncate 关键字删除 t1 表中的数据，命令如下：

```
jdbc:hive2://> truncate table t1;
```

查看 t1 表中的数据，命令如下：

```
jdbc:hive2://> select * from t1;
+---------+---------+--+
| t1.co1  | t1.co2  |
+---------+---------+--+
+---------+---------+--+
No rows selected (1.59 seconds)
```

返回结果表明，t1 表中的数据已经被删除。

查看 t1 表的结构，命令如下：

```
jdbc:hive2://> desc t1;
+-----------+---------------+----------+--+
| col_name  |  data_type    | comment  |
+-----------+---------------+----------+--+
| co1       | string        |          |
| co2       | array<string> |          |
```

< 166 >

```
+-----------+---------------+---------+--+
2 rows selected (0.154 seconds)
```

返回结果表明，t1 表的结构依然存在。

7．修改表

（1）修改表名

将名为 complex 的表重命名为 new_complex，命令如下：

```
jdbc:hive2://> alter table complex rename to new_complex;
jdbc:hive2://> show tables;
+-------------------+--+
|     tab_name      |
+-------------------+--+
| external_table    |
| internal_table    |
| new_complex       |
+-------------------+--+
3 rows selected (0.03 seconds)
```

通过查看所有数据表可知，已经成功将 complex 表重命名为 new_complex。

（2）修改表注释

使用 alter table 语句修改表 internal_table 的属性，将表属性'comment'的值设置为'this is a new comment'，命令如下：

```
jdbc:hive2://> alter table internal_table set tblproperties('comment' = 'this is
a new comment');
```

读者可使用 desc formatted internal_table;命令进行验证，此处不再演示。

（3）修改列

① 增加列。使用 alter table 语句修改表 internal_table 的结构，在表 internal_table 中添加两个新列 co6 和 co7，命令如下：

```
jdbc:hive2://> alter table internal_table add columns(co6 string, co7 int);
jdbc:hive2://> desc internal_table;
+-----------+-----------------------------+-----+--+
| col_name  |          data_type          |     |
+-----------+-----------------------------+-----+--+
| co1       | string                      |     |
| co2       | array<string>               |     |
| co3       | struct<sex:string,age:int>  |     |
| co4       | map<string,int>             |     |
| co5       | uniontype<string,int>       |     |
| co6       | string                      |     |
| co7       | int                         |     |
+-----------+-----------------------------+-----+--+
7 rows selected (0.059 seconds)
```

② 修改列名、列的类型、列的注释、列的位置，命令如下：

```
ALTER TABLE table_name CHANGE
[CLOUMN] col_old_name col_new_name column_type
[CONMMENT col_conmment]
[FIRST|AFTER column_name];
```

其中，FIRST 或 AFTER column_name 是可选项，用于指定新列的位置。FIRST 表示新列将作为第一

< 167 >

列，AFTER column_name 表示新列将在指定的 column_name 之后。

例如，将表 internal_table 的 co7 列的列名改为 co9，将列的类型 int 改为 string，添加列的注释，将列的位置移动到 co5 之后，命令如下：

```
jdbc:hive2://> alter table internal_table change co7 co9 string comment 'the
datatype of co8 is string' after co5;
jdbc:hive2://> desc internal_table;
+-----------+----------------------------+---------------------------+--+
| col_name  |         data_type          |          comment          |
+-----------+----------------------------+---------------------------+--+
| co1       | string                     |                           |
| co2       | array<string>              |                           |
| co3       | struct<sex:string,age:int> |                           |
| co4       | map<string,int>            |                           |
| co5       | uniontype<string,int>      |                           |
| co9       | string                     | the datatype of co9 is string|
| co6       | string                     |                           |
+-----------+----------------------------+---------------------------+--+
7 rows selected (0.077 seconds)
```

（4）删除列

以删除 co6 列为例，具体命令如下：

```
jdbc:hive2://> alter table internal_table replace columns(
co1 string,
co2 array<string>,
co3 struct<sex:string,age:int>,
co4 map<string,int>,
co5 uniontype<string,int>,
co9 string comment 'the datatype of co9 is string'
);
```

8．向表中插入数据

创建表 insert_data，向其插入数据并查询插入的数据，命令如下：

```
jdbc:hive2://> create table insert_data(name string);
jdbc:hive2://> insert into insert_data values('Sophie');
jdbc:hive2://> select * from insert_data;
+-------------------+--+
| insert_data.name  |
+-------------------+--+
| Sophie            |
+-------------------+--+
1 row selected (0.327 seconds)
```

其中，执行插入操作时，Hive 会启动 MapReduce。

7.6.2 对表进行分区

Hive 中的分区是指根据表的列对表进行切分，目的是通过分区加快查询数据的速度。创建带分区的表使用的是 partitioned by 语句。本书将带分区的表称作分区表。

分区的添加方式有两种：静态添加分区和动态添加分区。

① 静态添加分区是指可以在表中手动添加的、具有确定分区值的分区。Hive 表中默认使用的是静态添加分区。

< 168 >

② 动态添加分区是指分区值不确定、可以根据输入数据自动添加分区。在实际开发工作中使用较多的是动态添加分区。

分区表的常见操作如下。

（1）创建分区表

创建分区表，具体命令如下：

```
jdbc:hive2://> create table partition_tbl(id int, name string, age int)
partitioned by (province string, city string)
row format delimited
fields terminated by '\t'
lines terminated by '\n'
stored as textfile;
```

上述语句将创建一个名为 partition_tbl 的表，其中包含 id（整数）、name（字符串）和 age（整数）这 3 个列。此外，该表还有两个分区列，分别是 province（字符串）和 city（字符串）。表的存储格式为文本文件（textfile），行的分隔符为\n，列的分隔符为\t。

（2）静态添加分区

① 向一个分区表中添加一个新的分区，具体命令如下：

```
jdbc:hive2://> alter table partition_tbl add
partition(province='jiangsu', city='nanjing');
```

上述语句将在名为 partition_tbl 的表中添加一个新的分区，其中分区的省份为 jiangsu，城市为nanjing。

② 向一个分区表中一次性添加多个新的分区，具体命令如下：

```
jdbc:hive2://> alter table partition_tbl add
partition(province='beijing', city='beijing')
partition(province='zhejiang', city='hangzhou')
partition(province='shandong', city='jinan');
```

上述语句将在名为 partition_tbl 的表中添加 3 个新的分区：

a. 省份为 beijing、城市为 beijing 的分区。

b. 省份为 zhejiang、城市为 hangzhou 的分区。

c. 省份为 shandong、城市为 jinan 的分区。

这种方式可以在一次操作中添加多个分区，提高了操作的效率。

（3）加载数据到分区

① 准备数据。在虚拟机 qf01 的/root 目录下新建文件 partitiondata.txt，在文件中添加以下数据：

```
1101    Sophie  30
1106    Coco    38
1108    Tom     27
```

需要注意的是，数据中的分隔符使用的是制表符 Tab 键。

② 加载 partitiondata.txt 的数据到表 partition_tbl 的指定分区，具体命令如下：

```
jdbc:hive2://> load data local inpath '/root/partitiondata.txt' overwrite into
table  partition_tbl partition(province='jiangsu', city='nanjing');
```

（4）动态添加分区

一般在向表中插入数据或加载数据时使用动态添加分区的方式。

① 查看当前的 Hive 表是否可以执行动态添加分区，具体命令如下：

< 169 >

```
jdbc:hive2://> set hive.exec.dynamic.partition;
+-----------------------------------+--+
|                 set               |
+-----------------------------------+--+
| hive.exec.dynamic.partition=false |
+-----------------------------------+--+
1 row selected (0.013 seconds)
```

上述结果显示，当前的 Hive 表动态分区属性设置为 false，表示被禁用。

② 启用动态分区，命令如下：

```
jdbc:hive2://> set hive.exec.dynamic.partition=true;
```

③ 查看分区模式。Hive 表的分区模式分为严格模式和非严格模式。严格模式要求 Hive 表的分区中至少有一个静态添加的分区。非严格模式下 Hive 表的分区可以进行动态添加操作。

查看 Hive 表的动态分区模式属性设置，命令如下：

```
jdbc:hive2://> set hive.exec.dynamic.partition.mode;
+----------------------------------------+--+
|                    set                 |
+----------------------------------------+--+
| hive.exec.dynamic.partition.mode=strict |
+----------------------------------------+--+
1 row selected (0.013 seconds)
```

由上述结果可知，当前的 Hive 表的动态分区模式为严格模式。

若设置动态添加分区的严格模式，可执行以下命令：

```
jdbc:hive2://> set hive.exec.dynamic.partition.mode=strict;
```

若设置动态添加分区的非严格模式，可执行以下命令：

```
jdbc:hive2://> set hive.exec.dynamic.partition.mode=nonstrict;
```

④ 将未分区表中的数据动态插入分区表中，并且动态添加分区，步骤如下。

a. 创建未分区表 nonpartition_tbl，命令如下：

```
jdbc:hive2://> create table nonpartition_tbl(id int, name string, age int, province
string, city string)
row format delimited
fields terminated by '\t'
lines terminated by '\n'
stored as textfile;
```

b. 在虚拟机 qf01 的/root 目录下新建文件 partdata.txt，添加如下数据（数据分隔符为制表符 Tab 键）：

```
1101    Sophie  30      beijing beijing
1106    Coco    38      jiangsu nanjing
1108    Tom     27      shandong        jinan
```

c. 加载数据到 nonpartition_tbl 表中，命令如下：

```
jdbc:hive2://> load data local inpath '/root/partdata.txt' into table nonpartition_tbl;
```

d. 创建分区表 dynamic_partition_tbl，命令如下：

```
jdbc:hive2://> create table dynamic_partition_tbl(id int, name string, age int)
partitioned by (province string, city string)
```

< 170 >

```
row format delimited
fields terminated by '\t'
lines terminated by '\n'
stored as textfile;
```

　　e. 将 nonpartition_tbl 表中的数据动态插入 dynamic_partition_tbl 表中，命令如下：

```
jdbc:hive2://> insert into table dynamic_partition_tbl partition(province, city)
select * from nonpartition_tbl;
```

　　f. 查看 dynamic_partition_tb 表中的数据，命令如下：

```
jdbc:hive2://> select * from dynamic_partition_tbl;
+----------------------------+----------------------------+--------------------
--------+----------------------------+----------------------------+--+
|     dynamic_partition_tbl.id      |      dynamic_partition_tbl.name      |
dynamic_partition_tbl.age        |      dynamic_partition_tbl.province      |
dynamic_partition_tbl.city  |
+----------------------------+----------------------------+--------------------
--------+----------------------------+----------------------------+--+
| 1101        | Sophie     | 30       | beijing      | beijing      |
| 1106        | Coco       | 38       | jiangsu      | nanjing      |
| 1108        | Tom        | 27       | shandong     | jinan        |
+----------------------------+----------------------------+--------------------
--------+----------------------------+----------------------------+--+
```

　　返回结果如上所示，表明动态数据插入成功。
　　g 查看 dynamic_partition_tb 表中动态添加的分区，命令如下：

```
jdbc:hive2://> show partitions dynamic_partition_tbl;
+-----------------------------+--+
|          partition          |
+-----------------------------+--+
| province=beijing/city=beijing  |
| province=jiangsu/city=nanjing  |
| province=shandong/city=jinan   |
+-----------------------------+--+
3 rows selected (0.367 seconds)
```

　　（5）删除分区表中的指定分区
　　删除 partition_tbl 分区表中省份为 beijing、城市为 beijing 的分区，命令如下：

```
alter table partition_tbl drop if exists partition(province='beijing',
city='beijing');
```

其中，if exists 是指如果存在指定的分区就删除该分区，是一个可选项。
　　（6）查看分区表中指定分区的数据
　　查看分区表中指定分区的数据，主要有以下两种方式。
　　① 通过 select 查询语句来查看数据：

```
jdbc:hive2://> select * from partition_tbl where province='jiangsu' and
city='nanjing';
+------------------+---------------------+---------------------+---------------
----------+---------------------+--+
| partition_tbl.id | partition_tbl.name | partition_tbl.age | partition_tbl.
province | partition_tbl.city |
```

< 171 >

```
+-----------------+--------------------+--------------------+---------------------+------------------+
----------+--------------------+--+
| 1101            | Sophie             | 30                 | jiangsu             | nanjing          |
| 1106            | Coco               | 38                 | jiangsu             | nanjing          |
| 1108            | Tom                | 27                 | jiangsu             | nanjing          |
+-----------------+--------------------+--------------------+---------------------+------------------+
----------+--------------------+--+
3 rows selected (0.298 seconds)
```

② 通过 WebUI 来查看数据，需要先找到分区在 HDFS 上对应的目录。分区在 HDFS 上的存储形式是目录，读者可以在 HDFS 的/user/hive/warehouse/partition_tbl 目录下找到分区目录，如图 7-3 所示。

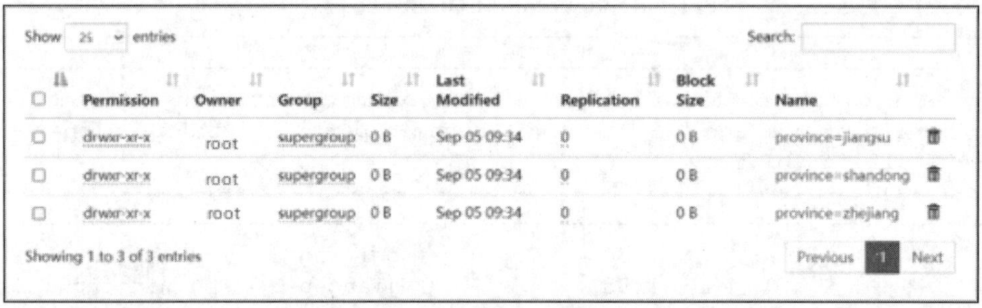

图 7-3　分区在 HDFS 中的存储形式

单击图 7-3 中的 province=jiangsu，依次在新打开的页面中单击 city=nanjing、partitiondata.txt 选项，进入分区中数据的下载页面，如图 7-4 所示。

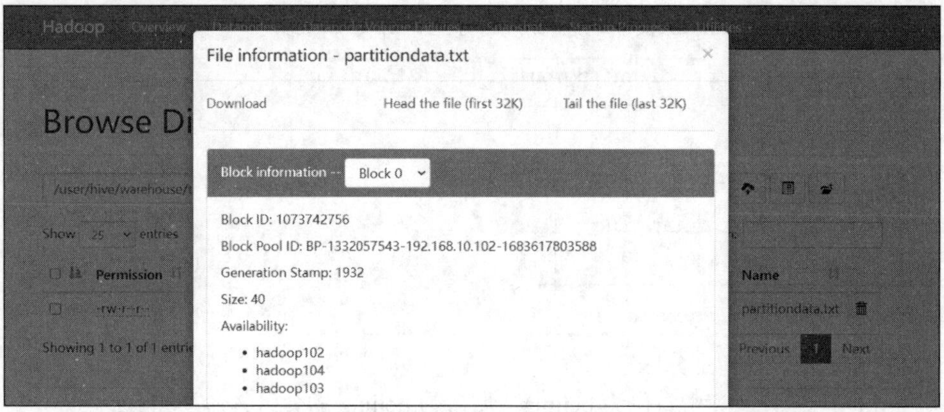

图 7-4　分区中数据的下载页面

单击图 7-4 中的 Download 选项，下载指定分区的数据，就可以使用记事本查看 partitiondata.txt 文件的数据了。

综上所述，Hive 中的库、表、分区在 HDFS 中的存储形式都是目录，即 Hive 在创建库和表以及为表添加分区时，就是在 HDFS 上新建目录或子目录。

（7）重命名分区

① 查看 partition_tbl 表的分区，命令如下：

```
jdbc:hive2://> show partitions partition_tbl;
+-------------------------------+--+
|          partition            |
+-------------------------------+--+
| province=jiangsu/city=nanjing |
| province=shandong/city=jinan  |
```

< 172 >

```
| province=zhejiang/city=hangzhou  |
+----------------------------------+--+
3 rows selected (0.751 seconds)
```

② 重命名 partition_tbl 表的一个分区，命令如下：

```
jdbc:hive2://> alter table partition_tbl partition(province='jiangsu',
city='nanjing') rename to partition(province='hainan', city='haikou');
```

③ 查看重命名后 partition_tbl 表的分区，命令如下：

```
jdbc:hive2://> show partitions partition_tbl;
+----------------------------------+--+
|             partition            |
+----------------------------------+--+
| province=hainan/city=haikou      |
| province=shandong/city=jinan     |
| province=zhejiang/city=hangzhou  |
+----------------------------------+--+
3 rows selected (0.212 seconds)
```

7.6.3　对表或分区进行桶操作

在 Hive 中，桶（Bucket）是一种数据组织和存储的方式，它将表或分区的数据划分成指定数量的桶，每个桶都是一个文件。这有助于优化查询性能，特别是在一些特定的查询操作（如连接操作）中，可以减少数据的传输和处理量。桶表是指被分成桶的表，这种表存储在 HDFS 上的形式是多个文件，每个桶对应一个文件。Hive 在启动 MapReduce 进行计算时，产生桶的个数（输出文件数）和 Reduce 的任务数相同。

Hive 将表或分区划分成桶主要有以下两个目的。

① 当两个按相同列划分了桶的表进行连接（Join）操作时，可以减少连接的数量，提高连接效率。

② 在处理大数据集时，对划分了桶的数据进行采样处理时可以提高采样的效率。

Hive 中使用 clustered by 语句来对表或分区进行桶操作。

下面通过示例来理解桶操作。

1．创建桶表并插入数据

① 创建桶表。创建一个名为 bucket_tbl 的桶表，其中包含 id（整数）、name（字符串）、age（整数）、province（字符串）和 city（字符串）5 个列，命令如下：

```
jdbc:hive2://> create table bucket_tbl(id int, name string, age int, province string,
city string)
clustered by(province) into 2 buckets
row format delimited
fields terminated by '\t';
```

上述语句中，关键字的说明如下。

bucket_tbl：表示要创建的桶表的名称。

clustered by (province) into 2 buckets 部分：表示将表按照 province 列进行桶分配，共划分为 2 个桶。

row format delimited 部分：用于指定行的格式，这里使用制表符作为列的分隔符。

fields terminated by '\t'部分：用于指定字段的分隔符。

② 设置 Hive 可以执行桶操作，命令如下：

```
jdbc:hive2://> set hive.enforce.bucketing=true;
```

< 173 >

③ 向桶表 bucket_tbl 中插入数据，命令如下：

```
jdbc:hive2://> insert into bucket_tbl select * from nonpartition_tbl;
```

④ 查看桶表 bucket_tbl 中的数据，命令如下：

```
jdbc:hive2://> select * from bucket_tbl;
+----------------+------------------+-----------------+----------------------+------------------+--+
| bucket_tbl.id  | bucket_tbl.name  | bucket_tbl.age  | bucket_tbl.province  | bucket_tbl.city  |
+----------------+------------------+-----------------+----------------------+------------------+--+
| 1108           | Tom              | 27              | shandong             | jinan            |
| 1101           | Sophie           | 30              | beijing              | beijing          |
| 1106           | Coco             | 38              | jiangsu              | nanjing          |
+----------------+------------------+-----------------+----------------------+------------------+--+
3 rows selected (0.545 seconds)
```

⑤ 通过 WebUI 查看桶表 bucket_tbl 中的数据。打开目录/user/hive/warehouse/test_db/bucket_tbl，查看桶表 bucket_tbl 在 HDFS 上对应的文件，如图 7-5 所示。

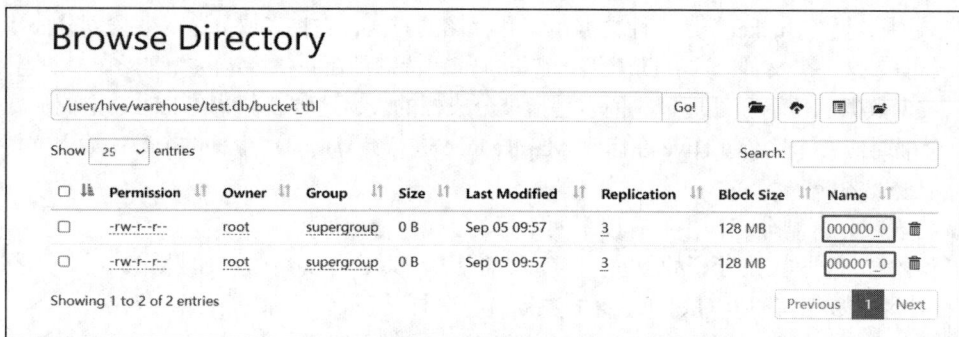

图 7-5　桶表 bucket_tbl 在 HDFS 上对应的文件

由图 7-5 可知，桶表 bucket_tbl 在 HDFS 上对应的文件有两个：000000_0 和 000001_0。下载这两个文件，用记事本分别查看文件中的数据。000000_0 文件的数据如下：

```
1108    Tom      27   shandong    jinan
1101    Sophie   30   beijing     beijing
```

000001_0 文件的数据如下：

```
1106    Coco     38   jiangsu     nanjing
```

2. 创建带分区的桶表（外部表）并插入数据

① 创建带分区的桶表。创建一个名为 bucket_partition_extbl 的外部分区桶表，其中包含 id（整数）、name（字符串）和 age（整数）3 个列，命令如下：

```
jdbc:hive2://> create external  table bucket_partition_extbl(id int, name string, age int)
partitioned by(province string , city string)
clustered by(id) into 2 buckets
row format delimited
fields terminated by '\t';
```

< 174 >

上述语句中，关键字的说明如下。

bucket_partition_extbl：表示要创建的外部分区桶表的名称。

partitioned by (province string, city string)：表示定义分区列为 province 和 city。

clustered by (id) into 2 buckets 部分：表示按照 id 列进行桶分配，共划分为 2 个桶。

row format delimited 部分：用于指定行的格式，这里使用制表符作为列的分隔符。

fields terminated by '\t'部分：用于指定字段的分隔符。

此外，这是一个外部表，意味着它的数据并不由 Hive 管理，而是引用了外部存储中的数据。

② 设置 Hive 可以执行动态添加分区和 Hive 动态添加分区的非严格模式，命令如下：

```
jdbc:hive2://> set hive.exec.dynamic.partition=true;
jdbc:hive2://> set hive.exec.dynamic.partition.mode=nonstrict;
```

③ 向外部分区桶表 bucket_partition_extbl 中插入数据，命令如下：

```
jdbc:hive2://> insert into bucket_partition_extbl partition(province, city)
select * from nonpartition_tbl;
```

上述语句的说明如下：

insert into table bucket_partition_extbl partition (province, city)：表示要将数据插入名为 bucket_partition_extbl 的外部分区桶表中，并在插入数据时动态地指定分区列 province 和 city 的值。

select * from nonpartition_tbl：表示从未分区表 nonpartition_tbl 中选择所有的数据进行插入。

插入数据时，Hive 会根据分区列 province 和 city 的值，动态地创建新的分区并将数据插入相应的分区桶中。

④ 查看数据是否插入成功，命令如下：

```
jdbc:hive2://> select * from bucket_partition_extbl;
+--------------------------+----------------------------+----------------------
------+----------------------------+----------------------------+--+
|   bucket_partition_extbl.id  |   bucket_partition_extbl.name  |
    bucket_partition_extbl.age  |   bucket_partition_extbl.province  |
    bucket_partition_extbl.city |
+--------------------------+----------------------------+----------------------
------+----------------------------+----------------------------+--+
| 1101           | Sophie    | 30     | beijing      | beijing    |
| 1106           | Coco      | 38     | jiangsu      | nanjing    |
| 1108           | Tom       | 27     | shandong     | jinan      |
+--------------------------+----------------------------+----------------------
------+----------------------------+----------------------------+--+
3 rows selected (2.751 seconds)
```

⑤ 通过 WebUI 查看插入桶表的数据在 HDFS 上的存放位置。在 HDFS 的/user/hive/warehouse/bucket_partition_extbl 目录下，可以看到有 3 个分区，每个分区下各存放了两个桶表文件：000000_0 和 000001_0。bucket_partition_extbl 表中的 3 条数据随机存储在如下 3 个位置：

```
province=beijing/city=beijing 下的 000001_0 文件
province=jiangsu/city=nanjing 下的 000000_0 文件
province=shandong/city=jinan 下的 000000_0 文件
```

⑥ 在桶表中插入多条数据，命令如下：

```
jdbc:hive2://> insert into table bucket_partition_extbl partition
(province='henan', city='zhengzhou') select id, name, age from nonpartition_tbl;
jdbc:hive2://> select * from bucket_partition_extbl ;
```

< 175 >

```
+----------------------------+----------------------------+---------------------+--+
|    bucket_partition_extbl.id    |    bucket_partition_extbl.name    |
     bucket_partition_extbl.age    |    bucket_partition_extbl.province    |
     bucket_partition_extbl.city    |
+----------------------------+----------------------------+---------------------+--+
| 1101          | Sophie      | 30    | beijing     | beijing    |
| 1108          | Tom         | 27    | henan       | zhengzhou  |
| 1106          | Coco        | 38    | henan       | zhengzhou  |
| 1101          | Sophie      | 30    | henan       | zhengzhou  |
| 1106          | Coco        | 38    | jiangsu     | nanjing    |
| 1108          | Tom         | 27    | shandong    | jinan      |
+----------------------------+----------------------------+---------------------+--+
6 rows selected (0.498 seconds)
```

查看 WebUI 可知，新插入的 3 条数据存储在新添加的分区目录 province=henan/city=zhengzhou 下的两个文件中。

⑦ 查看桶表的采样（Sampling）数据。采样的规则是在两个桶中随机选取 1 个桶的数据，具体命令如下：

```
jdbc:hive2://> select * from bucket_partition_extbl tablesample(bucket 1 out of
2 on id);
+----------------------------+----------------------------+---------------------+--+
|    bucket_partition_extbl.id    |    bucket_partition_extbl.name    |
     bucket_partition_extbl.age    |    bucket_partition_extbl.province    |
     bucket_partition_extbl.city    |
+----------------------------+----------------------------+---------------------+--+
| 1108          | Tom         | 27    | henan       | zhengzhou  |
| 1106          | Coco        | 38    | henan       | zhengzhou  |
| 1106          | Coco        | 38    | jiangsu     | nanjing    |
| 1108          | Tom         | 27    | shandong    | jinan      |
+----------------------------+----------------------------+---------------------+--+
4 rows selected (0.911 seconds)
```

其中，tablesample 是用于采样的关键字，语法如下：

```
tablesample(bucket x out of y)
```

bucket x out of y 是指从 y 个桶里选取 x 个桶的数据，其中参数 y 往往是 x（$x \leqslant y$）的正整数倍。

7.7 Hive 表的查询

Hive 表的查询操作是数据仓库中较为关键的环节之一。查询是从数据中提取有价值信息的核心手段，通过精心构建的 select 查询语句，可以对数据进行灵活的筛选、聚合和转换，从而获取所需的信息和分析结果。本节将详细介绍 select 查询语句的基本语法和应用，深入了解如何利用 Hive 视图简化复杂查询以及如何通过各种类型的连接操作将多个表中的数据联系起来，从而实现更深入的数据洞察和分析。

微课视频

< 176 >

7.7.1　select 查询语句

1. select 查询语句的语法

Hive 表的查询操作主要是通过 select 查询语句实现的。select 查询语句的基本语法如下：

```
select [all | distinct] select_expr, select_expr, ...
from table_reference
[where where_condition]
[group by col_list [having condition]]
[cluster by col_list
| [distribute by col_list] [sort by | order by col_list]
]
 [limit number]
```

2. select 查询语句解析及示例

（1）select 和 from

select 是查询语句的关键字，from 用于定位查询的表。

查看 select_tbl 表中指定 id 和 name 列的数据，命令如下：

```
jdbc:hive2://> alter table bucket_partition_extbl rename to select_tbl;
jdbc:hive2://> select id, name from select_tbl;
+-------+---------+--+
| id    | name    |
+-------+---------+--+
| 1101  | Sophie  |
| 1108  | Tom     |
| 1106  | Coco    |
| 1101  | Sophie  |
| 1106  | Coco    |
| 1108  | Tom     |
+-------+---------+--+
6 rows selected (0.284 seconds)
```

（2）all 和 distinct

all 表示返回所有行，distinct 表示返回不重复的行。

查看 select_tbl 表中指定列的所有数据，命令如下：

```
jdbc:hive2://> select all name, age from select_tbl;
+---------+------+--+
| name    | age  |
+---------+------+--+
| Sophie  | 30   |
| Tom     | 27   |
| Coco    | 38   |
| Sophie  | 30   |
| Coco    | 38   |
| Tom     | 27   |
+---------+------+--+
6 rows selected (0.297 seconds)
```

查看 select_tbl 表中指定列去重后的数据，命令如下：

```
jdbc:hive2://> select distinct name, age from select_tbl;
+---------+------+--+
```

< 177 >

```
| name      | age  |
+---------+------+--+
| Coco      | 38   |
| Sophie    | 30   |
| Tom       | 27   |
+---------+------+--+
3 rows selected (38.972 seconds)
```

使用 distinct 关键字时，需要启动 MapReduce 作业，可以通过 HiveServer2 服务端界面查看作业运行信息。其他操作同样可以查看 HiveServer2 的相关信息，此处不再赘述。

（3）where

where 用于指定查询条件，即筛选满足条件的行。

查询 select_tbl 表中城市为 zhengzhou 的记录，并返回 id、name、age 这 3 个字段，且要求这 3 个字段的值是唯一的（使用 distinct 关键字），命令如下：

```
jdbc:hive2://> select distinct id, name, age from select_tbl where city
='zhengzhou';
+-------+---------+------+--+
| id    | name    | age  |
+-------+---------+------+--+
| 1101  | Sophie  | 30   |
| 1106  | Coco    | 38   |
| 1108  | Tom     | 27   |
+-------+---------+------+--+
3 rows selected (33.128 seconds)
```

（4）group by

group by 用于根据指定条件对数据进行分组去重查询。

从名为 select_tbl 的表中按照 name 字段进行分组，并统计每个分组中 city 字段的出现次数；结果中包含两个字段，一个是 name，另一个是统计得到的城市数量；字段名称为 citys。命令如下：

```
jdbc:hive2://> select name, count(city) as citys from select_tbl group by name;
+---------+--------+--+
| name      | citys  |
+---------+--------+--+
| Coco      | 2      |
| Sophie    | 2      |
| Tom       | 2      |
+---------+--------+--+
3 rows selected (26.797 seconds)
```

其中，as citys 为 count(city)表达式起了一个别名 citys。

（5）having

having 表示对分组后的结果进行筛选，命令如下：

```
jdbc:hive2://> select name, age count(city) as citys from select_tbl group by name
having name='Sophie';
+---------+--------+--+
| name      | citys  |
+---------+--------+--+
| Sophie    | 2      |
+---------+--------+--+
1 row selected (59.542 seconds)
```

< 178 >

（6）limit

limit 用于限制查询返回的行数。

查看 select_tbl 表的前 5 行数据，命令如下：

```
jdbc:hive2://> select * from select_tbl limit 5;
+----------------+------------------+-----------------+----------------------+------------------+--+
| select_tbl.id  | select_tbl.name  | select_tbl.age  | select_tbl.province  | select_tbl.city  |
+----------------+------------------+-----------------+----------------------+------------------+--+
| 1101           | Sophie           | 30              | beijing              | beijing          |
| 1108           | Tom              | 27              | henan                | zhengzhou        |
| 1106           | Coco             | 38              | henan                | zhengzhou        |
| 1101           | Sophie           | 30              | henan                | zhengzhou        |
| 1106           | Coco             | 38              | jiangsu              | nanjing          |
+----------------+------------------+-----------------+----------------------+------------------+--+
5 rows selected (1.679 seconds)
```

查看 select_tbl 表第 3 行后的 3 行数据（不包括第 3 行的数据），命令如下：

```
jdbc:hive2://> select * from select_tbl limit 3,3;
+----------------+------------------+-----------------+----------------------+------------------+--+
| select_tbl.id  | select_tbl.name  | select_tbl.age  | select_tbl.province  | select_tbl.city  |
+----------------+------------------+-----------------+----------------------+------------------+--+
| 1101           | Sophie           | 30              | henan                | zhengzhou        |
| 1106           | Coco             | 38              | jiangsu              | nanjing          |
| 1108           | Tom              | 27              | shandong             | jinan            |
+----------------+------------------+-----------------+----------------------+------------------+--+
3 rows selected (0.282 seconds)
```

（7）order by

order by 用于对所有数据排序。Hive 中使用 order by 会使所有的数据都通过一个 Reduce 任务来处理（多个 Reduce 任务无法保证全局有序）。如果处理的数据量较大时，需要耗费较长的计算时间。因此，在使用 order by 时，为了优化查询速度，需要设置 Hive 执行 MapReduce 的模式为严格模式，同时使用 limit 来限制输出的数据量。

设置 Hive 执行 MapReduce 的模式为严格模式（默认是非严格模式），命令如下：

```
jdbc:hive2://> set hive.mapred.mode=strict;
```

设置 Hive 以严格模式检查大型查询，以确保在执行大型查询时进行适当的优化和资源管理，命令如下：

```
jdbc:hive2://> hive.strict.checks.large.query=true;
```

对 select_tbl 表的前 5 行进行排序，命令如下：

```
jdbc:hive2://> select * from select_tbl order by id limit 5;
+----------------+------------------+-----------------+----------------------+------------------+--+
```

< 179 >

select_tbl.id	select_tbl.name	select_tbl.age	select_tbl.province	select_tbl.city
1101	Sophie	30	henan	zhengzhou
1101	Sophie	30	beijing	beijing
1106	Coco	38	jiangsu	nanjing
1106	Coco	38	henan	zhengzhou
1108	Tom	27	shandong	jinan

```
5 rows selected (34.82 seconds)
```

（8）sort by

sort by 用于对同一个 Reduce 任务中的数据进行排序。与 order by 相比，sort by 不受 hive.mapred.mode（MapReduce 执行模式）的影响。

例如，对 select_tbl 表中的数据进行排序，命令如下：

```
jdbc:hive2://> select name, age from select_tbl sort by age;
+---------+------+--+
| name    | age  |
+---------+------+--+
| Tom     | 27   |
| Tom     | 27   |
| Sophie  | 30   |
| Sophie  | 30   |
| Coco    | 38   |
| Coco    | 38   |
+---------+------+--+
6 rows selected (37.97 seconds)
```

对 select_tbl 中的数据进行降序排序，命令如下：

```
jdbc:hive2://> select name, age from select_tbl sort by age desc;
+---------+------+--+
| name    | age  |
+---------+------+--+
| Coco    | 38   |
| Coco    | 38   |
| Sophie  | 30   |
| Sophie  | 30   |
| Tom     | 27   |
| Tom     | 27   |
+---------+------+--+
6 rows selected (56.799 seconds)
```

在使用 sort by 时，可以指定执行 MapReduce 作业的 Reduce 个数，具体命令如下：

```
jdbc:hive2://> set mapreduce.job.reduces=<number>;
```

例如，指定 MapReduce 作业的 Reduce 数量为 2，具体命令如下：

```
jdbc:hive2://> set mapreduce.job.reduces=2;
jdbc:hive2://> select name, age from select_tbl sort by age;
+---------+------+--+
| name    | age  |
+---------+------+--+
```

< 180 >

```
| Sophie  | 30   |
| Sophie  | 30   |
| Coco    | 38   |
| Coco    | 38   |
| Tom     | 27   |
| Tom     | 27   |
+---------+------+--+
6 rows selected (52.014 seconds)
```

查看 HiveServer2 服务端，可以发现执行了 2 个 Reduce 任务，核心部分信息如下：

```
MapReduce Jobs Launched:
Stage-Stage-1: Map: 1  Reduce: 2
```

（9）distribute by

distribute by 用于按照列把数据分散到不同的 Reduce 任务中。distribute by 相当于 Hadoop 中 MapReduce 的分区操作，与 sort by 组合使用时，必须放在 sort by 语句之前。

例如，单独使用 distribute by 时，从 select_tbl 表中选取 id 和 name 字段，并按照 id 字段进行分发，即将具有相同 id 值的记录分发到同一个计算节点上进行计算，具体命令如下：

```
jdbc:hive2://> set mapreduce.job.reduces=3;
jdbc:hive2://> select id, name from select_tbl distribute by id;
+-------+---------+--+
| id    | name    |
+-------+---------+--+
| 1101  | Sophie  |
| 1101  | Sophie  |
| 1108  | Tom     |
| 1108  | Tom     |
| 1106  | Coco    |
| 1106  | Coco    |
+-------+---------+--+
6 rows selected (124.065 seconds)
```

distribute by 和 sort by 同时使用时，从 select_tbl 表中选取 name 和 age 字段，按照 name 字段进行分发，并按照 age 字段进行降序排序，具体命令如下：

```
jdbc:hive2://> select name, age from select_tbl distribute by name sort by age desc;
+---------+------+--+
| name    | age  |
+---------+------+--+
| Coco    | 38   |
| Coco    | 38   |
| Tom     | 27   |
| Tom     | 27   |
| Sophie  | 30   |
| Sophie  | 30   |
+---------+------+--+
6 rows selected (49.774 seconds)
```

由查询结果可知，前 4 行数据在同一个 Reduce 任务中进行了降序排序，而后 2 行数据在另一个 Reduce 任务中进行了处理。

（10）cluster by

cluster by 用于对指定的字段进行分组，并将具有相同值的记录聚集在一起，相当于对相同列进行操作的 distribute by 和 sort by 的结合。cluster by 默认只能对数据进行升序排序，不支持降序排序。

< 181 >

使用以下两种查询语句，使用一个 Reduce 实现数据的升序排序：

```
jdbc:hive2://> set mapreduce.job.reduces=1;
jdbc:hive2://> select id, name from select_tbl cluster by id;
jdbc:hive2://> select id, name from select_tbl distribute by id sort by id;
+-------+---------+--+
|  id   |  name   |
+-------+---------+--+
| 1101  | Sophie  |
| 1101  | Sophie  |
| 1106  | Coco    |
| 1106  | Coco    |
| 1108  | Tom     |
| 1108  | Tom     |
+-------+---------+--+
6 rows selected (31.638 seconds)
```

由查询结果可知，以上两种查询语句的作用是相同的。

（11）子查询

子查询又称嵌套查询，是指多个 select 语句嵌套的查询方式。示例命令如下：

```
jdbc:hive2://> select distinct a.id, a.name from (select * from select_tbl limit 5) a;
+-------+---------+--+
| a.id  | a.name  |
+-------+---------+--+
| 1101  | Sophie  |
| 1106  | Coco    |
| 1108  | Tom     |
+-------+---------+--+
3 rows selected (85.322 seconds)
```

其中，a 是指内层 select 查询语句所生成的临时表的别名。

7.7.2 视图

Hive 中的视图（View）是一种不存放真实数据的虚拟表，是基于一个或多个表的查询结果生成的。视图可以用于简化数据查询语句。视图是只读的，不能向视图中插入或加载数据，一定程度上可以提高数据的安全性。视图的常用操作如下。

① 创建视图，具体命令如下：

```
jdbc:hive2://> create view view_temp as select id, name, age from select_tbl;
```

执行上述语句，将创建一个名为 view_temp 的视图。该视图基于名为 select_tbl 的表，选取了 id、name 和 age 列的数据。

创建视图后，通过查看 HDFS 的/user/hive/warehouse 目录下的内容可知，视图并没有在 HDFS 中存放真实的数据。

② 查看视图的结构，具体命令如下：

```
jdbc:hive2://> desc view_temp;
+-----------+------------+----------+--+
| col_name  | data_type  | comment  |
+-----------+------------+----------+--+
| id        | int        |          |
```

< 182 >

```
| name      | string     |          |          |
| age       | int        |          |          |
+-----------+------------+----------+--+
3 rows selected (0.093 seconds)
```

③ 查看视图的数据，具体命令如下：

```
jdbc:hive2://> select * from view_temp;
+--------------+----------------+---------------+--+
| view_temp.id | view_temp.name | view_temp.age |
+--------------+----------------+---------------+--+
| 1101         | Sophie         | 30            |
| 1108         | Tom            | 27            |
| 1106         | Coco           | 38            |
| 1101         | Sophie         | 30            |
| 1106         | Coco           | 38            |
| 1108         | Tom            | 27            |
+--------------+----------------+---------------+--+
6 rows selected (0.658 seconds)
```

当使用 select 查询语句查看视图的数据时，实际上是引用了创建视图时的"select id, name, age from select_tbl" select 语句的查询结果。视图只存储了查询的逻辑，实际的数据仍存储在原始表中。

④ 删除视图，具体命令如下：

```
jdbc:hive2://> drop view if exists view_temp;
```

7.7.3　连接

在 Hive 中，连接（Join）操作是一项关键的数据处理技术，用于将多个表的数据关联在一起，以便执行更复杂的查询和分析。Hive 支持多种类型的连接操作，包括内连接、外连接和半连接，每种连接类型都有其特定的应用场景和用途。

① 内连接（Inner Join）。内连接只返回两个表中满足连接条件的行，即只返回在两个表之间存在匹配关系的行。通过内连接，可以将两个表中相关的数据进行合并，以便获取更全面的信息。

② 外连接（Outer Join）。外连接保留连接条件下两个表的匹配行，同时还会包含不匹配的行。左外连接（Left Outer Join）和右外连接（Right Outer Join）分别保留左表或右表的所有行，并根据连接条件进行匹配。

③ 半连接（Semi Join）。半连接是一种特殊的连接操作，它返回满足条件的行中的一列，并且只返回一次（去重）。半连接可以用于优化查询，避免在一些场景下不必要的数据传输和计算。

接下来对连接的相关操作进行演示。

1．准备数据

创建 j1 和 j2 两个表并导入数据，j1 表存储学生的姓名和学号，j2 表存储学生的学号和籍贯所在的地级市。

（1）创建文件

在虚拟机 qf01 的/root 目录下新建 join1.txt 和 join2.txt 两个文件。

join1.txt 文件的数据如下（数据间的分隔符是制表符）：

```
Sophie    3
Coco      6
```

< 183 >

```
Tom      5
Jack     2
Rose     1
```

join2.txt 文件的数据如下（数据间的分隔符是制表符）：

```
3    beijing
6    tianjin
5    shanghai
8    hangzhou
9    chengdu
2    nanjing
```

（2）创建 j1 表和 j2 表

创建 j1 表和 j2 表，具体命令如下：

```
jdbc:hive2://> create table j1(name string, id int)
row format delimited
fields terminated by '\t'
lines terminated by '\n'
stored as textfile;
jdbc:hive2://> create table j2(id int, city string)
row format delimited
fields terminated by '\t'
lines terminated by '\n'
stored as textfile;
```

（3）加载数据到表中

将虚拟机 qf01 的/root 目录下的 join1.txt 和 join2.txt 文件分别加载到 j1 表和 j2 表中，命令如下：

```
jdbc:hive2://> load data local inpath '/root/join1.txt' into table j1;
jdbc:hive2://> load data local inpath '/root/join2.txt' into table j2;
```

2．内连接

内连接相当于取两个表中数据的交集，具体命令如下：

```
jdbc:hive2://> select j1.*, j2.* from j1 join j2 on (j1.id=j2.id);
+----------+--------+--------+-----------+--+
| j1.name  | j1.id  | j2.id  | j2.city   |  |
+----------+--------+--------+-----------+--+
| Sophie   | 3      | 3      | beijing   |  |
| Coco     | 6      | 6      | tianjin   |  |
| Tom      | 5      | 5      | shanghai  |  |
| Jack     | 2      | 2      | nanjing   |  |
+----------+--------+--------+-----------+--+
4 rows selected (55.8 seconds)
```

上述语句使用显式的 join 子句进行查询。除此之外，还可以使用隐式的 where 子句进行查询，具体命令如下：

```
jdbc:hive2://> select j1.*, j2.* from j1, j2 where (j1.id=j2.id);
```

需要注意的是，这两个查询都使用了 Hive 中的等值连接（Equi Join）技术。它是连接操作的一种形式，用于将两个表根据共享列的相等值进行关联。并且 Hive 的连接只支持等值连接，例如，j1.id=j2.id 之间只能使用等号。

< 184 >

3. 外连接

外连接分为左外连接、右外连接、全外连接（Full Outer Join）。

（1）左外连接

左外连接相当于左侧表的所有数据与两个表的交集数据取并集。

使用左外连接技术将 j1 和 j2 两个表的数据根据共享的列 id 进行关联查询，具体命令如下：

```
jdbc:hive2://> select j1.*, j2.* from j1 left outer join j2 on (j1.id=j2.id);
+----------+--------+--------+-----------+--+
| j1.name  | j1.id  | j2.id  | j2.city   |  |
+----------+--------+--------+-----------+--+
| Sophie   | 3      | 3      | beijing   |  |
| Coco     | 6      | 6      | tianjin   |  |
| Tom      | 5      | 5      | shanghai  |  |
| Jack     | 2      | 2      | nanjing   |  |
| Rose     | 1      | NULL   | NULL      |  |
+----------+--------+--------+-----------+--+
5 rows selected (34.617 seconds)
```

由查询结果可知，在 Rose 一行中，j2.id 和 j2.city 两列的数据为空值 NULL，原因在于 j1.id 在 j2 表中没有匹配项。

（2）右外连接

右外连接相当于右侧表的所有数据与两个表的交集数据取并集。

使用右外连接技术将 j1 和 j2 两个表的数据根据共享的列 id 进行关联查询，具体命令如下：

```
jdbc:hive2://> select j1.*, j2.* from j1 right outer join j2 on (j1.id=j2.id);
+----------+--------+--------+-----------+--+
| j1.name  | j1.id  | j2.id  | j2.city   |  |
+----------+--------+--------+-----------+--+
| Sophie   | 3      | 3      | beijing   |  |
| Coco     | 6      | 6      | tianjin   |  |
| Tom      | 5      | 5      | shanghai  |  |
| NULL     | NULL   | 8      | hangzhou  |  |
| NULL     | NULL   | 9      | chengdu   |  |
| Jack     | 2      | 2      | nanjing   |  |
+----------+--------+--------+-----------+--+
6 rows selected (33.568 seconds)
```

由查询结果可知，在第 4 行和第 5 行中，j1.name 和 j1.id 两列的数据为空值 NULL，原因在于 j2.id 在 j1 表中没有匹配项。

（3）全外连接

全外连接相当于两个表的所有数据取并集。

使用全外连接技术将 j1 和 j2 两个表的数据根据共享的列 id 进行关联查询，具体命令如下：

```
jdbc:hive2://> select j1.*, j2.* from j1 full outer join j2 on (j1.id=j2.id);
+----------+--------+--------+-----------+--+
| j1.name  | j1.id  | j2.id  | j2.city   |  |
+----------+--------+--------+-----------+--+
| Rose     | 1      | NULL   | NULL      |  |
| Jack     | 2      | 2      | nanjing   |  |
| Sophie   | 3      | 3      | beijing   |  |
| Tom      | 5      | 5      | shanghai  |  |
| Coco     | 6      | 6      | tianjin   |  |
| NULL     | NULL   | 8      | hangzhou  |  |
```

< 185 >

```
| NULL      | NULL    | 9       | chengdu    |
+-----------+---------+---------+------------+--+
7 rows selected (44.669 seconds)
```

4．半连接

半连接相当于两个表的数据取交集，只显示左表的指定数据。具体命令如下：

```
jdbc:hive2://> select city from j2 left semi join j1 on (j1.id=j2.id);
+-----------+--+
|  city     |
+-----------+--+
| beijing   |
| tianjin   |
| shanghai  |
| nanjing   |
+-----------+--+
4 rows selected (32.219 seconds)
```

需要注意的是，所有连接操作的顺序都是从左到右，即以上连接操作都是查询语句中左侧的表在左侧，右侧的表在右侧。

5．Map Join

Map Join 是指将较小的表加载到 Mapper 内存来执行的连接操作。Hive 只执行 Map Join 不执行 Reduce 时，一定程度上可以节省计算资源。查看 Hive 是否启用了 Map Join 的方法如下：

```
jdbc:hive2://> set hive.auto.convert.join;
```

因为 Hive 默认启用了 Map Join，所以将返回 true，这表示 Hive 在执行连接操作时会自动尝试使用 Map Join。

例如，内连接示例就使用了 Map Join 操作：

```
jdbc:hive2://> select j1.*, j2.* from j1 join j2 on (j1.id=j2.id);
```

由于是内连接操作，Hive 会检查 j1 表和 j2 表的大小。如果其中一个表的大小适合作为小表，就会尝试使用 Map Join 来执行这个查询，从而提高性能。

执行以上查询语句后，然后查看 HiveServer2 端的信息，可以发现如下信息（节选）：

```
11:20:31,186 Stage-3 map = 100%,  reduce = 0%, Cumulative CPU 6.36 sec
MapReduce Total cumulative CPU time: 6 seconds 360 msec
Ended Job = job_1536887505462_0016
MapReduce Jobs Launched:
Stage-Stage-3: Map: 1
```

由以上信息可知，不需要执行 Reduce 阶段就完成了内连接的操作。

6．连接和桶表

在 7.6.3 小节已经提及 Hive 对表或分区划分桶的目的之一是当两个按相同列划分了桶的表进行连接操作时，可以减少连接的数据量，提高连接效率。

① 创建两个桶表，具体命令如下：

```
jdbc:hive2://> create table join_bucket1(id int, name string, age int, province string, city string)
clustered by(id) into 2 buckets
row format delimited
```

< 186 >

```
fields terminated by '\t';
jdbc:hive2://> create table join_bucket2(id int, name string, age int, province
string, city string)
clustered by(id) into 2 buckets
row format delimited
fields terminated by '\t';
```

② 向桶表中分别插入数据，具体命令如下：

```
jdbc:hive2://> insert into join_bucket1 select * from nonpartition_tbl;
jdbc:hive2://> insert into join_bucket2 select * from select_tbl;
```

③ 将 join_bucket1 表和 join_bucket2 表进行内连接操作，具体命令如下：

```
jdbc:hive2://> select join_bucket1.id, join_bucket1.name, join_bucket2.id,
join_bucket2.name from join_bucket1 join join_bucket2 on (join_bucket1.id=
join_bucket2.id);
```

查看 HiveServer2 服务端的信息可知，join_bucket1 表和 join_bucket2 表进行内连接操作时，只使用 Map Join 就完成了内连接操作，未启用 Reduce 任务，减少了连接的数据量，提高了查询数据的效率。

7.8　Hive 函数

7.8.1　Hive 内置函数

1．常用的内置函数

为了方便大数据开发人员使用 Hive 查询和分析数据，Hive 提供了一些内置函数。Hive 常用的内置函数有 3 种，分别是内置普通函数、内置聚合函数（Built-in Aggregate Functions）、内置表生成函数（Built-in Table-Generating Functions）。

（1）常用的内置普通函数

内置普通函数可以用于字符串处理、日期时间操作、数值计算、类型转换等各种数据处理任务。

① 查看 Hive 所有的函数，具体命令如下：

```
jdbc:hive2://> show functions;
```

② 查看指定函数的用法（以 substr 函数为例），具体命令如下：

```
jdbc:hive2://> desc function substr;
```

③ 查看指定函数的详细用法，部分函数提供范例（以 substr 函数为例），具体命令如下：

```
jdbc:hive2://> desc function extended substr;
```

④ 显示当前日期，具体命令如下：

```
jdbc:hive2://> select current_date();
```

⑤ 显示详细时间，具体命令如下：

```
jdbc:hive2://> select current_timestamp();
```

⑥ 转换日期格式，具体命令如下：

```
jdbc:hive2://> select date_format('2023-9-20','yyyy/MM/dd');
```

< 187 >

（2）常用的内置聚合函数

聚合函数是指将多行数据按照指定规则聚集为单行数据的函数。常见的内置聚合函数有 count()、sum()、avg()、max()、min()等。下面通过示例来学习和理解聚合函数的用法。

查看 select_tbl 表中的人数统计、年龄平均值、年龄最大值、年龄最小值，具体命令如下：

```
jdbc:hive2://> select count(name), sum(age), cast(avg(age) as float), max(age),
min(age) from select_tbl;
+-----+------+------------+-----+-----+--+
| c0  | c1   |     c2     | c3  | c4  |
+-----+------+------------+-----+-----+--+
| 6   | 190  | 31.666666  | 38  | 27  |
+-----+------+------------+-----+-----+--+
1 row selected (44.041 seconds)
```

上述语句中，cast()是类型转换函数，用来将平均值的结果转换为 float 类型。

（3）常用的内置表生成函数

表生成函数是指将单行数据按照指定规则转换为多行数据的函数。常用的内置表生成函数是 explode(array)和 explode(map)。

① explode(array)将数组的元素分解为多行单列的表，每个元素占一行。

② explode(map)将 map 的键值对分解为多行两列的表，键值各占一列。

下面通过示例来理解 explode(array)和 explode(map)函数的用法。

① 使用 explode()函数将 array 数组中的每个元素拆分为单独的行，命令如下：

```
jdbc:hive2://> select explode(array('a','b','c'));
+------+--+
| col  |
+------+--+
| a    |
| b    |
| c    |
+------+--+
3 rows selected (0.183 seconds)
```

② 使用 explode()函数将 Map 中的每个键值对拆分为单独的行，命令如下：

```
jdbc:hive2://> select explode(map(1,'hello', 2,'world', 3,'hadoop'));
+------+---------+--+
| key  | value   |
+------+---------+--+
| 1    | hello   |
| 2    | world   |
| 3    | hadoop  |
+------+---------+--+
3 rows selected (0.215 seconds)
```

2. 实现 WordCount

使用 Hive 的内置函数可以实现 WordCount（词频统计）。WordCount 是一种常见的文本处理任务，通常用于统计文本中每个单词出现的次数。在 Hive 中使用内置函数实现 WordCount 的步骤如下。

① 创建一个 Hive 表来存储待处理的文本数据。

② 使用内置函数拆分文本数据，将单词分开。

③ 使用聚合函数进行计数。

④ 获取每个单词的计数结果。

< 188 >

下面以一个简单的示例演示如何使用 Hive 内置函数实现 WordCount。

① 创建表 wordcount，命令如下：

```
jdbc:hive2://> create table wordcount(line string)
row format delimited
fields terminated by '\t'
lines terminated by '\n'
stored as textfile;
```

② 加载 HDFS 的/word.txt 文件到 wordcount 表中，命令如下：

```
jdbc:hive2://> load data inpath '/word.txt' into table wordcount;
```

③ 实现 WordCount，命令如下：

```
jdbc:hive2://> select a.word word, count(*) b
from(
select explode(split(line, ' ')) as word
from wordcount
) a
group by a.word
order by b desc
limit 6;
+-----------+----+--+
|   word    | b  |
+-----------+----+--+
| hi        | 3  |
| qianfeng  | 2  |
| hello     | 2  |
| world     | 1  |
| mapreduce | 1  |
| hadoop    | 1  |
+-----------+----+--+
6 rows selected (90.772 seconds)
```

上述查询语句在 Hive 中实现了 WordCount 功能，统计了 wordcount 表中每个单词的出现次数，并按照次数降序排列，最后只返回前 6 个结果。显然，对于实现简单的 WordCount 而言，使用 Hive 函数比使用 MapReduce 编程更加简便。

7.8.2　通过 JDBC 驱动程序使用 HiveSever2 服务

通过 JDBC 驱动程序连接 HiveServer2 后，可以使用 Java 编程语言在应用程序中与 Hive 进行交互。本节将详细说明如何配置和使用 JDBC 驱动程序来连接 HiveServer2。

1. 配置开发环境

在 IntelliJ IDEA 的 testHadoop 项目下新建一个 testHive 模块，然后对该模块的 pom.xml 文件进行修改，具体如下：

```xml
<?xml version="1.0" encoding="UTF-8"?>
<project xmlns="http://maven.apache.org/POM/4.0.0"
    xmlns:xsi="http://www.w3.org/2001/XMLSchema-instance"
    xsi:schemaLocation="http://maven.apache.org/POM/4.0.0
    http://maven.apache.org/xsd/maven-4.0.0.xsd">
    <modelVersion>4.0.0</modelVersion>
    <groupId>com.qf</groupId>
```

< 189 >

```
        <artifactId>testHive</artifactId>
        <version>1.0-SNAPSHOT</version>
        <dependencies>
          <dependency>
            <groupId>org.apache.hive</groupId>
            <artifactId>hive-jdbc</artifactId>
            <version>3.1.3</version>
       </dependency>
       <dependency>
            <groupId>org.apache.hive</groupId>
            <artifactId>hive-exec</artifactId>
            <version>3.1.3</version>
       </dependency>
       <dependency>
            <groupId>junit</groupId>
            <artifactId>junit</artifactId>
            <version>4.12</version>
       </dependency>
    </dependencies>
</project>
```

2. 编程

在 testHive 模块的 src\main\java 文件夹下新建 com.qf.hive.TestJDBC 类，示例代码如例 7-1 所示。

【例 7-1】TestJDBC.java

```
1   package com.qf.hive;
2   import java.sql.Connection;
3   import java.sql.DriverManager;
4   import java.sql.ResultSet;
5   import java.sql.Statement;
6   public class TestJDBC {
7       public static void main(String[] args) throws Exception {
8           //1.设置连接地址（Hive 的默认端口号为 10000，数据库为 default）
9           String url = "jdbc:hive2://192.168.142.131:10000/default";
10          //2.通过 url 获取连接
11          Connection conn = DriverManager.getConnection(url);
12          //3.通过连接创建语句
13          Statement st = conn.createStatement();
14          //4.执行 HQL 查询语句获取结果
15          ResultSet rs = st.executeQuery("select id, name from bucket_tbl");
16          //5.迭代输出查询结果
17          while (rs.next()) {
18              int id = rs.getInt(1);
19              String name = rs.getString(2);
20              System.out.println(id + "\t" + name + "\t");
21          }
22      }
23  }
```

3. 启动 HiveServer2 服务

在虚拟机 qf01 上启动 Hive 的 HiveServer2 服务，命令如下：

```
[root@qf01 ~]# hiveserver2
```

< 190 >

4．运行程序

运行例 7-1 的程序后，IntelliJ IDEA 的控制台中出现以下内容，表明操作正确：

```
1108    Tom
1101    Sophie
1106    Cocona
```

7.8.3 Hive 用户自定义函数

Hive 的用户自定义函数主要有 3 种，分别是用户自定义普通函数（User Defined Function，UDF）、用户自定义聚合函数（User-Defined Aggregate Funcation，UDAF）、用户自定义表生成函数（User-Defined Table-Generating Function，UDTF）。

由于 Hive 是使用 Java 语言编写的，因此编写 Hive 用户自定义函数也需要使用 Java 语言。下面以实现加法的 UDF 为例，讲解编写 Hive 用户自定义函数的步骤。

① 通过 UDF 对 int 类型的数据进行累加，对 String 类型的数据进行拼接，对 int 类型和 String 类型的数据进行拼接，具体代码如例 7-2 所示。

【例 7-2】MyUDF.java

```
1    package com.qf.hive;
2    import org.apache.hadoop.hive.ql.exec.Description;
3    import org.apache.hadoop.hive.ql.exec.UDF;
4    import java.util.ArrayList;
5    import java.util.List;
6    @Description(
7            name = "addition",                          //函数名称
8            value = "this is an addition function.",   //函数作用描述
9            extended = "example:" +
10               "select addition(3,5,7) => 15 ;" +
11               " select addition('hi','xiaoqian') => hixiaoqian" )
12                public class MyUDF extends UDF {
13    public Integer evaluate(int i, int j) {
14        return i + j;
15    }
16    public String evaluate(String i, String j) {
17        return i + j;
18    }
19    public String evaluate(ArrayList<String> i) {
20        String str = "";
21        for (int j = 0; j < i.size(); j++) {
22            str += i.get(j);
23        }
24        return str;
25    }
26    public int evaluate(List<Integer> i){
27        int j = 0;
28        for (Integer integer : i) {
29            j += integer;
30        }
31        return j;
32    }
33  }
```

< 191 >

上述代码的说明如下。

a. 用户自定义普通函数必须继承 org.apache.hadoop.hive.ql.exec.UDF 类。

b. 用户自定义普通函数必须含有 evaluate()方法，用户可自定义 evaluate()方法的参数类型、参数个数、返回值类型。

② 用 Maven Projects 将模块 testHive 打成 Jar 包（testHive-1.0-SNAPSHOT.jar）。

③ 将 Jar 包复制到虚拟机 qf01 的/mysoft/hive/lib 目录下，在 Beeline 客户端使用 Jar 包，命令如下：

```
jdbc:hive2://> add jar /mysoft/hive/lib/testHive-1.0-SNAPSHOT.jar;
```

④ 将 Java 类加载为 Hive 函数。

将 Java 类加载为 Hive 函数主要有以下两种方式。

创建临时函数，具体代码如下：

```
jdbc:hive2://> create temporary function addition as 'com.qf.hive.MyUDF';
```

创建永久函数，具体代码如下：

```
jdbc:hive2://> create function addition as 'com.qf.hive.MyUDF';
```

⑤ 查看 Hive 内置函数，若出现 addition()函数，则表明函数创建成功：

```
jdbc:hive2://> show functions;
```

⑥ 查看 addition()函数的详细用法：

```
jdbc:hive2://> desc function extended addition;
+--------------------------------------------------------------------------------+--+
|                                tab_name                                        |
+--------------------------------------------------------------------------------+--+
| this is an addition function.                                                  |
| example:select addition(3, 5, 7) => 15,  select addition('hi', 'xiaoqian') =>
hixiaoqian  |
+--------------------------------------------------------------------------------+--+
2 rows selected (0.035 seconds)
```

⑦ 使用 addition()函数，对 int 类型的数据进行累加，具体代码如下：

```
jdbc:hive2://> select addition(array(1, 2, 3));
+------+--+
| _c0  |
+------+--+
| 6    |
+------+--+
1 row selected (0.741 seconds)
```

对 String 类型的数据进行拼接，具体代码如下：

```
jdbc:hive2://> select addition(array('hello', 'world'));
+-------------+--+
|    _c0      |
+-------------+--+
| helloworld  |
+-------------+--+
1 row selected (0.468 seconds)
```

< 192 >

对 int 类型和 String 类型的数据进行拼接，具体代码如下：

```
jdbc:hive2://> select addition(name, age) from select_tbl;
+-----------+--+
|    c0     |
+-----------+--+
| Sophie30  |
| Tom27     |
| Cocona38  |
| Sophie30  |
| Cocona38  |
| Tom27     |
+-----------+--+
6 rows selected (0.297 seconds)
```

⑧ 删除 UDF。删除自定义普通函数 addition()，具体代码如下：

```
jdbc:hive2://> drop temporary function addition;
```

7.9 Hive 性能优化

为了高效地使用 Hive，需要对 Hive 进行性能优化。Hive 性能优化的常用方法如下。

（1）启用本地模式

如果需要处理的数据量不大，可以使用 Hive 的本地模式，该模式比 Hadoop 的集群模式运行速度要快。启用 Hive 本地模式的命令如下：

```
set hive.exec.mode.local.auto=true;                   //默认为 false
set hive.exec.mode.local.auto.inputbytes.max=50000000; //输入字节数，默认为 128MB
set hive.exec.mode.local.auto.input.files.max=8;       //输入文件数，默认为 4
```

> **注意**
>
> 为了便于讲解，命令后面增加了注解内容，使用命令时需要去掉注解。

（2）增加 Hive 的并行执行线程数

Hive 在执行查询语句时，会执行一个或者多个阶段（Stage），这些阶段常用于执行 MapReduce 任务、采样、合并、limit 等操作。Hive 一般一次执行一个阶段。当 Hive 执行多个阶段，并且这些阶段不存在依赖关系时，这些阶段可以并行执行，以缩短执行时间。设置 Hive 的并行执行属性，并增加 Hive 并行执行线程数的命令如下：

```
set hive.exec.parallel=true;                  //默认为 false
set hive.exec.parallel.thread.number=16;      //默认可执行的最大并行线程数为 8
```

（3）优化多表连接操作中的表顺序

Hive 在执行多表连接操作时，会将小表放在前面，大表放在后面。这是因为 Hive 在执行多表连接操作时，会先将数据缓存起来，最后和后面的表进行连接。如果小表在前，缓存数据相对较少。

（4）使用 Map Join

如果一个表足够小，可以完全加载到内存中，那么 Hive 可以使用 Map Join。自动启用 Map Join

< 193 >

和设置小表大小的命令如下：

```
set hive.auto.convert.join=true;                        //自动启用 Map Join，默认为 false
set hive.mapjoin.smalltable.filesize=600000000;          //小表的大小默认为 25MB
```

（5）合理设置桶表连接（Bucket Map Join）

在将大量数据进行连接时，使用 Map Join 会出现内存不足的情况。如果使用 Bucket Map Join，就可以把少量桶的数据放到内存中进行 Map Join 操作。设置 Bucket Map Join 的命令如下：

```
set hive.auto.convert.join=true;                        //自动启用 Map Join，默认为 false
set hive.optimize.bucketmapjoin = true                  //默认为 false
```

（6）使用 left semi join

使用 left semi join 语句时，不要使用内连接。左表中指定的某条记录一旦在右表中找到，left semi join 就立即停止扫描，效率更高。

（7）启用 limit 优化

使用 limit 优化时，返回执行的是整个语句后的部分结果。设置启用 limit 优化的命令如下：

```
set hive.limit.optimize.enable=true;
```

（8）优化数据倾斜问题

如果是数据分布不均匀导致的数据倾斜，可以采用以下优化方式：

```
set hive.optimize.skewjoin=true;        //默认为 false
//如果 key 的个数超过该设定值，新的数据会发送给其他空闲的 Reduce
set hive.skewjoin.key=100000;
```

（9）group by 操作优化

Hive 可以在 Map 阶段进行部分聚合操作，以减少 Reduce 阶段的操作。而 group by 操作也是一种可以在 Map 阶段进行的聚合操作。

设置在 Map 阶段进行聚合的命令如下：

```
set hive.map.aggr=true;                                //默认为 true
```

设置 Map 阶段进行 group by 操作的条目数，命令如下：

```
set hive.groupby.mapaggr.checkinterval=100000;   //默认为 100000 条
```

Hive 在使用 group by 时经常发生数据倾斜，可以进行如下优化：

```
set hive.groupby.skewindata=true;                      //默认为 false
```

设置好以上属性后，Hive 在使用 group by 时会触发一个额外的 MapReduce 作业。该作业 Map 阶段的输出数据将被随机地发送给 Reducer，以避免数据倾斜。

（10）合并小文件

小于 HDFS 块大小的小文件数目过多时，会大量占用 HDFS 的 NameNode 存储空间。合并小文件的命令如下：

```
set hive.merge.mapfiles=true                        //在 Map 阶段合并小文件
set hive.merge.mapredfiles=true                     //在 MapReduce 作业完成后合并小文件
set hive.merge.size.per.task=256000000              //设置作业完成后合并小文件的大小
set hive.merge.smallfiles.avgsize=16000000          //设置触发合并小文件的阈值
```

< 194 >

（11）设置 Reduce 个数

启用 MapReduce 作业时，Reduce 的个数对作业执行效率的影响较大。如果未设置 Reduce 个数，Hive 会通过以下两个属性来猜测确定 Reducer 的个数：

```
hive.exec.reducers.bytes.per.reducer
hive.exec.reducers.max
```

Reduce 个数 N 的计算公式如下：

$$N=\min(参数\ 2,\ 总输入数据量/参数\ 1)$$

参数 1 表示每个 Reduce 处理的数据大小，默认为 256MB，参数 2 表示最大的 Reduce 个数。

在实际开发环境中，可以根据自身业务数据的特点设置上述两个属性，示例如下。

```
jdbc:hive2://> hive.exec.reducers.bytes.per.reducer=300000000
jdbc:hive2://> hive.exec.reducers.max=16
```

（12）通过数据处理和合并优化数据倾斜问题

如果是业务逻辑的原因导致优化效果不明显，可以取出倾斜的数据进行处理，之后将处理完的数据与原数据进行合并。

7.10　实战演练：机顶盒数据分析

机顶盒产生的用户原始数据都有一定的格式，包含机顶盒号以及收看的频道、节目、时间等信息。用户的原始数据通常不直接交给 Hive 处理，而是需要经过一个清洗和转化的过程。这个过程一般通过 Hadoop 作业来实现，将原始数据转化成与 Hive 表对应的格式。

1. 用户数据预处理

用户数据预处理是指通过 MapReduce 作业将日志转化为固定的格式。

用户的原始数据如下：

```
< GHApp>< WIC cardNum="1370695139" stbNum="03111108020232488" date="2023-09-21"
pageWidgetVersion="1.0">< A e="13:55:11" s="13:50:10" n="104" t="1" pi="789"
p="%E5%86%8D%E5%9B%9E%E9%A6%96(21)" sn="BTV 影视" />< /WIC>< /GHApp>
```

转化之后的数据如下（字段之间使用 "@" 分隔符号）：

```
1370695139@03111108020232488@2023-09-21@BTV 影视@再回首@13:50:10@13:55:11@301
```

上面的字段分别代表机顶盒号、用户编号、收看日期、频道、栏目、开始时间、结束时间、收视时长。

2. 创建 Hive 表

根据对应字段，使用 Hive 创建表，命令如下：

```
create table tvdata(cardnum string,stbnum string,date string,sn string,p string,s
string,e string,duration int) row format delimited fields terminated by '@' stored
as textfile;
```

3. 将 HDFS 中的数据导入表中

使用以下命令，将 HDFS 中的数据导入表中：

```
load data inpath '/media/tvdata/part-r-00000' into table tvdata;
```

< 195 >

4．编写 SQL 语句分析数据

使用 SQL 语句，统计每个频道的人均收视时长：

```
select sn,sum(duration)/count(*) from tvdata group by sn;
```

这里使用的 SQL 语句只是从一个角度分析数据，读者还可以尝试从多个角度来分析数据。

本章小结

本章主要讲解了数据仓库 Hive，包括数据仓库和 Hive 的基础知识、Hive 的安装、Hive 的数据类型和常用操作、机顶盒数据分析。通过对本章内容的学习，读者可以掌握对 Hive 和表的操作，同时加深对 MapReduce 和 HDFS 原理的理解，为后续 Hive 与 Hadoop 中其他组件的联合使用奠定基础。

习题

一、填空题

1．Hive 中的基本数据类型可以进行隐式转换，_____类型能够自动转为 int 类型。

2．在 Hive 复杂数据类型中，_____类型的数据以键值对的形式存在。

3．Hive 表的查询操作主要是通过_____查询语句来实现的。

4．Hive 表分区的添加方式有两种：_____和_____。

5．Hive 中的_____是一种不存放真实数据的虚拟表，是基于一个或多个表的查询结果生成的。

二、选择题

1．下列选项中，可以完成 Hive 大部分查询操作的是（　　）。

    A．MapReduce 作业　　　　　　　　　　B．HDFS 作业

    C．HBase 作业　　　　　　　　　　　　D．YARN 作业

2．下列选项中，属于 Hive 复杂数据类型的是（　　）。

    A．ARRAY　　　　　B．MAP　　　　　C．STRUCT　　　　　D．UNION

3．下列关键字中，属于外部表中关键字的是（　　）。

    A．over　　　　　B．outer　　　　　C．exterior　　　　　D．external

4．下列用于复制指定表中表结构和数据的是（　　）。

    A．like　　　　　B．copy　　　　　C．as　　　　　D．replication

5．下列选项中，属于 Hive 用户自定义函数的是（　　）。

    A．UDF　　　　　B．UDAF　　　　　C．UDTF　　　　　D．UDHF

三、简答题

1．请简述 Hive 优化数据倾斜的方式。

2．请简述 Hive 中使用连接的方式。

< 196 >

第 **8** 章 分布式存储系统 HBase

学习目标
- 掌握 HBase 的数据模型、架构和文件存储格式。
- 掌握 HBase 的表设计原则和数据写入流程。
- 熟练运用 HBaseShell 和 Java API 进行操作，能够执行常见操作和开发简单应用。
- 了解 HBase 过滤器和比较器的应用，能够描述它们在数据查询中的作用。
- 了解 HBase 与 Hive 的集成和性能优化，能够解释两者的关系和基本性能优化策略。

　　HBase 可在由廉价硬件构成的集群上管理大规模数据。相对于关系型数据库，HBase能够更灵活地通过增加节点的方式实现线程的扩展，从而更高效地处理分布式的大规模数据。当需要对大规模数据集进行实时读/写、随机访问时，可以考虑使用 HBase。本章将深入探讨分布式存储系统 HBase 的关键技术，对 HBase 模型的基础知识、数据模型、架构、文件存储模式、存储流程、表设计、操作方法（HBaseShell 和 Java API）、过滤器和比较器的应用、与 Hive 的结合、性能优化等内容进行重点讲解。

8.1 初识 HBase

微课视频

　　数据的爆炸式增长使高效的存储和管理成为现代信息处理的核心挑战之一。在此背景下，HBase 作为一种强大的分布式存储系统应运而生，为大规模数据的存储和访问提供了可靠的解决方案。本节将对 HBase 进行简介，探索其数据模型、架构和文件存储格式以及HBase 与 HDFS 的密切关系。

8.1.1 HBase 简介

　　HBase 是一个基于 Hadoop 的、分布式的、面向列的开源数据库，它借鉴了 Google 的Bigtable 技术，同时使用 Hadoop 的 HDFS 作为文件存储系统，以支持其分布式架构。类似于 Google Bigtable 使用 MapReduce 来处理数据，HBase 借助 Hadoop 的 MapReduce 来处理海量数据。此外，HBase 还使用 ZooKeeper 来实现分布式协调和管理。

　　HBase 具有以下特点。
- ① 实时性强：可以实现对大数据的随机访问和实时读/写。
- ② 存储空间大：可以存储 10 亿行、百万列、上千个版本的数据。
- ③ 具有可伸缩性：可以通过增删节点实现数据的伸缩性存储。
- ④ 可靠性强：HBase 的 RegionServer 之间可以实现自动故障转移。
- ⑤ 面向列：采用面向列（簇）的存储和权限控制，列（簇）可独立检索。
- ⑥ 数据类型单一：HBase 中的数据都是字符串，没有其他类型。

8.1.2 HBase 的数据模型

HBase 的数据模型主要为命名空间（Namespace）、表（Table）、行键（Rowkey）、列簇（Column Family）、列（Column）、时间戳（Timestamp）、单元格（Cell）。

1．命名空间

命名空间可以对表进行逻辑分组，类似于关系型数据库系统中的数据库。

2．表

表由行键和列簇组成，按行键的字典顺序进行排序。

3．行键

行键是每一行数据的唯一标识，可以使用任意字符串表示。行键的最大长度为 64KB，实际应用中一般为 10～1000B。在 HBase 内部，行键保存为字节数组。

4．列簇

列簇是列的集合，在创建表时必须声明列簇。一个列簇的所有列使用相同的前缀（列簇名称）。HBase 所谓的列式存储就是指数据按列簇进行存储，这种设计便于进行数据分析。

5．列

列以键值对的形式进行存储。列的值是字节数组，没有类型和长度限定。列的格式通常为 column family:qualifier。例如，name:tom 列和 name:jack 列都是列簇 name 的成员。:后的内容通常称为限定符（Qualifier）。限定符可以是任意的字节数组，相同列簇中的限定符的名称是唯一的。列的数量可以达到百万级别。

6．单元格

单元格是指由行键、列簇、版本唯一确定的单元。单元格中的数据全部以字节码形式存储。

7．时间戳

每个单元格通常保存着同一份数据的多个版本（Version），它们用时间戳来区分。时间戳是 64 位的整型数据。

时间戳可以被自动赋值或显式赋值。自动赋值是指在数据写入时，HBase 可以自动对时间戳进行赋值，该值是精确到毫秒的当前系统时间。显式赋值是指时间戳可以由客户显式指定。

为了方便进行数据的版本管理，HBase 提供了两种数据版本回收方式。

① 保存数据的最后 n 个版本。

② 保存最近一段时间内的版本（例如最近 7 天的版本）。

用户可以针对列簇进行自定义设置。

HBase 表的简单样式如表 8-1 所示。

表 8-1 HBase 表的样式

Rowkey	Column Family			Column Family			Column Family		
	col1	col2	col3	col1	col2	col3	col1	col2	col3
1									
2									
3									

< 198 >

8.1.3　HBase 架构

HBase 的架构专为大规模数据存储和高性能访问而设计。通过采用分布式体系结构，HBase 能够有效地处理数据，并提供随机读/写、实时查询和高可用性等功能。HBase 的架构如图 8-1 所示。

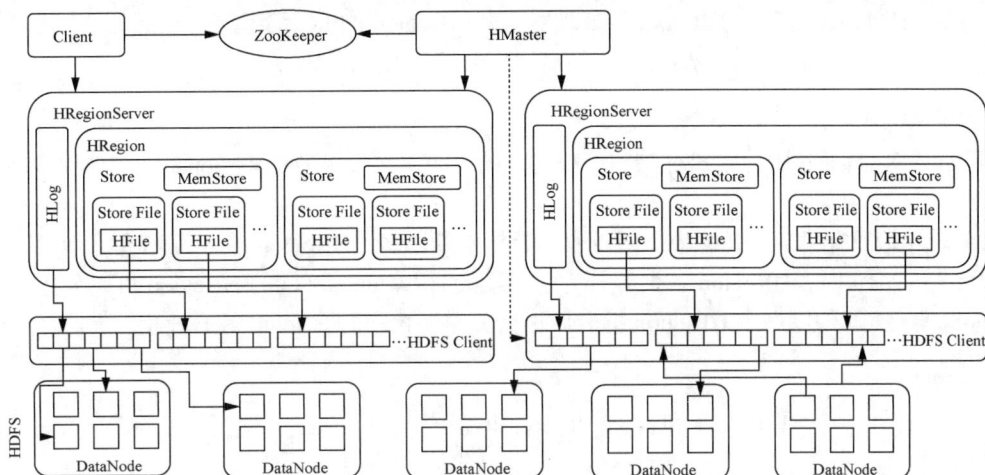

图 8-1　HBase 的架构

由图 8-1 可以看出，HBase 是建立在 Hadoop 之上的，底层依赖 HDFS。HBase 主要涉及 4 个模块：Client（客户端）、ZooKeeper、HMaster（主服务器）、HRegionServer（区域服务器）。其中，HRegionServer 模块包括 HRegion、Store、MemStore、StoreFile、HFile、HLog 等组件。下面对 HBase 涉及的主要模块和组件进行讲解。

1．Client

Client 通过 RPC 机制与 HBase 的 HMaster 和 HRegionServer 进行通信。Client 与 HMaster 进行管理类通信，与 HRegionServer 进行数据读/写类通信。

2．ZooKeeper

ZooKeeper 在 HBase 中主要有以下两个方面的作用。

① HRegionServer 主动向 ZooKeeper 集群注册，使 HMaster 可以随时感知各个 HRegionServer 的运行状态（是否在线），避免 HMaster 出现单点故障问题。

② HMaster 启动时会将 HBase 的系统表加载到 ZooKeeper 集群中，通过 ZooKeeper 集群可以获取当前系统表 hbase:meta 的存储所对应的 HRegionServer 信息。其中，系统表是指命名空间 Hbase 下的 namespace 表和 meta 表。

3．HMaster

HMaster 负责维护表和 HRegion 的元数据信息。表的元数据信息保存在 ZooKeeper 上，HMaster 负载较小。HBase 一般有多个 HMaster，可实现故障的自动转移。HMaster 主要有以下几个方面的作用。

① 管理用户对表的增、删、改、查操作。

② 为 HRegionServer 分配 HRegion，负责 HRegionServer 的负载均衡。

③ 发现离线的 HRegionServer，并为其重新分配 HRegion。

④ 负责 HDFS 上的垃圾文件回收。

< 199 >

4．HRegionServer

HRegionServer 负责管理 HRegion 对象，是 HBase 中的核心模块。一个 HRegionServer 一般会有多个 HRegion 和一个 HLog，用户可以根据实际需要添加或删除 HRegionServer。

HRegionServer 主要有以下几个方面的作用。

① 维护 HMaster 分配的 HRegion，处理对这些 HRegion 的 I/O 请求。

② 负责切分在运行过程中变得过大（默认超过 256MB）的 HRegion。

5．HRegion

HRegion 是 Hbase 中分布式存储和负载均衡的最小单元。一个 HRegion 由一个或者多个 Store 组成。

每个表开始只有一个 HRegion。随着表中数据不断增多，HRegion 会不断增大，增大到一定阈值（默认 256MB）时，HRegion 就会等分为两个新的 HRegion。不同的 HRegion 可以分布在不同的 HRegionServer 上，但同一个 HRegion 拆分后也会分布在相同的 HRegionServer 上。

6．Store

一个 Store 由一个 MemStore 和若干个 StoreFile 组成。一个 Store 保存一个列簇。Store 是 HBase 存储的核心。

7．MemStore

MemStore 存储在内存中。当大小达到一定阈值（默认 128MB）时，MemStore 会被刷新写入（Flush）磁盘文件，即生成一个快照。当关闭 HRegionServer 时，MemStore 会被强制刷新写入磁盘文件。

以下是 MemStore 刷新写入磁盘文件的条件。

① 达到 hbase.regionserver.global.MemStore.upperLimit，默认是 0.4，即达到堆内存的 40%。

② 达到 hbase.hregion.MemStore.flush.size，默认是 128MB。

③ 达到 hbase.hregion.preclose.flush.size，默认是 5MB，并且确保 HRegion 已经关闭。

8．StoreFile

StoreFile 是指 MemStore 中的数据写入磁盘后得到的文件。StoreFile 存储在 HDFS 上。

综上所述，HRegion 的组件之间的关系为：一个 HRegion 由一个或者多个 Store 组成；一个 Store 由一个 MemStore 和若干个 StoreFile 组成；一个 Store 保存一个列簇；StoreFile 存储在 HDFS 上，MemStore 存储在内存中。

8.1.4　HBase 文件存储格式

HBase 的文件存储格式主要有 HFile 和 HLog 两种。

1．HFile

HFile 是 HBase 中键值数据的存储格式。HFile 文件是 Hadoop 的二进制格式文件，StoreFile 底层存储使用的就是 HFile 文件。

一个 HFile 文件通常分解成多个块，各项针对 HFile 的操作都以块为操作单元。为了最大限度地发挥存储效能，HFile 的块大小可以在列簇级别中进行设置，推荐设置为 8KB～1024KB。尽管较大的块有利于顺序读/写数据，但是由于需要解压更多的数据，并不便于数据的随机读取。相比之下，较小的块有利于随机读/写，但却需要占用更多内存，数据写入文件时相对较慢。

< 200 >

2. HLog

HLog 是 HBase 中 WAL（Write-Ahead-Log，预写日志）文件的存储格式，是 RegionServer 在处理数据过程中用来记录操作内容的特殊日志形式。WAL 文件在物理上采用了 Hadoop SequenceFile 文件格式。

HBase 在处理数据时，先将数据临时保存在内存中，当数据量达到设置的阈值时，将数据写入磁盘，这样做可以减少小文件。如果存储在内存中的数据由于设备故障等原因未及时写入磁盘，就会出现数据丢失的情况。WAL 文件解决了这种问题，如果设备出现故障，HBase 可以通过 WAL 文件恢复数据。

8.1.5 HBase 存储过程

为了进一步理解 HBase 的工作原理和工作流程，需要了解其数据的存储过程和查询解析过程。下面分别进行讲解。

1. HBase 的数据存储过程解析

在 HBase 中，确保数据的持久性和可靠性是核心目标之一。HBase 通过精心设计的数据存储过程将数据写入系统，从提交变更操作到实现数据的持久化，每个阶段都严格确保数据的安全性和一致性。HBase 数据存储过程的示意图如图 8-2 所示。

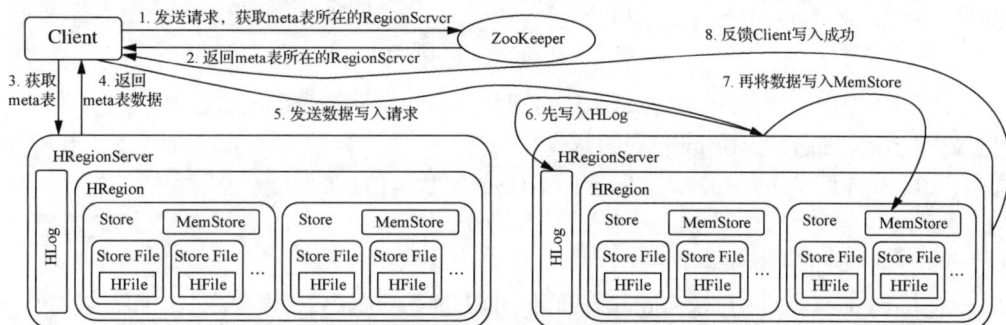

图 8-2　HBase 的数据存储过程

从图 8-2 可以看出，HBase 的数据存储过程可以分为以下几个阶段。

（1）定位目标 HRegionServer

Client 首先连接 ZooKeeper，以获取目标表的元数据；通过 HBase 的 meta 表，Client 确定目标数据位于哪个 HRegion，而 HRegion 则归属于一个特定的 HRegionServer。meta 表记录了各表的 HRegion 以及每个 HRegion 被哪个 HRegionServer 所管理。（步骤 1、2）

（2）获取目标 HRegion 地址

Client 与所定位的 HRegionServer 通信，查询 meta 表，以获得目标表的 HRegion 位置信息，包括命名空间、表名和行键等信息，用于确定要写入数据的具体 HRegion。（步骤 3、4）

（3）发送写入请求

Client 向目标 HRegionServer 发送数据写入请求，开始数据写入流程。为确保数据不会丢失，首先将数据写入 HRegionServer 的 HLog 中。HLog 是预写日志，即使在后续阶段出现故障，数据变更也能得到保护。（步骤 5、6）

（4）数据写入 MemStore

数据变更同时被写入目标 HRegion 的 Store 模块中的 MemStore。在 MemStore 中，数据按照行

< 201 >

键有序存储，以便于后续的查询和访问操作。（步骤 7）

（5）确认写入完成

当数据成功写入 HLog 和 MemStore 后，HRegionServer 向 Client 发送写入完成的确认信号，表明数据已经安全写入。（步骤 8）

2．HBase 的数据读取流程解析

当需要从海量数据中快速检索和获取特定信息时，HBase 的数据读取流程发挥了关键作用。这一过程经过多级优化，从 Client 请求到数据访问，通过高效的内存缓存、文件访问和版本合并等策略，确保用户能够以高效、可靠的方式检索到所需数据。HBase 数据读取流程的示意图如图 8-3 所示。

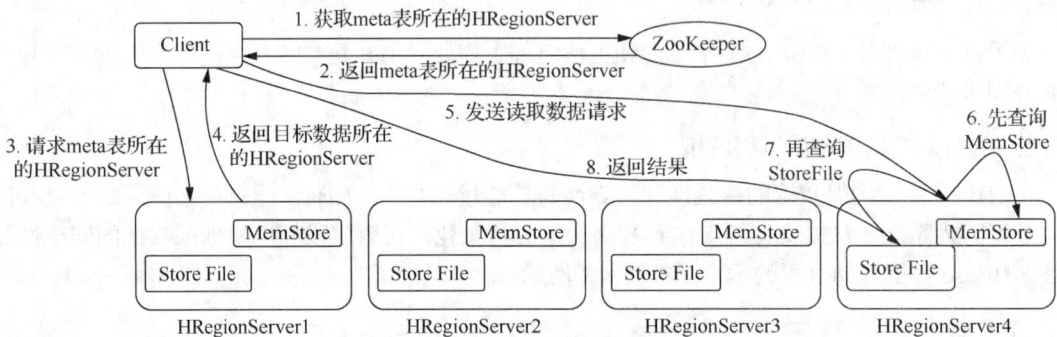

图 8-3　HBase 的数据读取流程

从图 8-3 可以看出，HBase 的数据读取流程可以分为以下几个阶段。

（1）访问 ZooKeeper，定位 meta 表的位置

首先，Client 连接 ZooKeeper，获取存储 HBase 元数据信息的 meta 表所在的 HRegionServer。（步骤 1、2）

（2）获取 meta 表信息并缓存

Client 连接到 meta 所在的 HRegionServer 后，通过查询 meta 表，根据命名空间、表名以及行键等参数，确定目标数据存储在哪个 HRegionServer 的哪个 HRegion 中。Client 将涉及表的 Region 信息和 meta 表的位置信息缓存在本地的 meta cache 中，以便未来快速访问。（步骤 3、4）

（3）与目标 HRegionServer 通信

Client 发送读取请求，连接到包含目标数据的 HRegionServer，建立通信通道，为后续的数据查询做准备。（步骤 5）

（4）数据查询和合并

Client 根据存储在 meta cache 中的信息，分别查询 Block cache、MemStore 以及 Store File 中的数据。查询结果可能包括同一数据的不同版本（时间戳）或不同类型（Put/Delete）。所有查询结果会被合并，为后续的数据返回做准备。（步骤 6、7）

（5）返回查询结果

合并后的查询结果将返回给 Client，其中可能包含多个版本或类型的数据。

8.1.6　HBase 和 HDFS

HBase 和 HDFS 是 Hadoop 生态系统中两个紧密关联的组件，它们在大规模数据存储和处理方面发挥着不同的作用，通过相互协同工作来实现分布式存储和分析。

< 202 >

1．HBase 和 HDFS 的联系

① HBase 是建立在 HDFS 之上的，它使用 HDFS 作为数据的底层存储。HBase 中的数据以 HFile 的形式存储在 HDFS 的数据块中。

② HBase 和 HDFS 都依赖于 Hadoop 生态系统提供的一致性和可靠性机制，通过复制和冗余来保障数据的安全。

2．HBase 和 HDFS 的区别

① HBase 是建立在 Hadoop 基础上的分布式大数据存储系统，用于实现高度随机的数据访问和实时读/写能力，从而实现低延迟的数据处理。

② HDFS 是一个分布式文件系统，适用于大规模数据的批量处理，优势在于高吞吐的数据写入和读取，但不支持数据随机查找和实时更新，也不适合增量数据处理。

8.2 HBase 表设计

在构建大规模数据存储解决方案时，HBase 的表设计是至关重要的环节。通过合理的表设计，可以最大程度地优化数据存储、检索和处理的效率，从而确保系统能够高效地应对各种数据管理的挑战。本节将详细介绍 HBase 表设计中的行键设计和列簇设计。

微课视频

8.2.1 行键设计

在 HBase 中，表会被划分为若干个 HRegion，托管在 RegionServer 中。每个 HRegion 都有 StartKey 与 EndKey 属性，表示该 HRegion 维护的行键的范围。进行数据读/写时，系统根据行键的范围快速定位到目标 HRegion，实现数据的操作。行键的设计对定位数据的速度具有重要影响。在 HBase 表设计中，合理划分 HRegion 和优化行键的选择至关重要。

行键设计有 3 大原则，分别为长度原则、散列原则和行键唯一原则。

1．长度原则

行键是一个二进制码，其长度的选择对数据存储和检索的性能影响重大。通常建议设计为 10～100B，尽量越短越好，不应超过 16B，原因如下。

① 数据的持久化文件 HFile 按照键值的形式存储数据。如果行键过长（如 100B），那么对于 1000 万列的数据而言，仅行键就占据 10 亿个字节（1GB）的存储空间，极大影响 HFile 的存储效率。

② MemStore 将部分数据缓存到内存中。行键过长会降低内存的有效利用率，限制系统能够缓存的数据量，影响检索效率。因此行键的字节长度越短越好。

2．散列原则

当设计 HBase 表的行键时，散列原则有助于有效地分散数据，减少热点问题，并提高系统的负载均衡和性能。散列原则通常使用以下技术来实现。

① 加盐（Salting）：通过在行键的前面增加随机数前缀来确保每个行键的开头不同。前缀数量应与希望分散到 Region 的数量相匹配，这样可以确保数据在存储和访问过程中分布均匀，以避免热点问题。

② 哈希（Hashing）：利用哈希算法，使相同的行始终具有相同的哈希前缀，将负载分散到整个集群。需要注意的是，哈希是确定性的，这会影响数据的有序性。

< 203 >

③ 行键反转（RowKey Reverse）：指将行键的一部分（通常是固定长度或者数字格式的部分）进行反转，然后再作为新的行键使用。例如，以手机号作为行键时，可以将手机号的数字反转后作为新的行键。这样做是为了改变行键的分布，从而在一定程度上实现数据的散列，但可能会影响行键的有序性。

3. 行键唯一原则

行键不仅用于标识数据，还用于在存储时按照字典顺序进行排序。设计行键时必须保证每个行键只出现一次，以防止数据冲突和不一致性。行键的唯一性确保了数据的准确性和可靠性。在表中，行键的字典顺序排序方式能够被巧妙地利用，将常常一起访问的数据存储在相邻区域。这样做减少了数据的跳转和读取次数，从而提高了访问效率。

8.2.2 列簇设计

列簇在表创建时定义，并且在 HBase 中是静态的，不支持后续的动态添加或删除。因此，列簇设计的原则是在合理范围内尽量减少列簇。Hbase 官网建议每张表的列簇数为 1～3 个。

最优设计是将所有相关性较强的键值对都放在同一个列簇下，这样既能做到查询效率最高，也能保持尽可能少地访问不同的磁盘文件。

以用户信息为例，可以将必需的基本信息存放在一个列簇中，而一些附加的额外信息可以放在另一列簇中。

8.3 HBase 安装和部署

本书使用的是 2.4.11 版本的 HBase，安装包可以从 HBase 的官网进行下载。HBase 提供了多种安装模式，包括单机模式、伪分布式模式、完全分布式模式、HA 模式，以适应不同的需求和场景。

（1）单机模式

在单机模式下，HBase 运行在单台计算机上，所有组件都运行在同一进程中。这种模式适用于开发和测试环境，但不适用于生产环境。

（2）伪分布式模式

在伪分布式模式下，HBase 在单台计算机上模拟了一个分布式环境，不同的 HBase 组件运行在不同的进程中，但仍在同一台计算机上。这种模式可以更好地模拟分布式环境，适用于开发和测试环境。

（3）完全分布式模式

在完全分布式模式下，HBase 运行在真实的分布式集群中，每个节点都承担特定的角色，例如 HMaster 或 HRegionServer；数据分布在多台计算机上，实现高可用性和扩展性。

（4）HA 模式

HA 模式是完全分布式模式的一种变种，主要用于保证系统的高可用性。在 HA 模式下，HBase 会使用 ZooKeeper 来实现 HMaster 节点的自动故障转移，确保即使某个 HMaster 节点出现故障，系统仍能继续运行。

本书主要讲述完全分布式模式、HA 模式的安装步骤。

8.3.1 完全分布式模式

完全分布式模式的安装步骤如下。

< 204 >

① 将 HBase 安装包 hbase-2.4.11-bin.tar.gz 放置在虚拟机 qf01 的/root/Downloads/目录下，并切换到 root 用户；解压 HBase 安装包到/mysoft 目录下，具体命令如下：

```
[root@qf01 ~]# tar -zxvf /root/Downloads/hbase-2.4.11-bin.tar.gz -C /mysoft/
```

② 切换至/mysoft 目录，将解压后的文件 hbase-2.4.11 重命名为 hbase，具体命令如下：

```
[root@qf01 ~]# cd /mysoft/
[root@qf01 mysoft]# mv hbase-2.4.11 hbase
```

③ 编辑/etc/profile 文件，配置 HBase 的环境变量，具体命令如下：

```
[root@qf01 mysoft]# vi /etc/profile
```

在文件末尾添加以下 3 行内容：

```
# HBase environment variables
export HBASE_HOME=/mysoft/hbase
export PATH=$PATH:$HBASE_HOME/bin
```

④ 使环境变量生效，具体命令如下：

```
[root@qf01 mysoft]# source /etc/profile
```

⑤ 切换至/mysoft/hbase/conf 目录，修改文件 hbase-env.sh，具体命令如下：

```
[root@qf01 mysoft]# cd /mysoft/hbase/conf
[root@qf01 conf]# vi hbase-env.sh
```

将以下内容添加到 hbase-env.sh 的最后面：

```
export HBASE_MANAGES_ZK=false
```

⑥ 修改 hbase-site.xml 文件，将<configuration>和</configuration>标签中的内容替换为以下内容（即在该文件中配置 ZooKeeper 集群的主机名、存放数据的目录以及 HBase 存储数据的目录等）：

```
<configuration>
<property>
<name>hbase.zookeeper.quorum</name>
<value>qf01,qf02,qf03</value>
<description>The directory shared by RegionServers.
</description>
</property>
<!-- <property>-->
<!-- <name>hbase.zookeeper.property.dataDir</name>-->
<!-- <value>/export/zookeeper</value>-->
<!-- <description> 记得修改 ZooKeeper 的配置文件 -->
<!-- ZooKeeper 的信息不能保存到临时文件夹-->
<!-- </description>-->
<!-- </property>-->
<property>
<name>hbase.rootdir</name>
<value>hdfs://qf01:9870/hbase</value>
<description>The directory shared by RegionServers.
</description>
</property>
<property>
<name>hbase.cluster.distributed</name>
<value>true</value>
```

< 205 >

```
</property>
</configuration>
```

⑦ 修改 hbase 下 conf 目录的 regionservers 文件，该文件主要存储 hbase 集群的节点名称，内容如下：

```
qf01
qf02
qf03
```

⑧ 解决 HBase 和 Hadoop 的 log4j 兼容性问题，修改 HBase 的 jar 包，使用 Hadoop 的 jar 包，命令如下：

```
[root@qf01 hbase]$ mv /mysoft/hbase/lib/client-facing-
thirdparty/slf4j-reload4j-1.7.33.jar /mysoft/hbase/lib/client-
facing-thirdparty/slf4j-reload4j-1.7.33.jar.bak
```

⑨ 将 hbase 目录分发给其他节点：

```
[root@qf01 hbase]#scp -r /mysoft/hbase qf02:/mysoft
[root@qf01 hbase]# scp -r /mysoft/hbase qf02:/mysoft
```

⑩ 启动 HBase 的完全分布式模式，具体命令如下：

```
[root@qf01 bin]# start-hbase.sh
```

⑪ 使用 jps 命令查看 HBase 进程，结果如下：

```
[root@qf01 conf]# xcmd.sh jps
--------- qf01 ----------
9040 Jps
7107 HRegionServer
2051 DataNode
2404 NodeManager
1909 NameNode
2583 JobHistoryServer
6874 HMaster
2750 QuorumPeerMain
--------- qf02 ----------
7202 Jps
1796 DataNode
2132 NodeManager
2582 QuorumPeerMain
5784 HRegionServer
1996 ResourceManager
--------- qf03 ----------
5843 HRegionServer
1799 DataNode
1896 SecondaryNameNode
2249 QuorumPeerMain
7483 Jps
2028 NodeManager
```

⑫ 在浏览器中输入以下网址：

```
http://192.168.142.131:16010
```

可访问 HBase 的 Web 界面，如图 8-4 所示。

< 206 >

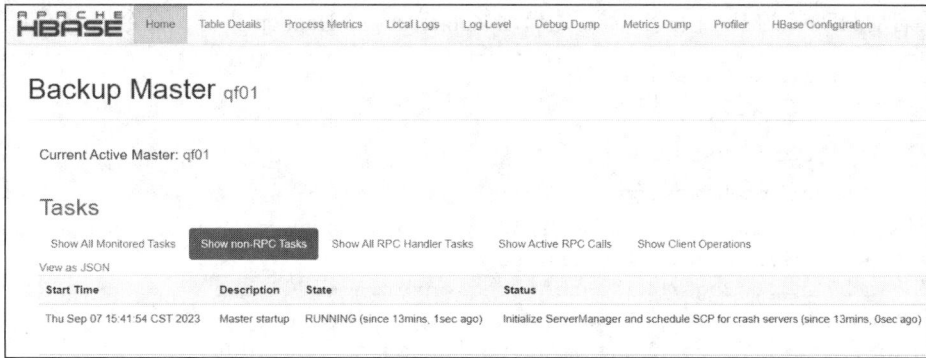

图 8-4　HBase 的 Web 界面

⑬ 关闭 HBase 的具体命令和输出结果如下：

```
[root@qf01 conf]# stop-hbase.sh
stopping hbase......
```

关闭 HBase 时会出现自动打点，需要耐心等待。

8.3.2　HA 模式

下面从安装规划、安装步骤、启动和关闭 HBase 进程 3 个方面，介绍 HBase 的 HA 模式。

1．安装规划

HA 模式的安装规划如表 8-2 所示。

表 8-2　HA 模式的安装规划

主机名	IP 地址	相关进程
qf01	192.168.142.131	NameNode、DataNode、NodeManager、ResourceManager DFSZKFailoverController、QuorumPeerMain、JournalNode、HMaster、HRegionServer
qf02	192.168.142.132	NameNode、DataNode、NodeManager、ResourceManager DFSZKFailoverController、QuorumPeerMain、JournalNode、HMaster、HRegionServer
qf03	192.168.142.133	DataNode、NodeManager、QuorumPeerMain、JournalNode、HRegionServer

2．安装步骤

HA 模式的安装步骤如下。

① 关闭 HBase 集群（如果没有开启则跳过此步），命令如下：

```
[root@qf01 hbase]$ bin/stop-hbase.sh
```

② 在 conf 目录下创建 backup-masters 文件，命令如下：

```
[root@qf01 hbase]$ touch conf/backup-masters
```

③ 在 backup-masters 文件中配置高可用 HMaster 节点，命令如下：

```
[root@qf01 hbase]$ echo qf02 > conf/backup-masters
```

④ 使用 scp 命令将整个 conf 目录同步到其他节点，命令如下：

```
[root@qf01 hbase]$ scp -r  /mysoft/hbase/conf qf02:/mysoft/hbase/
[root@qf01 hbase]$ scp -r  /mysoft/hbase/conf qf03:/mysoft/hbase/
```

< 207 >

⑤ 要启动 HBase 的 HA 模式，需要先启动 Zookeeper 和 Hadoop 集群，命令如下：

```
[root@qf01 ~]# xzk.sh start
[root@qf01 ~]# start-dfs.sh
[root@qf01 ~]# start-yarn.sh
[root@qf01 ~]# start-hbase.sh
starting master, logging to /mysoft/hbase/logs/hbase-root-master-qf01.out
qf03:starting regionserver, logging to
/mysoft/hbase/bin/../logs/hbase-root-regionserver-qf03.out
qf02:starting regionserver, logging to
/mysoft/hbase/bin/../logs/hbase-root-regionserver-qf02.out
qf01:starting regionserver, logging to
/mysoft/hbase/bin/../logs/hbase-root-regionserver-qf01.out
qf02:starting master, logging to
/mysoft/hbase/bin/../logs/hbase-root-master-qf02.out
```

⑥ 使用 jps 命令查看进程：

```
[root@qf01 conf]# xcmd.sh jps
============ qf01 jps ============
5570 ResourceManager
2339 QuorumPeerMain
4887 NameNode
6183 HMaster
5224 JournalNode
5417 DFSZKFailoverController
5705 NodeManager
6329 HRegionServer
5004 DataNode
6623 Jps
============ qf02 jps ============
3984 DFSZKFailoverController
4082 ResourceManager
4709 Jps
4167 NodeManager
3658 NameNode
3851 JournalNode
3741 DataNode
4382 HRegionServer
4462 HMaster
2367 QuorumPeerMain
============ qf03 jps ============
3664 NodeManager
3425 DataNode
4034 Jps
3860 HRegionServer
2541 QuorumPeerMain
3535 JournalNode
```

出现以上进程，表明 HBase 的 HA 模式启动成功。

3. 启动和关闭 HBase 进程

启动和关闭 HBase 进程的常用命令及含义如表 8-3 所示。

< 208 >

表 8-3　启动和关闭 Hadoop 进程的常用命令及含义

命令	含义
start-hbase.sh	启动所有 HMaster、HRegionServer、备份的 HMaster 进程
stop-hbase.sh	关闭所有 HMaster、HRegionServer、备份的 HMaster 进程
hbase-daemon.sh start master	单独启动 HMaster 进程
hbase-daemon.sh stop master	单独关闭 HMaster 进程
hbase-daemons.sh start regionserver	启动所有的 HRegionServer 进程
hbase-daemons.sh stop regionserver	关闭所有的 HRegionServer 进程
hbase-daemons.sh start master-backup	启动所有备份的 HMaster 进程
hbase-daemons.sh stop master-backup	关闭所有备份的 HMaster 进程

8.4　HBase Shell 的常用操作命令

HBase 提供了一个与用户交互的 Shell 终端，其一部分运维工作需要通过 Shell 终端来完成。HBase Shell 常用的操作命令有常规命令（General）、命名空间相关命令、数据定义语言（Data Definition Language，DDL）命令和数据操作语言（Data Manipulation Language，DML）命令。本节介绍这 4 类命令的相关操作。

微课视频

8.4.1　常规命令

HBase Shell 的常规命令包括启动、关闭、查看服务器状态、查看版本、查看当前用户以及查看帮助信息等操作。具体命令和用法如下。

（1）启动 HBase Shell 的命令行界面

在虚拟机的终端窗口中可以通过输入如下命令启动 HBase Shell 的命令行界面：

```
[root@qf01 ~]# hbase shell
..
hbase(main):001:0>
```

上述代码中，"hbase(main):001:0>" 是系统提示，其中的 hbase(main) 表示当前正在使用 HBase Shell；001 是命令行序号，用于标识用户输入命令的顺序；0 用于标识当前命令所在的行数。为了方便讲述，以后统一使用如下内容：

```
hbase(main)>
```

（2）关闭 HBase Shell 命令行

关闭 HBase Shell 命令行，可以使用以下任一命令：

```
hbase(main)> quit
hbase(main)> exit
```

（3）查看服务器状态

使用 status 命令可以查看当前 HBase 集群的状态。可以选择不同的选项，以获得不同级别的信息，具体命令如下：

```
hbase(main)> status
hbase(main)> status 'simple'
```

< 209 >

（4）查看 HBase 的版本

使用 version 命令可以查看当前 HBase 的版本信息，具体命令和输出信息如下：

```
hbase(main)> version
1.2.6, rUnknown, Mon May 29 02:25:32 CDT 2017
```

（5）查看当前使用 HBase 的用户

使用 whoami 命令可以查看当前使用 HBase Shell 的用户信息，具体命令和输出信息如下：

```
hbase(main)> whoami
root (auth:SIMPLE)
    groups: root
```

（6）查看 HBase Shell 的帮助信息

使用 help 命令可以获取 HBase Shell 的帮助信息，具体命令如下：

```
hbase(main)> help
```

帮助信息中列出了 HBase Shell 的所有命令。可以通过 help 'command'命令查看该 command 的详细用法。例如，要查看 status 命令的用法，具体命令和输出信息如下：

```
hbase(main)> help 'status'
Show cluster status. Can be 'summary', 'simple', 'detailed', or 'replication'.
The default is 'summary'. Examples:
  hbase> status
  hbase> status 'simple'
  ...
```

8.4.2　常用的命名空间相关命令

HBase Shell 的命令空间相关命令类似于数据库中的 Schema，用于管理 HBase 中的命名空间，将不同的表进行逻辑隔离和组织。具体命令和用法如下。

（1）创建命令空间

使用 create_namespace 命令可以创建一个新的命名空间。例如，创建命名空间 ns 的具体命令如下：

```
hbase(main)> create_namespace 'ns'
```

（2）查看所有的命名空间

使用 list_namespace 命令可以查看 HBase 中所有命名空间，具体命令和输出信息如下：

```
hbase(main)> list_namespace
NAMESPACE
default
hbase
ns
3 row(s) in 0.0470 seconds
```

由输出结果可知，HBase 默认定义 2 个命名空间：hbase 和 default。hbase 包括 2 个系统表：meta 和 namespace；default 主要存放用户建表时未指定命名空间的表。

（3）查看指定命名空间下的所有表

使用 list_namespace_tables 'namespace 名称'命令可以查看该命名空间下的所有表，具体命令和输出结果如下：

< 210 >

```
hbase(main)> list_namespace_tables 'hbase'
TABLE
meta
namespace
2 row(s) in 0.0310 seconds
```

上述命令用于查看 hbase 命名空间下的所有表。由输出结果可知，hbase 下的表为 meta 和 namespace。

（4）删除命名空间

使用 drop_namespace 'namespace 名称'命令可以删除该命名空间。例如，删除命名空间 ns 的具体命令如下：

```
hbase(main)> drop_namespace 'ns'
```

8.4.3　常用的 DDL 命令

HBase Shell 提供了一组 DDL 命令，用于管理表的结构和属性。常用的 DDL 命令包括创建表、修改表、启用和禁用表、删除表、罗列表等操作。

（1）创建表

创建表时需要指定表名和列簇。在自定义的命名空间下创建表，具体语法格式如下：

```
create ''namespace名称:表名称', '列簇名称1', '列簇名称2'...
```

在命名空间 ns 下创建 t1 表，并添加 3 个列簇 f1、f2、f3，具体命令和输出结果如下：

```
hbase(main)> create_namespace 'ns'
hbase(main)> create 'ns:t1', 'f1', 'f2', 'f3'
0 row(s) in 1.4040 seconds
=> Hbase::Table - ns:t1
```

（2）查看所有的表

使用 list 命令可以列出所有的表，并显示已存在的表的名称，具体命令和输出结果如下：

```
hbase(main)> list
TABLE
ns:t1
t2
2 row(s) in 0.0100 seconds
=> ["ns:t1", "t2"]
```

（3）查看指定表是否存在

使用 exists'表名称'命令可以查看指定表是否存在。例如，查看 t2 表是否存在的具体命令和输出结果如下：

```
hbase(main)> exists 't2'
Table t2 does exist
0 row(s) in 0.0190 seconds
```

（4）查看表描述

查看表描述主要是指查看表的可用状态和表的元数据信息。查看表描述的命令是 describe，可以简写为 desc。例如，查看 t2 表描述的具体命令和输出结果如下：

```
hbase(main)> desc 't2'
Table t2 is ENABLED
t2
```

< 211 >

```
COLUMN FAMILIES DESCRIPTION
{NAME => 'f1', BLOOMFILTER => 'ROW', VERSIONS => '1', IN_MEMORY => 'false',
KEEP_DELETED_CELLS => 'FALSE',
DATA_BLOCK_ENCODING => 'NONE', TTL => 'FOREVER', COMPRESSION => 'NONE',
MIN_VERSIONS => '0', BLOCKCACHE => 'true', BLOCKSIZE => '65536',
REPLICATION_SCOPE => '0'}
{NAME => 'f2', BLOOMFILTER => 'ROW', VERSIONS => '1', IN_MEMORY => 'false',
KEEP_DELETED_CELLS => 'FALSE',
DATA_BLOCK_ENCODING => 'NONE', TTL => 'FOREVER', COMPRESSION => 'NONE',
MIN_VERSIONS => '0', BLOCKCACHE => 'true', BLOCKSIZE => '65536',
REPLICATION_SCOPE => '0'}
2 row(s) in 0.0560 seconds
```

其中，{}中的内容是列簇的描述信息，描述信息简介如下：

NAME => 'f1'	//列簇的名称为 f1
BLOOMFILTER => 'ROW'	//布隆过滤器的类型为 ROW
VERSIONS => '1'	//保存的版本数为 1
IN_MEMORY => 'false'	//IN_MEMORY 常驻 cache
KEEP_DELETED_CELLS => 'FALSE'	//是否保留被删除的 CELLS
DATA_BLOCK_ENCODING => 'NONE'	//数据块编码为 NONE，表示不使用数据块编码
TTL => 'FOREVER'	//存在时间值，HBase 将在到达到期时间后删除行
COMPRESSION => 'NONE'	//压缩算法为 NONE，表示不使用压缩
MIN_VERSIONS => '0'	//最小版本的默认值为 0，表示该功能已被禁用
BLOCKCACHE => 'true'	//数据块缓存属性
BLOCKSIZE => '65536'	//HFile 数据块大小，默认为 64KB
REPLICATION_SCOPE => '0'	//是否复制列簇，REPLICATION_SCOPE 的值为 0 或 1，0 //表示禁用复制，1 表示启用复制

（5）修改表的属性

使用 alter 命令可以修改表的属性，包括添加、修改或删除列簇。

① 向 t2 表中添加列簇 f3 的具体命令如下：

```
hbase(main)> alter 't2', 'f3'
```

② 将 t2 表中列簇 f1 的 TTL 属性修改为 86400s，以控制该列簇中数据的过期时间，具体命令如下：

```
hbase(main)> alter 't2', {NAME=>'f1', TTL=>'86400'}
```

③ 删除 t2 表中列簇 f3 的具体命令如下：

```
hbase(main)> alter 't2', {NAME=>'f3', METHOD=>'delete'}
```

需要注意的是，修改表属性可能会涉及表的重建，因此在进行修改操作时需要谨慎考虑。在修改表属性之后，需要通过 desc 命令再次查看表的描述信息，以确保修改已生效。

（6）启用表

① 新建表后，表默认处于启用状态。使用 enable '表名称'命令可以启用表。例发，启动 t2 表的具体命令如下：

```
hbase(main)> enable 't2'
```

② 使用 is_enabled'表名称'命令可以判断指定表是否被启用。例如，判断 t2 表是否被启用的具体命令和输出结果如下：

< 212 >

```
hbase(main)> is_enabled 't2'
true
```

（7）禁用表

① 使用 disable '表名称'命令可以禁用指定表，阻止对表的数据操作。例如，禁用 ns:t1 表的具体命令如下：

```
hbase(main)> disable 'ns:t1'
```

② 使用 is_disabled '表名称'命令可以判断指定表是否被禁用。例如，判断 t2 表是否被禁用的具体命令和输出结果如下：

```
hbase(main)> is_disabled 't2'
false
```

（8）删除表

使用 drop '表名称'命令可以删除指定表。例如，删除表 ns:t1 的具体命令如下：

```
hbase(main)> drop 'ns:t1'
```

需要注意的是，删除表之前需要先禁用表，ns:t1 已经在（7）中被禁用。

8.4.4　常用的 DML 命令

HBase Shell 提供了一组 DDL 命令，用于执行数据的添加、删除、修改、查询操作。具体的 DML 命令和用法如下。

（1）添加或更新数据

使用 put 命令可以向表中添加或更新数据，语法格式如下：

```
put '表名称', 'Rowkey 名称', '列簇名称:列名称', '值'
```

① 创建 t1 表并向表中添加数据，具体命令如下：

```
hbase(main)> create 't1', 'f1', 'f2', 'f3'
hbase(main)> put 't1','row1','f1:id','1'
hbase(main)> put 't1','row1','f1:name','tom'
hbase(main)> put 't1','row1','f1:age','21'
hbase(main)> put 't1','row1','f2:id','2'
hbase(main)> put 't1','row1','f2:name','jack'
hbase(main)> put 't1','row1','f2:age','22'
hbase(main)> put 't1','row2','f1:city','Shanghai'
hbase(main)> put 't1','row3','f1:country','China'
```

② 更新 f1:city 列的数据，具体命令如下：

```
hbase(main)> put 't1','row2','f1:city','Beijing'
```

（2）查询表中数据

使用 scan 命令可以扫描指定表中的所有数据，适用于需要遍历整个表或一部分表的情况，语法格式如下：

```
scan '表名称',{COLUMNS  =>  ['列簇名:列名', ...], LIMIT => 行数}
```

① 查看 t1 表的所有数据，具体命令和输出结果如下：

```
hbase(main)> scan 't1'
ROW                     COLUMN+CELL
```

< 213 >

```
row1                 column=f1:age, timestamp=1537794177479, value=21
row1                 column=f1:id, timestamp=1537794159437, value=1
row1                 column=f1:name, timestamp=1537794173185, value=tom
row1                 column=f2:age, timestamp=1537794191053, value=22
row1                 column=f2:id, timestamp=1537794181776, value=2
row1                 column=f2:name, timestamp=1537794186445, value=jack
row2                 column=f1:city, timestamp=1537794791005, value=Beijing
row3                 column=f1:country, timestamp=1537794798036, value=China
3 row(s) in 0.0170 seconds
```

② 查看 t1 表 f1:id 和 f2:id 列的所有数据，具体命令和输出结果如下：

```
hbase(main)> scan 't1', {COLUMNS => ['f1:id', 'f2:id']}
ROW                      COLUMN+CELL
row1                     column=f1:id, timestamp=1537794159437, value=1
row1                     column=f2:id, timestamp=1537794181776, value=2
1 row(s) in 0.0410 seconds
```

③ 查看 t1 表 f1:id、f1:name、f1:age、f1:city 和 f1:country 列的前 2 行数据，具体命令和输出结果如下：

```
hbase(main)> scan 't1', {COLUMNS => ['f1:id', 'f1:name', 'f1:age', 'f1:city',
'f1:country'], LIMIT => 2}
ROW                COLUMN+CELL
row1               column=f1:age, timestamp=1537794177479, value=21
row1               column=f1:id, timestamp=1537794159437, value=1
row1               column=f1:name, timestamp=1537794173185, value=tom
row2               column=f1:city, timestamp=1537795506779, value=Beijing
2 row(s) in 0.0270 seconds
```

（3）获取表中指定行键下的数据

使用 get 命令可以获取指定行键的数据，适用于需要检索特定行的情况。

① 使用 get 命令获取表中指定行键下的所有数据，语法格式如下：

```
get '表名称', '行键名称'
```

例如，获取 t1 表的 row2 行键下的数据，具体命令和输出结果如下：

```
hbase(main)> get 't1', 'row2'
COLUMN                   CELL
f1:city                  timestamp=1537795506779, value=Beijing
1 row(s) in 0.0170 seconds
```

② 获取表中指定行键下指定列簇下的所有数据，语法格式如下：

```
get '表名称', 'Rowkey', '列簇名称'
```

例如，获取 t1 表中 row1 行键下 f2 列簇的数据，具体命令如下：

```
hbase(main)> get 't1', 'row1', 'f2'
```

③ 获取表中指定行键下指定列的数据，语法格式如下：

```
get '表名称', 'Rowkey', '列名称'
```

例如，获取 t1 表 row1 行键下 f2 列簇中 name 列的数据，具体命令如下：

```
hbase(main)> get 't1', 'row1', 'f2:name'
```

< 214 >

（4）统计表的总行数

使用 count 命令可以统计表的总行数，语法格式如下：

```
count '表名'
```

例如，统计 t1 表的总行数，具体命令如下：

```
hbase(main)> count 't1'
```

（5）删除数据

delete 命令可以删除表中的数据。

① 删除一个单元格的数据，语法格式如下：

```
delete '表名称', 'Rowkey', '列名称', 时间戳（timestamp）
```

例如，删除 t1 表中 row1 行键下 f1 列簇中 age 列且时间戳为 1537794177479 的数据，具体命令如下：

```
hbase(main)> delete 't1', 'row1', 'f1:age', 1537794177479
```

② 删除指定列的数据，语法格式如下：

```
delete '表名称', 'Rowkey', '列名称'
```

例如，删除 t1 表中 row1 行键下 f1 列簇中 name 列的数据，具体命令如下：

```
hbase(main)> delete 't1', 'row1', 'f1:name'
```

③ 使用 deleteall 命令可恶意删除指定行下的所有数据，语法格式如下：

```
deleteall '表名', '行键'
```

例如，删除 t1 表中 row3 行键下的所有数据，具体命令如下：

```
hbase(main)> deleteall 't1', 'row3'
```

④ 使用 truncate 命令可以删除表中所有数据，语法格式如下：

```
truncate '表名'
```

例如，向 t2 表中插入两行数据，再使用 truncate 命令清空 t2 表中的所有数据，命令如下：

```
hbase(main)> put 't2','row1','f1:id','8'
hbase(main)> put 't2','row1','f1:name','sophie'
hbase(main)> truncate 't2'
Truncating 't2' table (it may take a while):
 - Disabling table...
 - Truncating table...
0 row(s) in 3.7270 seconds
hbase(main)> scan 't2'
ROW                 COLUMN+CELL
0 row(s) in 0.0340 seconds
```

由输出信息可知，HBase 先将表禁用，再删除表中所有数据。

8.5　HBase 编程

微课视频

HBase 本身是基于 Java 语言开发的，并且提供了一套完善的 Java API。通过这套 Java API，读

< 215 >

者可以灵活地与 HBase 进行交互，并执行各种操作。本节将详细介绍如何使用 Java API 进行 HBase 编程。

8.5.1 配置开发环境

在开始编程前，需要配置 HBase Java API 所需的开发环境，包括引入 HBase 的 Java 客户端库、配置 HBase 集群连接等，以确保项目具有正确的依赖项并且能够与 HBase 进行通信。具体步骤如下。

① 使用 InterlliJ IDEA 打开 testHadoop 项目，在项目下新建模块 testHBase，并修改 pom.xml 文件，导入 HBase 相关的依赖，文件内容如下：

```xml
<?xml version="1.0" encoding="UTF-8"?>
<project xmlns="http://maven.apache.org/POM/4.0.0"
        xmlns:xsi="http://www.w3.org/2001/XMLSchema-instance"
        xsi:schemaLocation="http://maven.apache.org/POM/4.0.0 http://maven.
apache.org/xsd/maven-4.0.0.xsd">
    <modelVersion>4.0.0</modelVersion>
    <groupId>com.qf</groupId>
    <artifactId>testHBase</artifactId>
    <version>1.0-SNAPSHOT</version>
    <dependencies>
        <dependency>
            <groupId>org.apache.hbase</groupId>
            <artifactId>hbase-client</artifactId>
            <version>1.2.6</version>
        </dependency>
        <dependency>
            <groupId>org.apache.hbase</groupId>
            <artifactId>hbase-server</artifactId>
            <version>1.2.6</version>
        </dependency>
        <dependency>
            <groupId>junit</groupId>
            <artifactId>junit</artifactId>
            <version>4.12</version>
        </dependency>
    </dependencies>
</project>
```

② 将虚拟机 qf01 的/mysoft/hbase/conf 目录下的 hbase-site.xml、core-site.xml、hdfs-site.xml 这 3 个文件复制到 InterlliJ IDEA 中 testHBase 模块的 src/main/resources 目录下。

8.5.2 使用 Java API 操作 HBase

HBase Java API 允许用户使用 Java 编程语言来创建、管理和操作 HBase 表格，以及执行数据操作和查询。根据功能和用途的不同，HBase Java API 中的常用类可以分为连接类、配置类、管理类、命名空间和表描述类以及数据操作类，如表 8-4 所示。

表 8-4　HBase Java API 的常用类

功能分类	类名	描述
连接类和配置类	org.apache.hadoop.hbase.client.Connection	用于与 HBase 集群进行连接，可以获取表、Admin 等资源

< 216 >

续表

功能分类	类名	描述
连接类和配置类	org.apache.hadoop.hbase.client.ConnectionFactory	用于创建 HBase 配置对象，用于设置连接参数和配置信息
	org.apache.hadoop.hbase.HBaseConfiguration	用于创建 HBase 配置对象，用于设置 HBase 连接参数和配置信息
管理类	org.apache.hadoop.hbase.client.Admin	用于管理 HBase 数据库的命名空间和表信息，如创建表、添加列簇等
命名空间和表描述类	org.apache.hadoop.hbase.NamespaceDescriptor	HBase 命名空间的描述符对象，用于描述和配置命名空间的属性和行为
	org.apache.hadoop.hbase.HTableDescriptor	HBase 表的结构和属性的描述符对象，用于描述和配置表的属性和行为
	org.apache.hadoop.hbase. HColumnDescriptor	HBase 表的列簇的描述符对象，用于描述和配置列簇的属性和行为
数据操作类	org.apache.hadoop.hbase.client.Table	代表 HBase 表的接口，用于执行数据的读取和写入操作
	org.apache.hadoop.hbase.client.Put	用于将数据插入 HBase 表的类中，允许指定行键和列值
	org.apache.hadoop.hbase.client.Get	用于从 HBase 表的类中获取数据，允许指定行键和列簇
	org.apache.hadoop.hbase.client.Result	包含从 HBase 表中检索到的数据的结果类
	org.apache.hadoop.hbase.client.Delete	用于从 HBase 表中删除数据的类，允许指定要删除的行键和列簇
	org.apache.hadoop.hbase.client.Scan	用于执行范围扫描操作的类，可以设置过滤器和其他扫描选项
	org.apache.hadoop.hbase.CellUtil	用于处理和操作 HBase 表中的单元格，如获取单元格的行键、列簇、时间戳等

表 8-4 所列出的类按照功能分类进行整理，便于查找和理解 HBase Java API 的主要功能。HBase Java API 还包括许多其他类，用于处理更多的任务和功能，读者可自行查阅 HBase 官方文档进行学习。下面通过示例演示表 8-4 所示类的使用。

1．命名空间操作

在 testHBase 模块的 src/main/java 文件夹下新建 HBaseOperate 类，在该类中定义 JUnit 测试方法 createNamespace()，演示使用 HBase Java API 的 HBaseConfiguration 和 ConnectionFactory 等类获取 HBase 的连接，并使用 Admin 接口和 NamespaceDescriptor 类创建 HBase 命名空间和查看所有的命名空间，具体代码如例 8-1 所示。

【例 8-1】HBaseOperate.java

```
1 public class HBaseOperate {
2    @Test
3    public void createNamespace() throws IOException {
4        //获取 HBase 的配置信息
5        Configuration conf = HBaseConfiguration.create();
6        conf.set("fs.defaultFS", "hdfs://192.168.142.131:9870");
7        conf.set("hbase.zookeeper.quorum", "qf01,qf02,qf03");
```

< 217 >

```
8         //创建连接
9         Connection conn = ConnectionFactory.createConnection(conf);
10        //得到对 Namespace 和表进行操作的管理员权限
11        Admin admin = conn.getAdmin();
12        //创建 NamespaceDescriptor 实例，并设置 Namespace 名称为 ns1
13        NamespaceDescriptor nsD = NamespaceDescriptor.create("ns1").build();
14        //创建 Namespace
15        admin.createNamespace(nsD);
16        //查看所有 Namespace
17        NamespaceDescriptor[] nsDs = admin.listNamespaceDescriptors();
18        for (NamespaceDescriptor nsd : nsDs) {
19            System.out.println(nsd);
20        }
21        admin.close();
22    }
23 }
```

运行结果如下：

```
{NAME => 'default'}
{NAME => 'hbase'}
{NAME => 'ns'}
{NAME => 'ns1'}
```

例 8-1 中，第 5 行代码使用 HBaseConfiguration 类的 create()方法创建了 HBase 的配置对象 conf；第 6、7 行代码配置了 ZooKeeper 地址和 HBase 端口信息；第 9 行代码使用 ConnectionFactory 类的 createConnection()方法创建了 HBase 的连接对象 conn；第 11 行代码得到了对 Namespace 和表进行操作的管理员权限对象 admin；第 13～20 行代码创建了一个 NamespaceDescriptor 对象 nsD，并创建了名称为 ns1 的命名空间，最后列出了 HBase 集群中所有命名空间的描述信息。

2．表操作

在 HBaseOperate 类中添加 JUnit 测试方法 operateTable()，演示使用 HBase Java API 的 Admin 接口、HTableDescriptor 类和 HColumnDescriptor 类执行创建表、检查表是否存在、删除表以及列出 HBase 集群中所有表的操作，具体代码如下：

```
1     @Test
2     public void operateTable() throws Exception {
3         Configuration conf = HBaseConfiguration.create();
4         conf.set("fs.defaultFS", "hdfs://192.168.142.131:9870");
5         conf.set("hbase.zookeeper.quorum", "qf01,qf02,qf03");
6         Connection conn = ConnectionFactory.createConnection(conf);
7         Admin admin = conn.getAdmin();
8         //设置表的名称
9         TableName tn = TableName.valueOf("ns1:t1");
10        //判断表是否存在，如果存在就删除
11        if (admin.tableExists(tn)) {
12            if (admin.isTableEnabled(tn)) {
13                admin.disableTable(tn);
14            }
15            admin.deleteTable(tn);
16        }
17        //创建 HTableDescriptor 对象，并添加表名称
```

< 218 >

```
18          HTableDescriptor table = new HTableDescriptor(tn);
19          //创建 HColumnDescriptor 对象，并添加列簇名称
20          HColumnDescriptor cf1 = new HColumnDescriptor("cf1");
21          HColumnDescriptor cf2 = new HColumnDescriptor("cf2");
22          //在表中添加列簇
23          table.addFamily(cf1);
24          table.addFamily(cf2);
25          //创建表
26          admin.createTable(table);
27          //查看所有的表
28          TableName[] tns = admin.listTableNames();
29          for (TableName tableName : tns) {
30              System.out.println(tableName);
31          }
32      admin.close();
33  }
```

上述代码中，第 9 行代码创建了一个 TableName 对象 tn，表示 HBase 中的表名称，格式为 namespace:tablename，此处为 ns1:t1。第 11~16 行代码检查表是否存在；如果表存在，检查表是否已启用；如果已启用，则先禁用表，然后删除表。第 18 行代码创建了一个 HTableDescriptor 对象 table，并将表名称设置为 tn。第 20~24 行创建了两个 HColumnDescriptor 对象 cf1 和 cf2，分别表示两个列簇的名称 cf1 和 cf2，并将它们添加到表 table 中。第 26 行代码创建了 HBase 表，该表名称为 ns1:t1，并包含了两个列簇 cf1 和 cf2。第 28~31 行代码列出了 HBase 集群中所有表的名称，并通过循环打印出这些表的名称。

运行结果如下：

```
ns1:t1
t1
t2
```

3．数据添加和查询操作

在 HBaseOperate 类中添加 JUnit 测试方法 putData()，演示使用 HBase Java API 的 Put 类执行数据插入和查询的操作，具体代码如下：

```
1   @Test
2   public void putData() throws Exception {
3       Configuration conf = HBaseConfiguration.create();
4       conf.set("fs.defaultFS", "hdfs://192.168.142.131:9870");
5       conf.set("hbase.zookeeper.quorum", "qf01,qf02,qf03");
6       Connection conn = ConnectionFactory.createConnection(conf);
7       //获取表对象
8       Table table = conn.getTable(TableName.valueOf("ns1:t1"));
9       //创建 put 实例
10      Put data = new Put(Bytes.toBytes("row1"));
11      //添加列数据
12      data.addColumn(Bytes.toBytes("cf1"), Bytes.toBytes("age"), Bytes.toBytes("18"));
13      //添加数据到表中
14      table.put(data);
15      //查看指定表的所有数据
16      //创建 scan 对象
```

< 219 >

```
17      Scan scan = new Scan();
18      //通过扫描器得到结果集
19      ResultScanner rs = table.getScanner(scan);
20      //得到迭代器
21      Iterator<Result> it = rs.iterator();
22      printData(it);
23      table.close();
24      conn.close();
25  }
```

上述代码中，第 8 行代码获取了名为 ns1:t1 的表对象，以便后续的数据插入和查询操作；第 10 行代码创建了一个 Put 对象 data，并指定了要插入的行键为 row1；第 12 行代码将数据添加到指定的列簇 cf1 中的列 age 中，值为 18；第 14 行代码将数据插入 HBase 表 ns1:t1 中；第 17 行代码创建了一个 Scan 对象 scan，用于定义扫描的范围和条件；第 19 行代码创建了一个扫描器 rs，用于执行扫描操作；第 21~22 行代码创建了一个结果迭代器 it，用于遍历查询结果，并打印了查询结果。

运行结果如下：

```
row1,cf1:age,18
```

4．输出单元格属性

在 HBaseOperate 类中添加静态方法 printData()，演示使用 HBase Java API 的 CellUtil 类输出单元格的属性，具体代码如下：

```
1   //迭代输出每行的所有数据
2   public static void printData(Iterator<Result> it) {
3       while (it.hasNext()) {
4         Result next = it.next();
5          List<Cell> cells = next.listCells();
6          for (Cell cell : cells) {
7              String row = Bytes.toString(CellUtil.cloneRow(cell));
8              String cf = Bytes.toString(CellUtil.cloneFamily(cell));
9              String qualifier = Bytes.toString(CellUtil.
10                                     cloneQualifier(cell));
11             String value = Bytes.toString(CellUtil.cloneValue(cell));
12             System.out.println(row + "," + cf + ":" + qualifier +
13                          "," + value);
14         }
15     }
16  }
```

上述代码中，printData()方法将接收一个 Iterator<Result>对象作为参数，用于迭代输出从 HBase 表中检索的数据；通过 while 循环迭代处理传入的 Result 对象集合；每个 Result 对象表示一行数据；第 5 行代码使用 listCells()方法获取该行所有的 Cell 对象，即该行包含的所有单元格数据；第 6~14 行代码遍历每个 Cell 对象，使用 CellUtil 类的方法从每个 Cell 对象中提取行键、列簇、列限定符、单元格的值并打印。

8.5.3 使用 HBase 实现 WordCount

下面使用 HBase 实现 WordCount，具体步骤如下。

< 220 >

1. 创建 HBase 表 wordcount

创建 HBase 表 wordcount，具体命令如下：

```
hbase(main)> create 'wordcount', 'f1'
```

2. 向 wordcount 表中插入数据

向 wordcount 表中插入数据，具体命令如下：

```
hbase(main)> put 'wordcount', 'row1', 'f1:word', 'hello xiao qian'
hbase(main)> put 'wordcount', 'row2', 'f1:word', 'hello hadoop'
hbase(main)> put 'wordcount', 'row3', 'f1:word', 'hello hbase'
```

3. 实现 Mapper

在 testHadoop 项目中新创建模块 testHbase，在 testHbase 模块的 java 目录下创建一个名为 com.qf.hbase 的包，在该包中创建 MyMapper，用于实现 Mapper，具体如例 8-2 所示。

【例 8-2】MyMapper.java

```
1  public class MyMapper extends Mapper<ImmutableBytesWritable, Result,
2   Text, IntWritable> {
3      @Override
4      protected void map(ImmutableBytesWritable key, Result value, Context
5      context) throws IOException, InterruptedException {
6          //1.获得结果集中的 Cell 集合
7          List<Cell> cells = value.listCells();
8          //2.迭代 Cell 集合
9          for (Cell cell : cells) {
10             //取出 Cell 中的值
11             String words = Bytes.toString(CellUtil.cloneValue(cell));
12             //将多个单词拆分后放入数组
13             String[] arr = words.split(" ");
14             //迭代数组，取出单个单词
15             for (String word : arr) {
16                 //将输出的键值对存入 context 中
17                 context.write(new Text(word), new IntWritable(1));
18             }
19         }
20     }
21 }
```

4. 实现 Reducer

在 com.qf.hbase 包中实现 Reducer，具体如例 8-3 所示。

【例 8-3】MyReducer.java

```
1  public class MyReducer extends Reducer<Text, IntWritable, Text,
2   IntWritable> {
3      @Override
4      protected void reduce(Text key, Iterable<IntWritable> values, Context
5      context) throws IOException, InterruptedException {
6          //1.定义一个计数器
7          int count = 0;
```

< 221 >

```
8       //2.迭代数组，将输出的键值对存入 context 中
9       for (IntWritable i : values) {
10          count = count + i.get();
11      }
12      context.write(key, new IntWritable(count));
13      }
14  }
```

5. 创建 MapReduce 作业

在 com.qf.hbase 包中创建 MapReduce 作业，具体如例 8-4 所示。

【例 8-4】HBaseWordCountApp.java

```
1   public class HBaseWordCountApp {
2       public static void main(String[] args) throws Exception {
3           //1.新建配置对象，为配置对象设置文件系统
4           Configuration conf = new Configuration();
5           conf.set("fs.defaultFS", "hdfs://192.168.142.131:8020");
6           conf.set(TableInputFormat.INPUT_TABLE, "wordcount");
7           //2.添加 ZooKeeper 客户端主机地址
8           conf.set("hbase.zookeeper.quorum", "qf01,qf02,qf03");
9           //3.设置 Job 属性
10          Job job = Job.getInstance(conf, "HBaseWordCount");
11          job.setJarByClass(HBaseWordCountApp.class);
12          //4.设置数据输入路径
13          Path inPath = new Path("/tmp/hbase-
14          root/hbase/data/default/wordcount");
15          FileInputFormat.addInputPath(job, inPath);
16          //5.设置输入格式
17          job.setInputFormatClass(TableInputFormat.class);
18          //6.设置 Job 执行的 Mapper 类
19          job.setMapperClass(MyMapper.class);
20          //7.设置 Job 执行的 Reducer 类和输出的键值对的类型
21          job.setReducerClass(MyReducer.class);
22          job.setOutputKeyClass(Text.class);
23          job.setOutputValueClass(IntWritable.class);
24          //8.设置数据输出路径
25          Path outPath = new Path("/outdata/hbasewordcount");
26          FileOutputFormat.setOutputPath(job, outPath);
27          //9.MapReduce 作业完成后退出系统
28          System.exit(job.waitForCompletion(true) ? 0 : 1);
29      }
30  }
```

6. 运行 MapReduce 作业

在虚拟机 qf01 上查看 HDFS 文件/outdata/hbasewordcount/part-r-00000，具体命令如下：

```
[root@qf01 ~]# hdfs dfs -cat /outdata/hbasewordcount/part-r-00000
hadoop  1
hbase   1
hello   3
qian    1
xiao    1
```

< 222 >

出现上述结果，表明使用 HBase 成功实现了 WordCount。

8.6 HBase 的过滤器和比较器

在处理海量数据时，有效的数据过滤和比较有助于从数据库中检索出所需的信息。为此，HBase 引入了过滤器（Filters）和比较器（Comparators），它们是 HBase 查询和数据检索中的关键组件。本节将对 HBase 的过滤器和比较器进行详细介绍。

微课视频

8.6.1　过滤器

过滤器负责在服务器端判断数据是否满足指定条件，并将满足条件的数据返回给客户端，类似于 SQL 语句中的 WHERE 子句。过滤器的作用是减少服务器通过网络返回到客户端的数据量。

1．过滤器的种类

HBase 提供了多种类型的过滤器，以帮助用户在检索数据时筛选出需要的行。本书重点讲解两类过滤器：比较过滤器（Compared Filter）和专用过滤器（Dedicated Filter）。比较过滤器用于基于列值的条件筛选；而专用过滤器则具有特定的用途和功能，以满足更具体的查询需求。HBase 提供的比较过滤器和专用过滤器的类型及功能如表 8-5 所示。

表 8-5　过滤器的分类、类型及功能

分类	类型	功能
比较过滤器	行过滤器（RowFilter）	基于行键进行筛选，根据比较操作符和比较值确定要包含的行
	列簇过滤器（FamilyFilter）	筛选包含特定列簇的数据，根据列簇名称进行匹配
	列限定符过滤器（QualifierFilter）	筛选包含特定列的数据，根据列名（列限定符）进行匹配
	值过滤器（ValueFilter）	根据列值进行筛选，仅包含满足条件的列
专用过滤器	单列值过滤器（SingleColumnValueFilter）	搜索指定列和列值，返回包含指定列和列值的整行数据
	单列值排除过滤器（SingleColumnValueExcludeFilter）	搜索指定列和列值，返回不包含指定列和列值的整行数据
	前缀过滤器（PrefixFilter）	根据具有特定行键前缀的行来筛选数据
	列前缀过滤器（ColumnPrefixFilter）	筛选数据，只返回具有指定列名前缀（通常是列簇名称）的列
	分页过滤器（PageFilter）	按照指定的页面行数来筛选数据，返回对应行数的结果集

2．过滤器的参数

过滤器的参数在 HBase 中用于定义条件和操作符，以筛选和检索特定的数据。这些参数主要包括比较运算符和比较器。比较器是过滤器操作的关键部分，将在 8.6.2 小节中重点讲解。

为了便于处理不同数据类型和不同类型的比较操作，HBase 提供了枚举类型的变量来表示比较运算符，具体如表 8-6 所示。

表 8-6 所列出的比较运算符用于构建过滤器条件，以便在数据检索过程中对数据进行比较和筛选。读者可以根据查询需求，选择适当的比较运算符来执行不同的比较操作。

< 223 >

表 8-6　HBase 的比较运算符

比较运算符	描述
LESS (<)	小于比较器中指定的值
LESS_OR_EQUAL (<=)	小于或等于比较器中指定的值
EQUAL (=)	等于比较器中指定的值
NOT_EQUAL (<>)	不等于比较器中指定的值
GREATER_OR_EQUAL (>=)	大于或等于比较器中指定的值
GREATER (>)	大于比较器中指定的值
NO_OP	不执行任何操作，通常用于跳过行或列的过滤器

8.6.2　比较器

比较器主要用于处理具体的比较逻辑，如字节级、字符串级的比较等。

1．比较器的种类

HBase 提供了多种比较器，每种类型适用于不同的数据类型和比较需求。常见的比较器类型如表 8-7 所示。

表 8-7　HBase 中常见的比较器类型

比较器类型	描述
BinaryComparator	字节级比较器，用于二进制、数字和文本数据
BinaryPrefixComparator	执行前缀比较的字节级比较器
RegexStringComparator	正则表达式比较器，用于模式匹配，仅支持 EQUAL 和 NOT_EQUAL 两个比较运算符
SubstringComparator	子字符串比较器，用于子字符串匹配，仅支持 EQUAL 和 NOT_EQUAL 两个比较运算符

2．比较器的语法

比较器的一般语法如下：

```
ComparatorType:ComparatorValue
```

上述语法中，ComparatorType 是比较器的类型，例如表 8-7 中的 BinaryComparator、RegexStringComparator 等。ComparatorValue 则是用于比较的具体值或模式，根据比较器类型的不同，它可以是二进制值、正则表达式、子字符串等。

比较器的示例如下。

① binary:ab 是指匹配字典顺序大于 ab 的所有数据。

② binaryprefix:ab 是指匹配前 2 个字符在字典上等于 ab 的所有数据。

③ regexstring:a*n 是指匹配所有以 a 开头且以 n 结尾的数据。

④ substring:ab12 是指匹配以字符串 ab12 开头的所有数据。

8.6.3　编程实操

了解 HBase 的过滤器和比较器的具体类型后，本小节将通过一些实例介绍如何配置和使用它们，以实现数据检索和筛选。

< 224 >

1. 比较过滤器和比较器

（1）行过滤器编程实例

在 testHBase 模块的 src/main/java 文件夹下新建 ComparedFilterTest 类，在该类中定义 JUnit 测试方法 rowFilterTest()，演示如何使用 HBase 的行过滤器绑定不同类型的比较器来执行数据筛选操作，实现对 t1 表的数据过滤。具体代码如例 8-5 所示。

【例 8-5】ComparedFilterTest.java

```
1   public class ComparedFilterTest {
2       @Test
3       public void rowFilterTest() throws Exception {
4           Configuration conf = HBaseConfiguration.create();
5           conf.set("fs.defaultFS", "hdfs://192.168.142.131:9870");
6           conf.set("hbase.zookeeper.quorum", "qf01,qf02,qf03");
7           Connection conn = ConnectionFactory.createConnection(conf);
8           //通过表名称获取表的实例
9           Table table = conn.getTable(TableName.valueOf("t1"));
10          //创建扫描器
11          Scan scan = new Scan();
12          //使用 BinaryComparator 过滤出 Rowkey 中比 "row1" 字节索引顺序靠后的行
13          RowFilter filter1 = new RowFilter(CompareFilter.CompareOp.GREATER,
            new BinaryComparator(Bytes.toBytes("row1")));
14          //使用 SubstringComparator 过滤出 Rowkey 中所有含有 "row" 字符串的行
15          RowFilter filter2 = new RowFilter(CompareFilter.CompareOp.EQUAL, new
            SubstringComparator("row"));
16          /**
17           * RegexStringComparator 解析
18           * .表示匹配任意单个字符
19           * '*'表示匹配前一个表达式一次或多次
20           * '.*'表示匹配任意字符或表达式
21           */
22        //使用 RegexStringComparator 过滤出 Rowkey 中小于或等于所有含有 ".*w2" 字符串的行
23          RowFilter filter3 = new RowFilter(CompareFilter.CompareOp.LESS_OR_EQUAL,
            new RegexStringComparator(".*w2"));
24          scan.setFilter(filter3);
25          //通过表的扫描器得到结果集
26          ResultScanner rs = table.getScanner(scan);
27          //使用迭代器打印出数据
28          Iterator<Result> it = rs.iterator();
29          //调用 HBaseOperate 类的 printData()方法
30          HBaseOperate.printData(it);
31          table.close();
32      }
33  }
```

运行结果如下：

```
row1,f1:id,1
row1,f2:age,22
row1,f2:id,2
row1,f2:name,jack
row2,f1:city,Beijing
```

< 225 >

例 8-5 中，第 13 行代码使用 BinaryComparator 创建了一个行过滤器 filter1，并将其设置为使用 GREATER 操作符，筛选出行键字节索引顺序大于"row1"的行。

第 15 行代码使用 SubstringComparator 创建了另一个行过滤器 filter2，并将其设置为使用 EQUAL 操作符，筛选出行键中包含"row"字符串的行。

第 23 行代码使用 RegexStringComparator 创建了第 3 个行过滤器 filter3，并将其设置为使用 LESS_OR_EQUAL 操作符，筛选出行键中满足正则表达式条件".*w2"的行。

第 24 行代码中将过滤器 filter3 应用于扫描器 scan，这意味着在扫描 t1 表的过程中，扫描器会根据 filter3 中定义的条件筛选数据行。只有满足 filter3 条件的数据行会被包括在扫描的结果集中，而不满足条件的数据行将被过滤掉。将 setFilter()方法的参数设置为 filter1 或 filter2 可以实现相应的过滤的效果。

（2）列簇过滤器的编程实例

在 ComparedFilterTest 类中定义 JUnit 测试方法 familyFilterTest()，演示如何使用 HBase 的列簇过滤器绑定 BinaryComparator 来执行数据筛选操作，过滤出 t1 表列簇中字节索引顺序大于"f1"的数据行。具体代码如下：

```
1    public void familyFilterTest() throws Exception {
2        Configuration conf = HBaseConfiguration.create();
3        conf.set("fs.defaultFS", "hdfs://192.168.142.131:9870");
4        conf.set("hbase.zookeeper.quorum", "qf01,qf02,qf03");
5        Connection conn = ConnectionFactory.createConnection(conf);
6        Table table = conn.getTable(TableName.valueOf("t1"));
7        Scan scan = new Scan();
8        //过滤出列簇中字节索引顺序大于"f1"的数据所在的行
9        FamilyFilter filter = new FamilyFilter(CompareFilter.CompareOp.GREATER,
         new BinaryComparator(Bytes.toBytes("f1")));
10       scan.setFilter(filter);
11       ResultScanner rs = table.getScanner(scan);
12       Iterator<Result> it = rs.iterator();
13       HBaseOperate.printData(it);
14       table.close();
15   }
```

上述代码中，第 10 行代码创建了一个列簇过滤器 filter，并将其设置为使用 GREATER 操作符和 BinaryComparator 来筛选出列簇中字节索引顺序大于"f1"的数据所在的行。

运行结果如下：

```
row1,f2:age,22
row1,f2:id,2
row1,f2:name,jack
```

（3）列限定符过滤器的编程实例

在 ComparedFilterTest 类中定义 JUnit 测试方法 qualifierFilterTest()，演示如何配置和使用列限定符过滤器过滤出 t1 表中含有 name 列的数据行。具体代码如下：

```
1    @Test
2    public void qualifierFilterTest() throws Exception {
3        Configuration conf = HBaseConfiguration.create();
4        conf.set("fs.defaultFS", "hdfs://192.168.142.131:9870");
5        conf.set("hbase.zookeeper.quorum", "qf01,qf02,qf03");
6        Connection conn = ConnectionFactory.createConnection(conf);
7        TableName tn = TableName.valueOf("t1");
```

< 226 >

```
8       HTableDescriptor htd = new HTableDescriptor(tn);
9       //添加列簇到 HTableDescriptor
10      htd.addFamily(new HColumnDescriptor("f3"));
11      //向指定的 Rowkey 和列簇中添加列数据
12      Put data = new Put(Bytes.toBytes("row2"));
13      data.addColumn(Bytes.toBytes("f1"), Bytes.toBytes("name"), Bytes.toBytes("tom"));
14      Put data2 = new Put(Bytes.toBytes("row3"));
15      data2.addColumn(Bytes.toBytes("f1"), Bytes.toBytes("id"), Bytes.toBytes("3"));
16      data2.addColumn(Bytes.toBytes("f1"), Bytes.toBytes("name"), Bytes.toBytes
        ("sophie"));
17      //添加数据到表中
18      Table table = conn.getTable(tn);
19      table.put(data);
20      table.put(data2);
21      //设定扫描的 Rowkey 范围（按字节索引排序）为 row1 至 row3（不包含 row3）
22       Scan scan = new Scan(Bytes.toBytes("row1"), Bytes.toBytes("row3"));
23      //过滤出含有 name 列的行
24      QualifierFilter filter = new QualifierFilter(CompareFilter.CompareOp.EQUAL, new
        BinaryComparator(Bytes.toBytes("name")));
25      scan.setFilter(filter);
26      ResultScanner rs = table.getScanner(scan);
27      Iterator<Result> it = rs.iterator();
28      HBaseOperate.printData(it);
29      table.close();
30  }
```

上述代码中，第 7～10 行代码创建了一个名为 t1 的表实例，并向表描述符对象 htd 中添加了一个列簇 f3；第 12～20 行代码使用 Put 对象 data 和 data2 向表中插入了两行数据，第 1 行包含 name 列，第 2 行包含 id 和 name 两列；第 22 行代码创建了一个扫描器对象 scan，并设定扫描的行键范围为 row1～row3（不包含 "row3"）；第 24 行代码创建了列限定符过滤器 filter，并将其设置为只返回含有 name 列的数据行；第 25～28 行代码扫描并比筛选 t1 表中只包含 name 列的数据行，并将其输出到控制台。

运行结果如下：

```
row1,f2:name,jack
row2,f1:name,tom
```

（4）值过滤器的编程实例

在 ComparedFilterTest 类中定义 JUnit 测试方法 valueFilterTest()，演示如何配置和使用值过滤器过滤出 t1 表中列值以 "2" 结尾的数据行。具体代码如下：

```
1   @Test
2   public void valueFilterTest() throws Exception {
3       Configuration conf = HBaseConfiguration.create();
4       conf.set("fs.defaultFS", "hdfs://192.168.142.131:9870");
5       conf.set("hbase.zookeeper.quorum", "qf01,qf02,qf03");
6       Connection conn = ConnectionFactory.createConnection(conf);
7       Table table = conn.getTable(TableName.valueOf("t1"));
8       Scan scan = new Scan();
9       //使用 RegexStringComparator 过滤出列值以 2 结尾的行
10      ValueFilter filter = new ValueFilter(CompareFilter.CompareOp.EQUAL,
11      new RegexStringComparator(".*2"));
```

< 227 >

```
12        scan.setFilter(filter);
13        ResultScanner rs = table.getScanner(scan);
14        Iterator<Result> it = rs.iterator();
15        HBaseOperate.printData(it);
16        table.close();
17    }
```

上述代码中，第 10 行代码使用 ValueFilter 对象 filter 来定义过滤条件，过滤条件是使用正则表达式匹配列值，具体条件是列值以 2 结尾。因此，只有符合这个条件的行数据才被返回。

运行结果如下：

```
row1,f2:age,22
row1,f2:id,2
```

2．专用过滤器

在 testHBase 模块的 src/main/java 文件夹下新建 DedicatedFilterTest 类，在该类中定义 JUnit 测试方法 scvFilterTest()，演示使用单列值过滤器从 t1 表中筛选出所有满足列簇名为 f2、列名为 name 且列值中包含子字符串 "jack" 的数据行，然后将满足条件的行数据进行打印输出。具体如例 8-6 所示。

【例 8-6】DedicatedFilterTest.java

```
1    public class DedicatedFilterTest {
2        @Test
3        public void scvFilterTest() throws Exception {
4            Configuration conf = HBaseConfiguration.create();
5            conf.set("fs.defaultFS", "hdfs://192.168.142.131:9870");
6            conf.set("hbase.zookeeper.quorum", "qf01,qf02,qf03");
7            Connection conn = ConnectionFactory.createConnection(conf);
8            Table table = conn.getTable(TableName.valueOf("t1"));
9            Scan scan = new Scan();
10           //过滤出指定列和列值的行
11           SingleColumnValueFilter filter = new SingleColumnValueFilter(
12                   Bytes.toBytes("f2"), Bytes.toBytes("name"),
13                   CompareFilter.CompareOp.EQUAL,
14                   new SubstringComparator("jack"));
15           //如果 setFilterIfMissing()不设置为 true，则那些不包含指定列和列值的行也会返回
16           filter.setFilterIfMissing(true);
17           scan.setFilter(filter);
18           ResultScanner rs = table.getScanner(scan);
19           Iterator<Result> it = rs.iterator();
20           HBaseOperate.printData(it);
21           table.close();
22       }
23   }
```

例 8-6 中，第 11～14 行代码使用单列值过滤器来定义过滤条件，过滤条件是筛选列簇名为 f2、列名为 name 且列值包含子字符串 "jack" 的行数据，使用 CompareFilter.CompareOp.EQUAL 表示要求列值等于筛选条件；第 16 行代码设置 setFilterIfMissing(true)，确保只有包含指定列和列值的行才会返回。

运行结果如下：

```
row1,f1:id,1
row1,f2:age,22
```

< 228 >

```
row1,f2:id,2
row1,f2:name,jack
```

3．过滤器的组合使用

过滤器的组合使用是指使用多个过滤器筛选返回到客户端的结果，需要使用 FilterList 类。

在 testHBase 模块的 src/main/java 文件夹下新建 UnionFilterTest 类，在该类中定义 JUnit 测试方法 testCombineFilter()，演示使用 FilterList 类组合列簇过滤器、行过滤器和单列值过滤器对 t1 表中的数据进行筛选。在这个组合中，要求至少有一个过滤器满足条件。具体代码如例 8-7 所示。

【例 8-7】UnionFilterTest.java

```
1   public class UnionFilterTest {
2       @Test
3       public void testCombineFilter() throws Exception {
4           Configuration conf = HBaseConfiguration.create();
5           conf.set("fs.defaultFS", "hdfs://192.168.142.131:9870");
6           conf.set("hbase.zookeeper.quorum", "qf01,qf02,qf03");
7           Connection conn = ConnectionFactory.createConnection(conf);
8           Table table = conn.getTable(TableName.valueOf("t1"));
9           Scan scan = new Scan();
10          //使用列簇过滤器、BinaryComparator 过滤出含有 f1 列簇的行
11          FamilyFilter filter2 = new FamilyFilter(CompareFilter.CompareOp.EQUAL, new
            BinaryComparator(Bytes.toBytes("f1")));
12          //使用行过滤器、RegexStringComparator 过滤出以 2 结尾的行
13          RowFilter filter1 = new RowFilter(CompareFilter.CompareOp.EQUAL, new
            RegexStringComparator(".*2"));
14          //使用单列值过滤器、BinaryComparator 过滤出指定列和列值的行
15          SingleColumnValueFilter filter3 = new
            SingleColumnValueFilter(Bytes.toBytes("f1"), Bytes.toBytes("age"),
16              CompareFilter.CompareOp.GREATER, new
                BinaryComparator(Bytes.toBytes("23")));
17          filter3.setFilterIfMissing(true);
18          List<Filter> list = new ArrayList<Filter>();
19          list.add(filter1);
20          list.add(filter2);
21          list.add(filter3);
22          //至少有一个过滤器满足条件
23          FilterList fl = new FilterList(FilterList.Operator.MUST_PASS_ONE, list);
24          scan.setFilter(fl);
25          ResultScanner rs = table.getScanner(scan);
26          Iterator<Result> it = rs.iterator();
27          HBaseOperate.printData(it);
28          table.close();
29      }
30  }
```

例 8-7 中，第 11 行代码使用列簇过滤器和 BinaryComparator 过滤出含 f1 列簇的数据行；第 13 行代码使用行过滤器和 RegexStringComparator 过滤出以字符串"2"结尾的数据行；第 15 行代码使用单列值过滤器和 BinaryComparator 过滤出指定列 f1:age 中值大于 23 的行；第 17 行代码设置了 filter3.setFilterIfMissing(true)，以确保即使列值缺失也会被包含在结果中；第 18~21 行代码创建了一个过滤器列表 list，并将上述 3 个过滤器加入 list 中；第 23 行代码使用 FilterList.

< 229 >

Operator.MUST_PASS_ONE 表示至少有一个过滤器满足条件；第 24 行代码将过滤器列表 list 应用于扫描器。

运行结果如下：

```
row1,f1:id,1
row1,f2:age,22
row1,f2:id,2
row1,f2:name,jack
row2,f1:city,Beijing
row2,f1:name,tom
row3,f1:id,3
row3,f1:name,sophie
```

8.7　HBase 和 Hive 的结合使用

HBase 在实时数据处理和检索方面表现出色，但数据的真正价值通常体现在分析和提取有用信息的能力上，这正是 Hive 的用武之地。本节将介绍 HBase 和 Hive 结合使用的原因以及实现这种关联的方法。

8.7.1　HBase 与 Hive 结合使用的原因

HBase 和 Hive 都是 Hadoop 大数据生态圈中重要的组件，HBase 主要解决实时数据查询问题，Hive 主要解决批量数据离线处理问题。然而，在实际应用中，使用 HBase 进行复杂操作可能涉及复杂的 MapReduce 编程，其中一部分操作可以使用 Hive 提供的操作 HBase 表的接口来完成，为开发人员带来了一定的便利性。

需要注意的是，尽管 Hive 提供了对 HBase 表的操作接口，但它底层仍然调用的是 MapReduce，因此在性能方面没有显著提升，开发人员需要根据实际情况酌情使用。

8.7.2　Hive 关联 HBase

Hive 和 HBase 的结合使用不仅可以创建 Hive 表并将其映射到新的 HBase 表中，还可以将 Hive 表与已存在的 HBase 表进行关联。本小节将分别介绍这两种情况的关联步骤。

1．创建 Hive 表时关联新的 HBase 表

① 在虚拟机 qf01 上启动 Zookeeper 集群、Hadoop 集群、HBase、HiveServer2 服务，具体命令如下：

```
[root@qf01 ~]# xzk.sh start
[root@qf01 ~]# start-dfs.sh
[root@qf01 ~]# start-yarn.sh
[root@qf01 ~]# start-hbase.sh
[root@qf01 ~]# hiveserver2
```

② 在虚拟机 qf01 上打开一个新的终端，使用 Beeline 客户端连接 HiveServer2 服务，具体命令如下：

< 230 >

```
[root@qf01 ~]# beeline -u jdbc:hive2://localhost:10000 -n root
...
0: jdbc:hive2://localhost:10000>
```

③ 创建 Hive 表，同时建立 Hive 表与 HBase 表的映射关系，具体命令如下：

```
jdbc:hive2://> create table hive_hbase(id string, name string, age string)
stored by 'org.apache.hadoop.hive.hbase.HBaseStorageHandler'
with serdeproperties("hbase.columns.mapping" = ":key,f1:name,f1:age")
tblproperties("hbase.table.name" = "hbase_hivetbl");
```

💡 提示

stored by 用于指定存储处理器，hive_hbase 表使用的是 HBase 存储处理器。

serdeproperties 用于指定 Hive 表和 HBase 表的映射关系。hive_hbase 表中的 id 对应 HBase 表中的 Rowkey，表示形式是:key；name 对应的是列 f1:name，age 对应的是列 f1:age，其中 f1 是列簇。

tblproperties 用于指定 HBase 表的属性。hive_hbase 表中声明了 HBase 表的表名为 hbase_hivetbl，hbase.table.name 属性为可选项。如果未声明，默认与 hive_hbase 表同名。

④ 验证 Hive 的 hive_hbase 表是否创建成功。可通过查看 hive_hbase 表的表结构来进行验证，具体命令和输出结果如下：

```
jdbc:hive2://> desc hive_hbase;
+-----------+------------+----------+--+
| col_name  | data_type  | comment  |
+-----------+------------+----------+--+
| id        | string     |          |
| name      | string     |          |
| age       | string     |          |
+-----------+------------+----------+--+
3 rows selected (0.231 seconds)
```

返回以上信息表明 hive_hbase 表创建成功。

⑤ 验证 HBase 的 hbase_hivetbl 表是否创建成功，步骤如下。

a. 在虚拟机 qf01 上打开一个新的终端，启动 HBase Shell 命令行，具体命令如下：

```
[root@qf01 ~]# hbase shell
```

b. 通过查看 hbase_hivetbl 表的表描述来进行验证，具体命令和输出结果如下：

```
hbase(main):003:0> desc 'hbase_hivetbl'
Table hbase_hivetbl is ENABLED
hbase_hivetbl
COLUMN FAMILIES DESCRIPTION
{NAME => 'f1', BLOOMFILTER => 'ROW', VERSIONS => '1', IN_MEMORY => 'false',
KEEP_DELETED_CELLS => 'FALSE', D
ATA_BLOCK_ENCODING => 'NONE', TTL => 'FOREVER', COMPRESSION => 'NONE',
MIN_VERSIONS => '0', BLOCKCACHE => 't
rue', BLOCKSIZE => '65536', REPLICATION_SCOPE => '0'}
1 row(s) in 0.3890 seconds
```

返回以上信息表明 hbase_hivetbl 表创建成功。至此，创建 Hive 表时关联新的 HBase 表完成。

2. 创建 Hive 表时关联已存在的 HBase 表

① 创建 Hive 表 hive_hbase2，同时关联已存在的 HBase 表 ns1:t1，具体命令如下：

< 231 >

```
jdbc:hive2://> create external table hive_hbase2(rowkey string, age string)
stored by 'org.apache.hadoop.hive.hbase.HBaseStorageHandler'
with serdeproperties("hbase.columns.mapping" = ":key, cf1:age")
tblproperties("hbase.table.name" = "ns1:t1");
```

需要注意的是，创建 Hive 表关联已存在的 HBase 表时，需要创建 Hive 外部表。

② 查看 hive_hbase2 表的数据，具体命令和输出结果如下：

```
jdbc:hive2://> select * from hive_hbase2;
+---------------------+------------------+--+
| hive_hbase2.rowkey  |  hive_hbase2.age |
+---------------------+------------------+--+
| row1                | 18               |
+---------------------+------------------+--+
1 row selected (2.783 seconds)
```

返回以上信息，表明创建 Hive 表 hive_hbase2 时关联了 HBase 表 ns1:t1。在建立关联之后，可以实现使用 Hive 操作 HBase 表中的数据。

8.8 HBase 的性能优化

微课视频

为了高效地使用 HBase，需要对 HBase 进行性能优化。HBase 性能优化的常用方法如下。

1. API 性能优化

当用户通过客户端使用 API 读/写数据时，可以采用以下方法对 HBase 进行性能优化。

① 关闭自动刷写。使用 setAutoFlush(false)方法关闭 HBase 表的自动刷写功能。当向 HBase 表中大量写入数据（进行 put 操作）时，如果关闭自动刷写功能，这些写入的数据会先存放到一个缓冲区中，当缓冲区被填满后再传送给 HRegion 服务器。如果启动了自动刷写功能，每进行一次 put 操作都会将数据传送给 HRegion 服务器，会增加网络负载。

② 设置扫描范围。在使用扫描器处理大量数据时，可以设置扫描指定的列数据，避免扫描未使用的数据，减少内存的开销。

③ 关闭 ResultScanner。通过扫描器获取数据后，关闭 ResultScanner，这样可以尽快释放对应的 HRegionServer 的资源。

④ 使用过滤器。使用过滤器过滤出需要的数据，尽量减少服务器通过网络返回客户端的数据量。

⑤ 批量写数据。调用 HTable.put(Put)方法只能将一个指定的 Rowkey 记录写入 HBase，而调用 HTable.put(List<Put>)方法可以将指定的 Rowkey 列表批量写入多行记录，可以减少网络开销。

2. 优化配置

（1）增加处理数据的线程数

在/mysoft/hbase/conf/hbase-site.xml 文件中设置 HRegionServer 处理 I/O 请求的线程数的值，即设置 hbase.regionserver.handler.count，默认值为 10。具体配置如下：

```
<property>
    <name>hbase.regionserver.handler.count</name>
    <value>10</value>
</property>
```

该线程数通常的设置范围为 100～200，可以提高 HRegionServer 的性能。需要注意的是，当数据

< 232 >

量很大时，如果该值设置得过大，则 HBase 所处理的数据会占用较多的内存，因此该值不是越大越好。

（2）增加堆内存

在/mysoft/hbase/conf/hbase-env.sh 文件中修改堆内存的大小，可以根据实际情况增加堆内存。具体命令如下：

```
export HBASE_HEAPSIZE=1G                        //默认值为 1GB
```

（3）增加 HRegion 的大小

在/mysoft/hbase/conf/hbase-site.xml 文件中修改 HRegion 的大小，具体命令如下：

```
<property>
    <name>hbase.hregion.max.filesize</name>
    <value>256MB</value>
</property>
```

通常，使用较小的 HRegion 可以使 HBase 集群更加平稳地运行；使用较大的 HRegion 能够减少 HBase 集群的 HRegion 数量。HBase 中 HRegion 的默认大小是 256MB，用户可以配置 1GB 以上的 HRegion。

（4）调整堆中块缓存的大小

在/mysoft/hbase/conf/hbase-site.xml 文件中修改块缓存的大小，具体代码如下：

```
<property>
    <name>perf.hfile.block.cache.size</name>
    <value>0.2</value>
</property>
```

该参数的默认值是 0.2。适当增大堆中块缓存的大小可以提高 HBase 在读取大量数据时的效率。

（5）调整 Memstore 的大小

在/mysoft/hbase/conf/hbase-site.xml 文件中修改 Memstore 的大小，设置最大 memstore，默认为堆内存的 40%（0.4）。具体代码如下：

```
<property>
    <name>hbase.regionserver.global.memstore.size</name>
    <value>0.4</value>
</property>
```

设置最小 memstore，默认为最大 memstore 的 95%，具体代码如下：

```
<property>
    <name>hbase.regionserver.global.memstore.size.lower.limit</name>
    <value>0.38</value>
</property>
```

本章小结

本章重点讲述了 HBase 的架构、安装、HBase Shell 的操作、HBase 的编程、Hbase 的过滤器和比较器等核心内容，简单介绍了 HBase 与 Hive 两者的结合使用。通过对 HBase Shell 命令的实际操作，读者可以深刻体会 HBase 的基本作用；通过 HBase 编程、HBase 优化，读者可以深入理解 HBase 处理数据的高效性。

< 233 >

习题

一、填空题

1. HBase 利用 Hadoop 的_____作为其文件存储系统。
2. HBase 的文件存储格式主要有两种，分别为_____和_____。
3. 启动 HBase Shell 命令行的命令是_____。
4. HBase 中的 Rowkey 保存为_____。

二、选择题

1. 下列哪个不是 HBase 的特点？（　　　）
   A. 大　　　　　　　B. 稀疏　　　　　　C. 面向列　　　　　D. 面向行
2. 列簇是（　　　）的集合。
   A. 列　　　　　　　B. Qualifier　　　　C. Rowkey　　　　　D. 值
3. （　　　）是 HBase 存储的核心。
   A. Storage　　　　 B. Store　　　　　　C. StoreFile　　　　D. MemStore
4. （　　　）主要存放用户建表时未指定 Namespace 的表。
   A. table　　　　　 B. default　　　　　C. namespace　　　　D. hbase
5. 以下属于比较过滤器的有（　　　）。
   A. 行过滤器　　　 B. 列簇过滤器　　　C. 列限定符过滤器 D. 值过滤器

三、简答题

1. Hbase 的数据模型主要有哪些？
2. HBase 与 Hive 的区别是什么？

< 234 >

第9章 数据同步工具 Sqoop

学习目标
- 了解 Sqoop 的原理及其安装。
- 熟悉 Sqoop 的架构。
- 掌握 Sqoop 的 import、export、job 命令，能够完成数据导入与导出操作。

在大数据领域，Hadoop 生态系统提供了功能强大的解决方案。然而，众多企业仍然在使用关系型数据库，这对将现有的结构化数据与 Hadoop 集群无缝连接带来了挑战。数据同步工具 Sqoop 通过 Hadoop 的 MapReduce 实现了数据在关系型数据库与 HDFS、Hive、HBase 等组件之间的传输。在大数据项目中，Sqoop 为大规模数据的处理与存储提供了重要支持。本章将重点讲解 Sqoop 的基础知识、安装、命令、数据导入、数据导出和 Sqoop job 等内容。

9.1 初识 Sqoop

Sqoop 提供了一条通道，能够让关系型数据库和 Hadoop 之间的数据进行高效、可靠的迁移，为实现关系型数据库和 Hadoop 之间的互联提供了解决方案。本节将对 Sqoop 的基础知识、原理和架构进行详细介绍。

微课视频

9.1.1 Sqoop 简介

Sqoop（SQL-to-Hadoop）是一款用于在 Hadoop 和关系型数据库、大型机等结构化数据系统之间高效传输数据的工具。Sqoop 项目开始于 2009 年，它的出现主要是为了满足以下两大核心需求。

① 企业的业务数据大多存储在关系数据库中，数据量达到一定规模时，仅使用关系型数据库对其进行统计和分析会导致效率低下。在这种背景下，通过 Sqoop 将数据从关系型数据库导入（Import）至 Hadoop 的 HDFS（或 HBase、Hive）进行离线分析，能够提升数据处理效率。

② Hadoop 处理后的数据往往需要同步到关系型数据库中，作为业务的辅助数据，这时可以通过 Sqoop 将 Hadoop 中的数据导出（Export）至关系型数据库。

Sqoop 的核心设计思想在于利用 MapReduce 加快数据传输速度，从而实现了导入和导出 Hadoop 数据的功能。

Sqoop 主要有两个系列：Sqoop1 和 Sqoop2。Sqoop1 较为稳定，与 Hadoop3.3.0 兼容的版本是 1.4.6；Sqoop2 的最新版本是 1.99.7。Sqoop 的 1.99.7 版本功能不完整，并且与 1.4.6 版本不兼容，不适用于生产部署。目前大多数企业主要使用的是 Sqoop1，因此本书选用 1.4.6 版本进行讲解。

9.1.2 Sqoop 架构

Sqoop 的架构主要由 3 部分组成：Sqoop 客户端、数据存储与挖掘和数据存储空间。其中，数据存储与挖掘主要使用 HDFS、Hbase、Hive 等工具。Sqoop 的架构如图 9-1 所示。

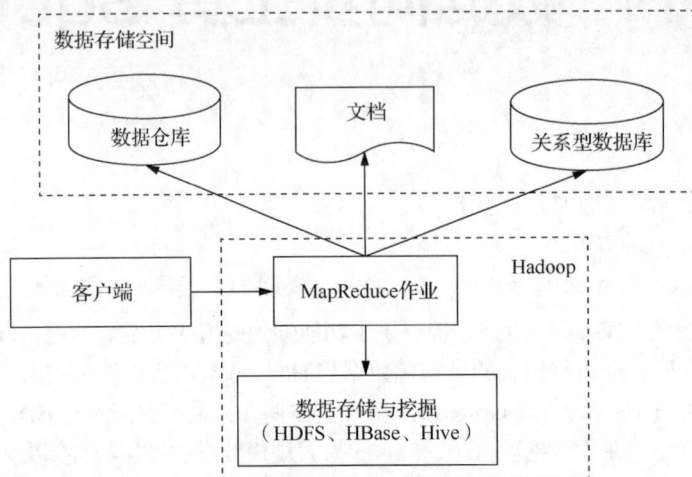

图 9-1 Sqoop 的架构

从图 9-1 可以简单地了解 Sqoop 的运行流程。以从关系型数据库导入数据为例，Sqoop 大致的运行流程如下。

① 用户通过 Sqoop 客户端发起 Sqoop 命令，以配置所需的数据库连接信息、数据表选择等参数。

② Sqoop 客户端会将用户的命令转换为一个基于 Map Task 的 MapReduce 作业，并将该作业提交到 Hadoop 集群上执行。

③ 在 Hadoop 集群中，Map Task 以并行方式运行，通过访问关系型数据库的元数据信息获取所需数据并将其读取出来。

④ 读取的数据经过必要的处理和转换后被导入到 Hadoop 集群的数据存储系统中，通常是 HDFS 或其他指定的存储系统。如果需要，数据可以进一步进行处理或转换，以满足用户的需求。

⑤ 最终，处理过的数据可以存储在 Hadoop 集群中。用户可以在这个位置对数据进行进一步的分析、处理或将其导出到其他数据存储系统中。

9.1.3 Sqoop 的工作原理

Sqoop 的工作原理是将用户给定的 Sqoop 命令转换为相应的 MapReduce 程序（实际上只有 Map 阶段，没有 Reduce 阶段），底层用 MapReduce 程序实现抽取、转换、加载。使用 Sqoop 的代码生成工具，用户可以方便地查看 Sqoop 所生成的 Java 代码，甚至可以在此基础上进行更深入的定制开发。接下来对 Sqoop 数据导入和数据导出的工作原理分别进行讲解。

1. 数据导入

以关系型数据库的数据导入过程为例，Sqoop 数据导入的工作原理如图 9-2 所示。

从图 9-2 可以看出，Sqoop 数据导入的过程可以分为以下几个关键步骤。

① 首先，用户输入数据导入的命令；Sqoop 使用 JDBC 连接到关系型数据库中的表，并获取所需的数据库元数据信息，例如导入表的列名和数据类型等。

< 236 >

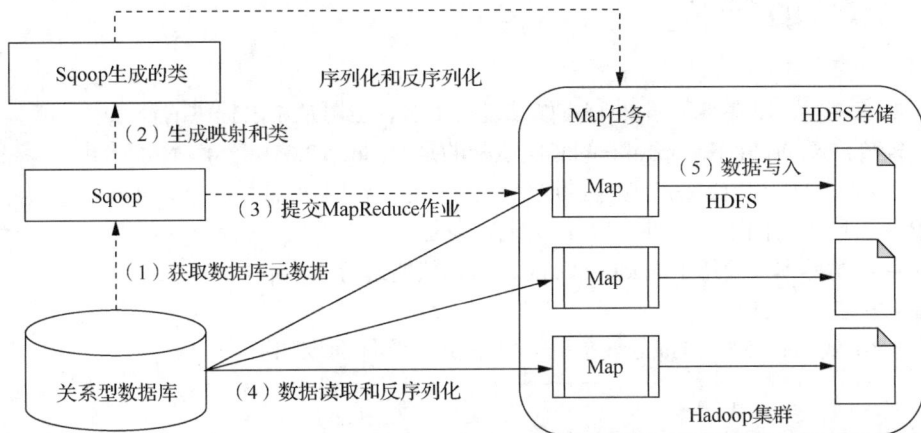

图 9-2　Sqoop 数据导入的工作原理

② Sqoop 将数据库的数据类型映射到对应的 Java 数据类型。基于这些映射信息，Sqoop 会生成一个与表名同名的 Java 类。该类用于完成数据的序列化工作，以便存储每一行记录。

③ 然后，Sqoop 从关系型数据库中提取元数据信息，提交一个 MapReduce 作业。这个作业包含多个 Map 任务，每个 Map 任务负责读取数据的不同片段，用于实际的数据导入和处理。

④ 在作业在输入阶段，Sqoop 通过 JDBC 读取数据表的内容。在这个过程中，Sqoop 使用之前生成的 Java 类进行反序列化操作，以便有效地处理数据库中的记录。

⑤ 最后，处理过的记录被写入 HDFS 中。在写入 HDFS 的过程中，同样会使用 Sqoop 生成的 Java 类进行反序列化操作，以确保数据在 HDFS 中的可访问性。

2. 数据导出

Sqoop 数据导出和数据导入的工作原理相似，总体也是基于 MapReduce 任务，关键差异在于数据方向和目标存储位置。数据导入是从关系型数据库导入到 HDFS 或其他存储系统中，而数据导出则与之相反。在数据导出过程中，Sqoop 将数据从 HDFS 或其他存储系统导出到关系型数据库，包括从存储系统中提取数据、进行适当的反序列化和格式转换、将数据写入目标关系型数据库中。Sqoop 数据导出的工作原理如图 9-3 所示。

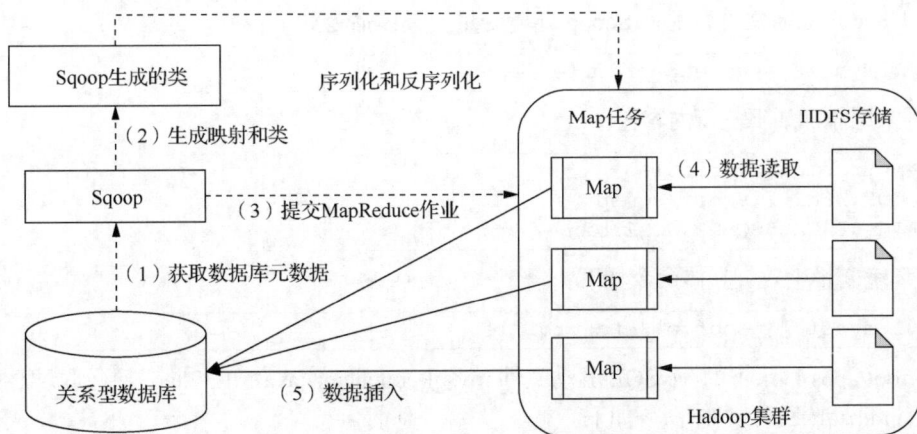

图 9-3　Sqoop 数据导出的工作原理

< 237 >

9.2 Sqoop 安装

Sqoop 的安装包可以在 Sqoop 的官方网站进行下载，也可从本书提供的资源中直接获取。需要注意的是，Sqoop1.4.6 的底层适配的是 Hadoop 2.6.0，然而本书所用的 Hadoop 版本为 3.3.0。尽管这两个版本的底层存在一定差异，但通常情况下，Hadoop 的新版本会尽可能保持向下兼容性，以便与旧版本的应用和生态系统保持一定程度的兼容。因此，虽然本书使用了 Hadoop 3.3.0，但仍然能运行 Sqoop 1.4.6。

微课视频

Sqoop 的安装步骤如下。

① 启动 Zookeeper 集群、Hadoop 集群、MySQL，具体命令如下：

```
[root@qf01 ~]# xzk.sh start
[root@qf01 ~]# start-dfs.sh
[root@qf01 ~]# start-yarn.sh
[root@qf01 ~]# mysql -uroot -p
Enter password:
...
mysql>
```

💡 提示

当出现 Enter password 时输入 root，按下 Enter 键。

② 将 Sqoop 安装包 sqoop-1.4.6.bin__hadoop-2.0.4-alpha.tar.gz 放到虚拟机 qf01 的/root/apps/目录下；在虚拟机 qf01 上重新打开一个终端，解压 Sqoop 安装包到/mysoft 目录下，具体命令如下：

```
[root@qf01 ~]# tar -zxvf
/root/Downloads/sqoop-1.4.6.bin__hadoop-2.0.4-alpha.tar.gz -C /mysoft/
```

③ 切换到/mysoft 目录下，将 sqoop-1.4.6.bin__hadoop-2.0.4-alpha 重命名为 sqoop，具体命令如下：

```
[root@qf01 ~]# cd/mysoft/
[root@qf01 mysoft]# mv sqoop-1.4.6.bin__hadoop-2.0.4-alpha sqoop
```

④ 打开/etc/profile 文件，配置 Sqoop 环境变量，具体命令如下：

```
[root@qf01 mysoft]# vi/etc/profile
```

在文件末尾添加如下三行内容：

```
# Sqoop environment variables
export SQOOP_HOME=/mysoft/sqoop
export PATH=$PATH:$SQOOP_HOME/bin
```

⑤ 使环境变量生效，具体命令如下：

```
[root@qf01 mysoft]# source /etc/profile
```

⑥ 将/root/apps 目录下的 MySQL 驱动文件 mysql-connector-java-5.1.37.jar 复制到虚拟机 qf01 的/mysoft/sqoop/lib 目录下，具体命令如下：

```
[root@qf01 mysoft]# cp/root/Downloads/mysql-connector-java-5.1.37.jar
/mysoft/sqoop/lib
```

< 238 >

⑦ 修改 Sqoop 的配置文件，步骤如下。

a. 切换到/mysoft/sqoop/conf 目录下，将文件 sqoop-env-template.sh 重命名为 sqoop-env.sh，具体命令如下：

```
[root@qf01 mysoft]# cd /mysoft/sqoop/conf
[root@qf01 conf]# mv sqoop-env-template.sh  sqoop-env.sh
```

b. 修改 sqoop-env.sh 文件，具体命令如下：

```
[root@qf01 conf]# vi sqoop-env.sh
```

找到 sqoop-env.sh 文件的如下几行内容：

```
#export HADOOP_COMMON_HOME=
#export HADOOP_MAPRED_HOME=
#export HBASE_HOME=
#export HIVE_HOME=
#export ZOOCFGDIR=
```

将其替换为如下内容：

```
export HADOOP_COMMON_HOME=/usr/local/hadoop-3.3.0
export HADOOP_MAPRED_HOME=/usr/local/hadoop-3.3.0
export HBASE_HOME=/mysoft/hbase
export HIVE_HOME=/mysoft/hive
export ZOOCFGDIR=/mysoft/zookeeper/conf
```

⑧ 查看当前 Sqoop 的版本信息，具体如下所示：

```
[root@qf01 conf]# sqoop version
Warning: /mysoft/sqoop/../hcatalog does not exist! HCatalog jobs will fail.
Please set $HCAT_HOME to the root of your HCatalog installation.
Warning: /mysoft/sqoop/../accumulo does not exist! Accumulo imports will fail.
Please set $ACCUMULO_HOME to the root of your Accumulo installation.
INFO sqoop.Sqoop: Running Sqoop version: 1.4.6
Sqoop 1.4.6
```

出现 Sqoop 1.4.6 一行，表明 Sqoop 安装成功。

⑨ 去除警告信息。因为没有设置 HCAT_HOME 和 ACCUMULO_HOME，所以出现了相关的警告信息。可进行如下操作，去除警告信息：（本书对 HCAT_HOME 和 ACCUMULO_HOME 不做介绍，感兴趣的读者可以自行了解。）

a. 修改/mysoft/sqoop/bin 目录下的 configure-sqoop 文件，具体命令如下：

```
[root@qf01 conf]# cd/mysoft/sqoop/bin
[root@qf01 bin]# vi configure-sqoop
```

使用#注释掉 HCAT_HOME 和 ACCUMULO_HOME 的相关信息，具体命令如下：

```
#if [ ! -d "${HCAT_HOME}" ]; then
#  echo "Warning: $HCAT_HOME does not exist! HCatalog jobs will fail."
#  echo 'Please set $HCAT_HOME to the root of your HCatalog installation.'
#fi
#if [ ! -d "${ACCUMULO_HOME}" ]; then
#  echo "Warning: $ACCUMULO_HOME does not exist! Accumulo imports will fail."
#  echo 'Please set $ACCUMULO_HOME to the root of your Accumulo installation.'
#fi
```

b. 查看 Sqoop 的版本信息，警告信息已去除，具体命令如下：

< 239 >

```
[root@qf01 bin]# sqoop version
INFO sqoop.Sqoop: Running Sqoop version: 1.4.6
Sqoop 1.4.6
```

至此，Sqoop 安装完成。

9.3 Sqoop 的命令与参数

Sqoop 作为一个强大的数据传输工具，提供了丰富的命令（Command）和参数，以支持从关系型数据库到 Hadoop 的数据迁移。本节将对 Sqoop 的一些常用命令和参数进行详细介绍。

9.3.1 Sqoop 的常用命令

Sqoop 命令是通过终端或命令行界面运行的指令，用于执行各种数据导入和导出操作，以满足不同场景下的数据集成和分析需求。Sqoop 命令是学习 Sqoop 的关键。可使用 help 命令查看 Sqoop 命令。Sqoop 的常用命令如表 9-1 所示。

表 9-1 Sqoop 常用命令的用途

命令	对应的 Java 类	用途
import	ImportTool	将数据导入到集群
export	ExportTool	将集群数据导出
codegen	CodeGenTool	自动生成用于表示表结构的 Java 类，该类包含表的列名、数据类型和其他元数据信息
create-hive-table	CreateHiveTableTool	创建 Hive 表
eval	EvalSqlTool	查看 SQL 语句的执行结果
import-all-tables	ImportAllTablesTool	将某个数据库下的所有表导入到 HDFS 中
list-databases	ListDatabasesTool	列出 MySQL 的所有数据库名
list-tables	ListTablesTool	列出某个数据库下的所有表
help	HelpTool	查看帮助信息
version	VersionTool	查看版本信息

表 9-1 所示的 Sqoop 常用命令在实现 Hadoop 和关系型数据库之间的数据传输与处理方面具有重要作用。本节将进一步探讨部分常用命令所支持的参数。掌握了这些参数，读者就能够灵活地配置 Sqoop，以满足不同场景下的数据传输需求。

9.3.2 常用命令的参数

1. 数据库连接参数

在 Sqoop 中，数据库连接参数用于在 Sqoop 命令中配置与关系型数据库建立连接所需的信息。读者可根据数据库的类型和环境配置合适的连接参数，实现 Sqoop 与源数据库的通信，以执行数据导入、导出以及其他操作。数据库连接参数如表 9-2 所示。

< 240 >

表 9-2　数据库连接参数

参数	说明
--connect	用于 JDBC 连接关系型数据库
--connection-manager	指定要使用的连接管理类
--driver	用于指定要使用的 JDBC 驱动程序
--help	打印帮助信息
--password	连接数据库的密码
--username	连接数据库的用户名
--verbose	在控制台打印详细信息

2．export 命令的参数

在 Sqoop 中，export 命令用于将数据从 Hadoop 导出到关系型数据库。为了实现灵活、精确的数据导出，export 命令提供了一系列控制参数，允许读者在执行导出操作时进行个性化配置。export 命令的参数具体如表 9-3 所示。

表 9-3　export 命令的参数

参数	说明
–input-enclosed-by char	在字段值前后加上指定字符
–input-escaped-by char	对含有转义符的字段做转义处理
–input-fields-terminated-by char	字段之间的分隔符
–input-lines-terminated-by char	行之间的分隔符
–input-optionally-enclosed-by char	在带有双引号或单引号的字段前后加上指定字符

3．import 命令的参数

在 Sqoop 中，import 命令用于从关系型数据库中将数据导入到 Hadoop 中。为了实现高度的数据灵活性和配置性，import 命令提供了一系列控制参数，允许读者在执行导入操作时进行个性化配置。import 命令的参数具体如表 9-4 所示。

表 9-4　import 命令的参数

参数	说明
–enclosed-by char	在字段值前后加上指定的字符
–escaped-by char	给字段中的双引号加转义符
–fields-terminated-by char	设定每个字段的结束符号，默认为逗号
–lines-terminated-by char	设定每行记录之间的分隔符，默认是\n
–mysql-delimiters	MySQL 默认的分隔符设置，字段之间以逗号分隔，行之间以\n 分隔；默认转义符是\，字段值以单引号包裹
–optionally-enclosed-by char	在带有双引号或单引号的字段值前后加上指定字符

9.3.3　Sqoop 命令的基本操作

（1）创建 MySQL 数据库 test_sqoop

进入 MySQL 的具体命令如下：

```
[root@qf01 ~]# mysql -uroot -p
```

< 241 >

创建 test_sqoop 数据库，SQL 语句如下：

```
mysql> create database test_sqoop;
```

（2）在 test_sqoop 数据库中创建 sqoop_table 表并插入数据

① 使用 test_sqoop 数据库，SQL 语句如下：

```
mysql> use test_sqoop;
```

② 创建 sqoop_table 表，SQL 语句如下：

```
mysql> create table sqoop_table(
    -> id int,
    -> name varchar(40),
    -> age int,
    -> primary key(id));
```

③ 向 sqoop_table 表中插入数据，SQL 语句如下：

```
mysql> insert into sqoop_table
    -> (id, name, age)
    -> values
    -> (1, "Jack", 22);
```

（3）列出 MySQL 中所有可用的数据库名称

在虚拟机 qf01 中使用 Sqoop 的 list-databases 命令列出 MySQL 中所有可用的数据库名称，具体命令和结果如下：

```
[root@qf01 ~]# sqoop list-databases \
> --connect jdbc:mysql://192.168.142.131:3306 --username root -P
18/10/29 13:04:09 INFO sqoop.Sqoop: Running Sqoop version: 1.4.6
Enter password:
2023/9/12 13:04:12 INFO manager.MySQLManager: Preparing to use a MySQL
streaming resultset.
information_schema
hive
mysql
performance_schema
test_sqoop
```

上述命令中，sqoop list-databases 是 Sqoop 工具的基本命令，用于列出数据库服务器上所有数据库名称。--connect jdbc:mysql://192.168.142.131:3306 指定了要连接的 MySQL 数据库的 URL；--username root 指定连接数据库时的用户名为 root；-P 参数用于提示输入数据库密码，Sqoop 会在执行命令时要求用户输入数据库密码。

执行上述命令时，Sqoop 首先会显示其版本信息，如此处的 Running Sqoop version: 1.4.6；然后需要用户输入 MySQL 的数据库密码，当用户输入正确的密码后，Sqoop 将会连接到 MySQL 数据库，并通过查询获取所有数据库的名称；最后 Sqoop 将会列出该 MySQL 数据库服务器上所有数据库的名称，如此处输出的 information_schema、hive、mysql、performance_schema 和 test_sqoop。

（4）列出 test_sqoop 数据库下所有表的名称

使用 Sqoop 的 list-tables 命令列出 MySQL 中 test_sqoop 数据库下所有表的名称，具体命令和结果如下：

```
[root@qf01 ~]# sqoop list-tables \
> --connect jdbc:mysql://192.168.142.131:3306/test_sqoop --username root -P
```

< 242 >

```
2023/9/12 13:45:16 INFO sqoop.Sqoop: Running Sqoop version: 1.4.6
Enter password:
2023/9/12 13:45:19 INFO manager.MySQLManager: Preparing to use a MySQL
streaming resultset.
sqoop_table
```

上述命令中，sqoop list-tables 命令用于列出数据库中所有表的名称。执行该命令后，Sqoop 将会连接到 MySQL 中的 test_sqoop 数据库并查询，然后列出该数据库中所有表的名称，如此处输出的 sqoop_table。

9.4　Sqoop 数据导入

Sqoop 的数据导入功能使用户可将多种关系型数据库中的数据迁移到 Hadoop 生态系统中，为实现跨数据源的无缝数据流动创造了条件。本节将详细讲解如何使用 Sqoop 将 MySQL 数据库中的数据导入 HDFS、Hive 和 HBase 等 Hadoop 组件。

9.4.1　将 MySQL 中的数据导入 HDFS

本小节将以将 MySQL 的数据导入 HDFS 为例，讲解 import 命令的使用方法。

将 MySQL 中的数据导入 HDFS 之前，必须先确保 ZooKeeper 和 Hadoop 集群已启动。具体操作步骤如下。

① 在 MySQL 中给虚拟机 qf01、qf02 和 qf03 授予访问权限，具体命令如下：

```
mysql> grant all PRIVILEGES on *.* to root@'qf01' identified by 'root';
mysql> grant all PRIVILEGES on *.* to root@'qf02' identified by 'root';
mysql> grant all PRIVILEGES on *.* to root@'qf03' identified by 'root';
```

② 使用 Sqoop 的 import 命令将 test_sqoop 数据库下的 sqoop_table 表中的数据导入 HDFS，具体命令如下：

```
[root@qf01 ~]# sqoop import \
> --connect jdbc:mysql://192.168.142.131:3306/test_sqoop -username root -P \
> --table sqoop_table \
> --target-dir /sqoop/sqoop_table -m 2
```

上述命令中，sqoop import 是 Sqoop 工具进行数据导入操作的命令；--table sqoop_table 指定要导入数据的表名为 sqoop_table；--target-dir /sqoop/sqoop_table 指定导入的数据存储在 HDFS 中的 /sqoop/sqoop_table 目录下；-m 2 参数是并行度选项，指定导入操作并行执行的 Map 任务数为 2，表示将使用 2 个并行任务执行导入操作。

a. 将 MySQL 中的数据导入 HDFS 后，可以在当前目录下查看 Sqoop 自动生成的 Java 程序（sqoop_table.java），具体命令如下：

```
[root@qf01 ~]# cat sqoop_table.java
```

b. 查看导入 HDFS 的/sqoop/sqoop_table 目录下的数据，具体命令如下：

```
[root@qf01 ~]# hdfs dfs -cat /sqoop/sqoop_table/*
1,Jack,22
```

< 243 >

出现以上数据，表明已通过 import 命令成功将 MySQL 的数据导入 HDFS。

③ 将 MySQL 中的数据导入 HDFS，并指定字段分隔符，具体命令如下：

```
[root@qf01 ~]# sqoop import \
> --connect jdbc:mysql://192.168.142.131:3306/test_sqoop -username root -P \
> --table sqoop_table --target-dir /sqoop/sqoop_table -m 2 \
> --fields-terminated-by '\t' --delete-target-dir
```

查看导入 HDFS 的/sqoop/sqoop_table 目录下的数据，具体命令如下：

```
[root@qf01 ~]# hdfs dfs -cat /sqoop/sqoop_table/*
1      Jack    22
```

④ 将 MySQL 中 sqoop_table 表中的指定列导入 HDFS，具体命令如下：

```
[root@qf01 ~]# sqoop import \
> --connect jdbc:mysql://192.168.142.131:3306/test_sqoop -username root -P \
> --table sqoop_table --target-dir /sqoop/sqoop_table -m 2 \
> --fields-terminated-by '\t' --delete-target-dir \
> --columns id,name
```

上述命令中，--fields-terminated-by '\t'指定字段之间的分隔符为制表符 "\t"；--delete-target-dir 表示当目标目录已经存在时，在导入之前删除目标目录中的数据。

查看导入 HDFS 的/sqoop/sqoop_table 目录下的数据，具体命令如下：

```
[root@qf01 ~]# hdfs dfs -cat /sqoop/sqoop_table/*
1      Jack
```

9.4.2 将 MySQL 中的数据导入 Hive

import 命令中与 Hive 相关的常用参数如表 9-5 所示。

表 9-5 import 命令中与 Hive 相关的常用参数

参数	说明
--create-hive-table	创建 Hive 表
--external-table-dir <hdfs path>	外部表路径
--hive-database <database-name>	Hive 数据库
--hive-delims-replacement <arg>	行分隔符
--hive-import	导入 Hive 表时指定的参数
--hive-overwrite	替换 Hive 中已存在的表
--hive-partition-key <partition-key>	指定 Hive 的分区字段
--hive-partition-value <partition-value>	指定 Hive 的分区值
--hive-table <table-name>	指定 Hive 的导入表
--map-column-hive <arg>	指定 Hive 的列映射

将 MySQL 中的数据导入 Hive 的具体操作如下。

① 复制 Hive 配置文件。将/mysoft/hive/conf 目录下的 Hive 配置文件 hive-site.xml 复制到/mysoft/sqoop/conf 目录下，具体命令如下：

```
[root@qf01 ~]# cp/mysoft/hive/conf/hive-site.xml /mysoft/sqoop/conf/
```

< 244 >

② 更新环境变量。编辑/etc/profile 文件，将 Hive 的库路径添加到 HADOOP_CLASSPATH 中，并使文件生效，具体命令如下：

```
[root@qf01 ~]# vi/etc/profile
export HADOOP_CLASSPATH=$HADOOP_CLASSPATH:$HIVE_HOME/lib/*
[root@qf01 ~]# source /etc/profile
```

③ 更新 Java 策略文件。编辑/usr/java/jdk1.8.0_121/jre/lib/security/java.policy 文件，在最后一行（};）之前添加如下内容：

```
[root@qf01 ~]# vi/usr/java/jdk1.8.0_121/jre/lib/security/java.policy
permission javax.management.MBeanTrustPermission "register";
```

④ 在虚拟机 qf01 上启动 HiveServer2 服务，具体命令如下：

```
[root@qf01 ~]# hiveserver2
...
SLF4J: Actual binding is of type
[org.apache.logging.slf4j.Log4jLoggerFactory]
```

⑤ 在虚拟机 qf01 上打开一个新的终端，启动 Beeline 客户端并连接到 HiveServer2，具体命令如下：

```
[root@qf01 ~]# beeline -u jdbc:hive2://localhost:10000 -n root
...
0: jdbc:hive2://localhost:10000>
```

⑥ 在虚拟机 qf01 上再打开一个新的终端，根据 test_sqoop 数据库下的 sqoop_table 表的表结构，创建 Hive 表 sqoop_hive_table，具体命令如下：

```
[root@qf01 ~]# sqoop create-hive-table \
> --connect jdbc:mysql://192.168.142.131:3306/test_sqoop -username root -P \
> --table sqoop_table --hive-table sqoop_hive_table
...
2023/9/12 17:40:32 INFO hive.HiveImport: Hive import complete.
```

在 Beeline 客户端中查看 sqoop_hive_table 表的表结构，具体命令和结果如下：

```
jdbc:hive2://> desc sqoop_hive_table;
+-----------+------------+----------+--+
| col_name  | data_type  | comment  |
+-----------+------------+----------+--+
| id        | int        |          |
| name      | string     |          |
| age       | int        |          |
+-----------+------------+----------+--+
3 rows selected (0.265 seconds)
```

出现以上数据表明成功创建了 sqoop_hive_table 表。

⑦ 使用 Sqoop 的 create-hive-table 命令创建一个 Hive 分区表。需要注意的是，这个分区表只会有一个分区，具体命令如下：

```
[root@qf01 ~]# sqoop create-hive-table \
> --connect jdbc:mysql://192.168.142.131:3306/test_sqoop -username root -P \
> --table sqoop_table --hive-database test --hive-table sqoop_hive_table2 \
> --fields-terminated-by '\t' \
> --hive-partition-key city
```

< 245 >

上述命令中，--hive-database test 指定数据将导入的 Hive 数据库名为 test；--hive-table sqoop_hive_table2 指定将要在 Hive 中创建的目标表名为 sqoop_hive_table2；--hive-partition-key city 指定在 Hive 分区表中的分区字段为 city，这意味着数据将按照不同的城市进行分区存储。

在 Beeline 客户端中查看 sqoop_hive_table2 表的表结构，步骤如下。

a. 使用 Hive 数据库 test，具体命令如下：

```
jdbc:hive2://> use test;
No rows affected (2.035 seconds)
```

b. 查看 sqoop_hive_table2 表的表结构，具体命令和结果如下：

```
jdbc:hive2://> desc sqoop_hive_table2;
+------------------------+----------------------+------------------------+--+
|        col_name        |      data_type       |        comment         |  |
+------------------------+----------------------+------------------------+--+
| id                     | int                  |                        |  |
| name                   | string               |                        |  |
| age                    | int                  |                        |  |
| city                   | string               |                        |  |
|                        | NULL                 | NULL                   |  |
| # Partition Information | NULL                 | NULL                   |  |
| # col_name             | data_type            | comment                |  |
|                        | NULL                 | NULL                   |  |
| city                   | string               |                        |  |
+------------------------+----------------------+------------------------+--+
9 rows selected (1.302 seconds)
```

出现以上数据，表明 Sqoop 已成功创建 Hive 分区表 sqoop_hive_table2，并且添加了分区字段 city（默认为 String 类型）。

⑧ 将 test_sqoop 数据库中的数据导入到 sqoop_hive_table3 表中，具体命令如下：

```
[root@qf01 ~]# sqoop import \
> --connect jdbc:mysql://192.168.142.131:3306/test_sqoop  username root -P \
> --table sqoop_table --hive-import --hive-table sqoop_hive_table3 \
> --fields-terminated-by '\t'
```

在 Beeline 客户端中查看 sqoop_hive_table3 表中的数据，步骤如下。

a. 使用 Hive 默认数据库，具体命令和结果如下：

```
jdbc:hive2://> use default;
No rows affected (0.111 seconds)
```

b. 查看 sqoop_hive_table3 表中的数据，具体命令和结果如下：

```
jdbc:hive2://> select * from sqoop_hive_table3;
+----------------------+------------------------+-----------------------+--+
| sqoop_hive_table3.id | sqoop_hive_table3.name | sqoop_hive_table3.age |  |
+----------------------+------------------------+-----------------------+--+
| 1                    | Jack                   | 22                    |  |
+----------------------+------------------------+-----------------------+--+
1 row selected (0.288 seconds)
```

出现以上数据，表明 Sqoop 已成功地将 MySQL 中的数据导入指定的 Hive 表。

⑨ 将 test_sqoop 数据库下的 sqoop_table 表中的数据导入 Hive 的分区表 sqoop_hive_table4。需要注意的是，将 MySQL 中的数据导入 Hive 分区表时，只能指定一个分区。命令如下：

< 246 >

```
[root@qf01 ~]# sqoop import \
> --connect jdbc:mysql://192.168.142.131:3306/test_sqoop -username root -P \
> --table sqoop_table --hive-import --hive-table sqoop_hive_table4 \
> --fields-terminated-by '\t' \
> --hive-partition-key city --hive-partition-value Beijing \
> --hive-database test
```

上述命令中，Sqoop 从 MySQL 数据库的 sqoop_table 表中抽取数据，并根据数据结构自动创建一个具有分区的 Hive 表 sqoop_hive_table4。导入的数据会根据指定的分隔符\t 进行分割，并存储在 Hive 表的 test 数据库的 city=Beijing 分区中。

在 Beeline 客户端中查看 sqoop_hive_table4 表中的数据，步骤如下。

a. 使用 Hive 默认数据库，具体命令如下：

```
jdbc:hive2://> use test;
No rows affected (0.111 seconds)
```

b. 查看 sqoop_hive_table4 表中的数据，具体命令如下：

```
jdbc:hive2://> select * from sqoop_hive_table4;
+--------------------+----------------------+----------------------+---
--------------------+--+
| sqoop_hive_table4.id | sqoop_hive_table4.name | sqoop_hive_table4.age  |
sqoop_hive_table4.city |
+--------------------+----------------------+----------------------+---
--------------------+--+
| 1                  | Jack                 | 22                   | Beijing|
+--------------------+----------------------+----------------------+---
--------------------+--+
1 row selected (1.37 seconds)
```

出现以上数据，表明 Sqoop 已成功地将 MySQL 中的数据导入到指定的 Hive 分区表。

9.4.3 将 MySQL 中的数据导入 HBase

import 命令中与 HBase 相关的常用参数如表 9-6 所示。

表 9-6　import 命令中与 HBase 相关的常用参数

参数	说明
--column-family <family>	为导入的数据设置目标列簇
--hbase-bulkload	启用 HBase 批量加载
--hbase-create-table	创建未存在的目标 HBase 表
--hbase-row-key <col>	指定用作 Rowkey 的输入列
--hbase-table <table>	指定导入数据的目标 HBase 表

将 MySQL 中的数据导入 HBase 的具体操作如下。

① 关闭 HiveServer2 和 Beeline 客户端，启动 HBase，具体命令如下：

```
[root@qf01 ~]# start-hbase.sh
```

② 将 test_sqoop 数据库下的 sqoop_table 表中的数据导入 HBase 的 sqoop_hbase_table 表中，具体命令如下：

< 247 >

```
[root@qf01 ~]# sqoop import \
> --connect jdbc:mysql://192.168.142.131:3306/test_sqoop -username root -P \
> --table sqoop_table --hbase-create-table --hbase-table sqoop_hbase_table \
> --hbase-row-key id --column-family f1
```

③ 启动 HBase Shell 命令行，查看 HBase 的 sqoop_hbase_table 表中的数据，具体信息如下：

```
[root@qf01 ~]# hbase shell
hbase(main)> scan 'sqoop_hbase_table'
ROW             COLUMN+CELL
1               column=f1:age, timestamp=1541044186956, value=22
1               column=f1:name, timestamp=1541044186956, value=Jack
1 row(s) in 0.2640 seconds
```

出现以上数据，表明 Sqoop 已成功地将 MySQL 中的数据导入到指定的 HBase 表。

9.4.4 增量导入

在生产环境中，经常需要定期将与业务紧密相关的关系型数据库中的数据导入到 Hadoop 中，以便在导入数据仓库后进行后续的离线分析。然而，在这种情况下，重新导入全部数据是不现实的，因此需要采用增量导入（Incremental Import）的策略。这种策略允许仅将新增或变更的数据导入到目标系统中，从而避免重复导入已存在的数据，提高了导入效率和数据处理的效果。

Sqoop 命令中与增量导入相关的参数如表 9-7 所示。

表 9-7 Sqoop 命令中与增量导入相关的参数

参数	说明
--check-column <column>	用来指定一些列，在进行增量导入时导入这些列的数据
--incremental <import-type>	用来指定增量导入的模式。增量导入有两种模式：append 和 lastmodified。当需要导入新增数据时，使用 append 模式；当需要导入修改数据时，使用 lastmodified 模式
--last-value <value>	指定上一次导入操作后指定列的最大值

（1）将 MySQL 中的数据增量导入 HDFS

① 在 test_sqoop 数据库下的 sqoop_table 表中插入 3 条新的数据，具体命令如下：

```
mysql> use test_sqoop;
mysql> insert into sqoop_table
    -> (id, name, age)
    -> values
    -> (2, "Sophie", 23),
    -> (3, "Tom", 24),
    -> (4, "Helen", 25);
Query OK, 3 rows affected (0.01 sec)
Records: 3 Duplicates: 0 Warnings: 0
```

② 将 test_sqoop 数据库下的 sqoop_table 表中的数据增量导入 HDFS 的/sqoop/sqoop_table 目录下，具体命令如下：

```
[root@qf01 ~]# sqoop import \
> --connect jdbc:mysql://192.168.142.131:3306/test_sqoop -username root -P \
> --table sqoop_table \
> --check-column id --incremental append --last-value 1 \
> --target-dir /sqoop/sqoop_table -m 2
> -fields-terminated-by '\t'
```

< 248 >

③ 查看导入/sqoop/sqoop_table 目录下的数据，具体命令如下：

```
[root@qf01 ~]# hdfs dfs -cat /sqoop/sqoop_table/*
1       jack
2       Sophie  23
3       Tom     24
4       Helen   25
```

上述命令中，第 1 行是之前导入的数据。

出现以上数据，表明已通过 Sqoop 命令将 MySQL 的数据成功增量导入 HDFS。

（2）将 MySQL 中的数据增量导入 Hive

将 MySQL 中的数据增量导入 Hive 时，默认将 MySQL 指定表中的全部数据增量导入 Hive 指定表，然而实际工作中需要的是只把 MySQL 指定表中增加的数据增量导入 Hive 的指定表中。下面对此种情形进行演示。

① 启动 HiveServer2 服务和 Beeline 客户端（需要重新打开一个终端），具体命令如下：

```
[root@qf01 ~]# hiveserver2
```

② 将 test_sqoop 数据库下的 sqoop_table 表中的数据增量导入 Hive 表 sqoop_hive_table3，具体命令如下：

```
[root@qf01 ~]# sqoop import \
> --connect jdbc:mysql://192.168.142.131:3306/test_sqoop -username root -P \
> --table sqoop_table --hive-import --hive-table sqoop_hive_table3 \
> --fields-terminated-by '\t'
> --check-column id --incremental append --last-value 1
```

上述命令中，通过参数--check-column id --incremental append --last-value 1 指定将 sqoop_table 表中 id 为 1 的一行数据之后的数据增量导入 sqoop_hive_table3 表中。

③ 在 Beeline 客户端中查看 sqoop_hive_table3 表中的数据，步骤如下。

a. 使用 Hive 默认数据库，具体命令如下：

```
jdbc:hive2://> use default;
No rows affected (0.111 seconds)
```

b. 查看 sqoop_hive_table3 表中的数据，具体命令如下：

```
jdbc:hive2://> select * from sqoop_hive_table3;
+---------------------+---------------------+---------------------+--+
| sqoop_hive_table3.id | sqoop_hive_table3.name | sqoop_hive_table3.age |
+---------------------+---------------------+---------------------+--+
| 1                   | jack                | 22                  |
| 2                   | Sophie              | 23                  |
| 3                   | Tom                 | 24                  |
| 4                   | Helen               | 25                  |
+---------------------+---------------------+---------------------+--+
4 rows selected (3.078 seconds)
```

出现以上数据，表明 Sqoop 已成功地将 MySQL 中的数据增量导入指定的 Hive 表。

（3）将 MySQL 中的数据增量导入 HBase

① 关闭 HiveServer2 和 Beeline 客户端，启动 HBase，具体命令如下：

```
[root@qf01 ~]# start-hbase.sh
```

< 249 >

② 将 test_sqoop 数据库下的 sqoop_table 表中的数据增量导入 HBase 的 sqoop_hbase_table 表中，具体命令如下：

```
[root@qf01 ~]# sqoop import \
> --connect jdbc:mysql://192.168.142.131:3306/test_sqoop -username root -P\
> --table sqoop_table --hbase-create-table --hbase-table sqoop_hbase_table\
> --hbase-row-key id --column-family f1 \
> --check-column id --incremental append --last-value 1
```

③ 启动 HBase Shell 命令行，查看 sqoop_hbase_table 表中的数据，具体命令如下：

```
[root@qf01 ~]# hbase shell
hbase(main)> scan 'sqoop_hbase_table'
ROW  COLUMN+CELL
 1  column=f1:age, timestamp=1541044186956, value=22
 1  column=f1:name, timestamp=1541044186956, value=jack
 2  column=f1:age, timestamp=1541128279046, value=23
 2  column=f1:name, timestamp=1541128279046, value=Sophie
 3  column=f1:age, timestamp=1541128288905, value=24
 3  column=f1:name, timestamp=1541128288905, value=Tom
 4  column=f1:age, timestamp=1541128285868, value=25
 4  column=f1:name, timestamp=1541128285868, value=Helen
4 row(s) in 1.0470 seconds
```

出现以上数据，表明 Sqoop 已成功地将 MySQL 中的数据增量导入指定的 HBase 表。

9.4.5 按需导入

在某些情况下，数据导入需要更加精细的控制，仅将满足特定条件的数据导入到目标系统中，以满足特定的业务需求。Sqoop 可以通过设置条件或者筛选器实现按需导入的效果，使用户可以根据实际需求有针对性地将需要的数据从关系型数据库中导入到 Hadoop，避免不必要的数据传输和存储开销，进一步提高数据导入的效率和精确性。

将 MySQL 中的数据按需导入 HDFS/Hive/HBase，使用的参数是--query。该参数主要用于通过查询语句得到需要导入目标表的数据。

将 test_sqoop 数据库下的 sqoop_table 表中 id 大于 2 的数据导入 HDFS 的/sqoop/sqoop_query_table 目录下，具体命令如下：

```
[root@qf01 ~]# sqoop import \
> --connect jdbc:mysql://192.168.142.131:3306/test_sqoop -username root -P\
> --query 'select * from sqoop_table where id>2 and $CONDITIONS' \
> --split-by id --fields-terminated-by '\t' -m 2 \
> --target-dir /sqoop/sqoop_query_table
```

查看导入/sqoop/sqoop_query_table 目录下的数据，具体信息如下：

```
[root@qf01 ~]# hdfs dfs -cat /sqoop/sqoop_query_table/*
...
3    Tom    24
4    Helen  25
```

出现以上数据，表明 Sqoop 已成功地将 MySQL 中的数据按需导入指定的 HBase 表。

< 250 >

9.5 Sqoop 数据导出

Sqoop 不仅为数据导入带来了极大的便利，在数据导出领域也具有出色的表现。用户通过 Sqoop 可以轻松将 Hadoop 生态系统中的数据传输到各种关系型数据库中，实现数据的双向流动。本节将详细讲解如何使用 Sqoop 将 HDFS、Hive 和 HBase 等 Hadoop 组件中的数据导出到 MySQL 数据库中。

微课视频

9.5.1 将 HDFS 中的数据导出到 MySQL

下面以将 HDFS 中的数据导出到 MySQL 为例，讲解 export 命令的用法。将 HDFS 中的数据导出到 MySQL 前，必须先确认目标表存在于 MySQL 中。如果目标表未存在，需要先创建表结构。

将 HDFS 中的数据导出到 MySQL 的默认操作是生成 insert 语句并将其插入指定的 MySQL 表中；在更新模式下生成 update 语句，更新指定的 MySQL 表中的数据。

将 HDFS 中的数据导出到 MySQL，具体操作步骤如下。

1. 准备数据

① 新建本地文件 sqoopdata.txt，具体命令如下：

```
[root@qf01 ~]# vi sqoopdata.txt
```

② 通过文本编辑器向文件中添加如下内容（数据之间用制表符分隔）：

```
1101    Sophie   30       Shanghai     China
1106    Helen    35       Paris        France
1108    Tom 27   Ottawa   Canada
1109    Jack     25       London       Britain
1103    Carlos   26       Washington   American
```

③ 将本地文件 sqoopdata.txt 上传到 HDFS 的/sqoop 目录下，具体命令如下：

```
[root@qf01 ~]# hdfs dfs -put sqoopdata.txt /sqoop
```

2. 创建 MySQL 中的目标表

① 在虚拟机 qf01 上打开一个新的终端，启动 MySQL，具体命令如下：

```
[root@qf01 ~]# mysql -uroot -p
Enter password:
...
mysql>
```

② 在 MySQL 的 test_sqoop 数据库下创建目标表 student，SQL 语句如下：

```
mysql> use test_sqoop;
mysql> create table student (
    -> id int,
    -> name varchar(20),
    -> age int,
    -> city varchar(30),
    -> country varchar(30));
Query OK, 0 rows affected (0.04 sec)
```

< 251 >

3. 执行 HDFS 导出命令

将 HDFS 的/sqoop/sqoopdata.txt 文件中的数据导出到 test_sqoop 数据库下的 student 表中，具体命令如下：

```
[root@qf01 ~]# sqoop export \
> --connect jdbc:mysql://192.168.142.131:3306/test_sqoop -username root -P\
> --table student --export-dir /sqoop/sqoopdata.txt \
> --fields-terminated-by '\t'
```

上述命令中，--table student 指定目标 MySQL 表的名称为 student；--export-dir /sqoop/sqoopdata.txt 指定 HDFS 中数据的存储路径为/sqoop/sqoopdata.txt；--fields-terminated-by '\t'指定 HDFS 数据文件中的字段分隔符为 "\t"。

查看 test_sqoop 数据库下 student 表中的数据，SQL 语句如下：

```
 mysql> use test_sqoop;
mysql> select * from student;
+------+--------+------+------------+----------+
| id   | name   | age  | city       | country  |
+------+--------+------+------------+----------+
| 1101 | Sophie |  30  | Shanghai   | China    |
| 1108 | Tom    |  27  | Ottawa     | Canada   |
| 1109 | Jack   |  25  | London     | Britain  |
| 1106 | Helen  |  35  | Paris      | France   |
| 1103 | Carlos |  26  | Washington | American |
+------+--------+------+------------+----------+
5 rows in set (0.01 sec)
```

出现以上数据，表明 Sqoop 已成功地将 HDFS 中的数据导出到 MySQL。

9.5.2　将 Hive 中的数据导出到 MySQL

① 首先将 9.4.4 小节 sqoop_hive_table3 表中的数据导出到 test_sqoop 数据库下的表 student 中，具体命令如下：

```
[root@qf01 ~]# sqoop export \
> --connect jdbc:mysql://192.168.142.131:3306/test_sqoop -username root -P\
> --table student --export-dir /user/hive/warehouse/sqoop_hive_table3 \
> --input-fields-terminated-by '\t'
```

② 查看 test_sqoop 数据库下的 student 表中的数据，具体命令如下：

```
mysql> use test_sqoop;
mysql> mysql> select * from student;
+------+--------+------+------------+----------+
| id   | name   | age  | city       | country  |
+------+--------+------+------------+----------+
| 1101 | Sophie |  30  | Shanghai   | China    |
| 1108 | Tom    |  27  | Ottawa     | Canada   |
| 1109 | Jack   |  25  | London     | Britain  |
| 1106 | Helen  |  35  | Paris      | France   |
| 1103 | carlos |  26  | Washington | American |
|    1 | jack   |  22  | NULL       | NULL     |
+------+--------+------+------------+----------+
6 rows in set (0.02 sec)
```

< 252 >

出现以上数据，表明 Sqoop 已成功地将 Hive 中的数据导出到 MySQL。

9.5.3 将 HBase 中的数据导出到 MySQL

将 HBase 中的数据导出到 MySQL，需要借助 Hive 的中间作用来完成，数据传输的一般路径是 HBase→Hive 外部表→Hive 内部表→Sqoop 导出到 MySQL，具体的操作步骤如下。

（1）创建目标表 user

在 MySQL 的 test_sqoop 数据库下创建目标表 user，命令如下：

```
mysql> use test_sqoop;
mysql> create table user (
    -> rowkey int,
    -> id int,
    -> name varchar(20),
    -> primary key (id));
Query OK, 0 rows affected (0.04 sec)
```

（2）创建 HBase 表

① 启动 HBase 和 HBase Shell 客户端，命令如下：

```
[root@qf01 ~]# start-hbase.sh
[root@qf01 ~]# hbase shell
...
hbase(main)>
```

② 创建 HBase 表 user，命令如下：

```
hbase(main)> create 'user', 'data'
hbase(main)> put 'user', 1, 'data:id', 1
hbase(main)> put 'user', 1, 'data:name', 'Jack'
hbase(main)> put 'user', 2, 'data:id', 2
hbase(main)> put 'user', 2, 'data:name', 'Tom'
```

（3）创建 Hive 外部表

① 在虚拟机 qf01 上启动 HiveServer2 服务，命令如下：

```
[root@qf01 ~]# hiveserver2
```

② 在虚拟机 qf01 上重新打开一个终端，启动 beeline 客户端，命令如下：

```
[root@qf01 ~]# beeline -u jdbc:hive2://localhost:10000 -n root
```

③ 创建 Hive 外部表 sqoop_hive_user，命令如下：

```
jdbc:hive2://> create external table test.sqoop_hive_user(key int, id int,
name string)
stored by 'org.apache.hadoop.hive.hbase.HBaseStorageHandler'
with serdeproperties("hbase.columns.mapping" = ":key, data:id, data:name")
tblproperties("hbase.table.name" = "user",
"hbase.mapred.output.outputtable" = "user");
```

（4）创建 Hive 内部表

创建 Hive 内部表，命令如下：

```
jdbc:hive2://> create table hive_user(key int,id int,name string);
```

< 253 >

（5）将外部表中的数据导入内部表

将 Hive 外部表中的数据导入内部表，命令如下：

```
hive> insert overwrite table hive_user select * from test.sqoop_hive_user;
```

（6）将 Hive 内部表中的数据导出到 MySQL

① 将 Hive 内部表中的数据导出到 test_sqoop 数据库下的 user 表中，命令如下：

```
[root@qf01 ~]# sqoop export \
> --connect jdbc:mysql://192.168.142.131:3306/test_sqoop -username root -P\
> --table user --export-dir /user/hive/warehouse/hive_user \
> --input-fields-terminated-by '\001'
```

> 💡 提示
>
> \001 为 Hive 默认的字段分隔符。

② 查看 test_sqoop 数据库下 user 表中的数据，命令如下：

```
mysql> select * from user;
+--------+----+------+
| rowkey | id | name |
+--------+----+------+
|      1 |  1 | Jack |
|      2 |  2 | Tom  |
+--------+----+------+
2 rows in set (0.02 sec)
```

出现以上数据，表明 Sqoop 已成功地将 HBase 中的数据导出到 MySQL。

9.6 Sqoop Job

Sqoop Job 是 Sqoop 工具的一种应用模式，它允许用户创建和管理一系列的 Sqoop 导入和导出任务。创建 Sqoop Job 后，用户可以定义数据传输的参数、连接信息、数据映射和转换等关键要素，并这些信息保存为一个完整的作业。通过这种方式，用户可以随时重复运行这个作业，无须反复输入参数和配置设定。

在 Sqoop 中，job 命令主要用于创建和维护 Sqoop 作业，以保存 Sqoop 导入和导出操作的命令及其设置，进而简化后续的数据迁移操作。管理 Sqoop 作业的具体操作如下。

1. 创建 Sqoop 作业

① 创建 Sqoop 作业，用于保存将 MySQL 中的数据导入 HDFS 的命令，具体命令如下：

```
[root@qf01 ~]# sqoop job  --create myjob --import \
> --connect jdbc:mysql://192.168.142.131:3306/test_sqoop -username root -P\
> --table sqoop_table --target-dir /sqoop/job/sqoop_table
```

② 列出现有的 Sqoop 作业，命令如下：

```
[root@qf01 ~]# sqoop job --list
18/11/05 00:16:07 INFO sqoop.Sqoop: Running Sqoop version: 1.4.6
```

< 254 >

```
Available jobs:
myjob
```

2. 执行 Sqoop 作业

① 执行 Sqoop 作业 myjob，即执行先前保存的将 MySQL 中的数据导入 HDFS 的命令，具体命令如下：

```
[root@qf01 ~]# sqoop job --exec myjob
```

② 查看 Sqoop 作业执行的结果如下：

```
[root@qf01 ~]# hdfs dfs -cat /sqoop/job/sqoop_table/*
...
1,jack,22
2,Sophie,23
3,Tom,24
4,Helen,25
```

出现以上数据，表明 Sqoop 已成功地执行了 myjob 作业，即成功地执行了将 MySQL 中的数据导入 HDFS 的命令。

③ 删除 Sqoop 作业，具体命令如下：

```
[root@qf01 ~]# sqoop job --delete myjob
```

本章小结

本章主要讲解了数据同步工具 Sqoop，包括 Sqoop 的基础知识、安装、命令与参数、数据导入、数据导出和 Sqoop Job，其中核心内容是 import 命令、export 命令以及数据的导入与导出。掌握 Sqoop 命令的使用，可以实现数据在关系型数据库与 Hadoop 组件（HDFS、Hive、HBase）之间的传输以及数据的导入与导出，从而提高大数据的开发效率。

习题

一、填空题

1. _____是一种用于在 Hadoop 和结构化数据系统（如关系型数据库、大型机）之间高效传输数据的工具。
2. Sqoop 中_____命令的用途是将数据导入集群中。
3. Sqoop 的导入和导出功能是通过_____作业来实现的。
4. 目前 Sqoop 主要有两个系列，分别为_____和_____。
5. Sqoop import 命令的控制参数_____用于在字段值前后加上指定的字符。

二、选择题

1. 下列选项中，属于 Sqoop import 命令的通用参数的是（　　　）。

　　A. --connect　　　　　　　　　　B. --P

　　C. --help　　　　　　　　　　　　D. --username

< 255 >

2. 下列选项中，属于 MySQL 数据库的 Sqoop 命令的是（　　　）。

    A. sqoop list-databases   B. sqoop list_table

    C. sqoop list   D. sqoop list_command

3. Sqoop import 命令中与 Hive 相关的常用参数包括下列选项中的哪一项？（　　　）

    A. --hive-import   B. --create-hive-table

    C. --hive-table   D. --create-hive-list

4. Sqoop import 命令中与 HBase 相关的常用参数包括下列选项中的哪一项？（　　　）

    A. --column-family   B. --hbase-create-table

    C. --hbase-row-key   D. --hbase-table

5. 将 MySQL 中的数据按需导入 HDFS/Hive/HBase 中，使用的是下列中的哪一个参数？（　　　）

    A. --where   B. --need   C. --query   D. --alter

三、简答题

1. 请简述 Sqoop1 和 Sqoop2 的区别与联系。

2. 请简述如何将 HBase 中的数据导出到 MySQL。

< 256 >

第 10 章 Flume

学习目标

- 了解 Flume 的特点架构和工作原理。
- 掌握 Flume 的核心概念。
- 熟悉 Flume 的安装和使用。
- 掌握 Source、Sink、Channel 的使用方法，能够配置和管理这些组件。
- 掌握自定义拦截器的方式，能够实现对数据流的灵活处理和定制化需求。

要想实现对海量数据的分析处理，首先需要将各种应用程序产生的海量数据高效地收集汇总，并传输到指定的数据存储区。Flume 正是一个高效的分布式数据采集工具，它是一个基于流数据的、简单而灵活的架构。用户可通过给 Flume 添加各种新的功能来满足个性化的需求。本节将重点讲解 Flume 的基础知识、安装、数据流模型、负载均衡、故障转移和拦截器，并通过一个采集案例讲解如何使用 Flume 采集目录和文件到 HDFS。

10.1 初识 Flume

Flume 是 Hadoop 生态系统中广泛使用的数据采集工具，能够帮助开发人员高效地收集、传输和处理各种数据流。本节将简单介绍 Flume。

微课视频

10.1.1 Flume 简介

Flume 最初是由 Cloudera 公司推出的日志采集系统，于 2009 年被捐赠给了 Apache 软件基金会，成为 Hadoop 相关组件之一。近几年，随着 Flume 的不断完善、升级版本的推出以及 Flume 内部各种组件的增加，用户在开发过程中使用 Flume 的便利性得到很大改善。

Flume 是一种可配置、高可用、分布式的数据采集工具，主要用于采集来自各种流媒体的数据（如 Web 服务器的日志数据等）并将其传输到中心化数据存储区域。具体来说，Flume 提供了多种数据发送方（Source）选项，允许用户根据不同的数据收集需求进行自定义配置。这些发送方负责从数据源中采集数据，并将其传输到 Flume。随后，Flume 通过可配置的方式将数据传送至各种数据接收方（Sink），包括文本文件、HDFS、HBase 等中心化的数据存储系统。在数据传输过程中，Flume 还支持基本的数据处理，以确保数据在传输到目标位置之前符合特定的格式或标准。Flume 数据传输流程示意图如图 10-1 所示。

Flume 有两个版本系列：Flume NG（Flume Next Generation）和 Flume OG（Flume Original Generation）。Flume NG 是指 Flume 1.x 版本系列，Flume OG 是指 Flume 0.9.x 版本系列。目前使用 Flume NG 的企业较多，因为它提供了更好的性能和更多的功能。本书主要讲解 Flume NG。

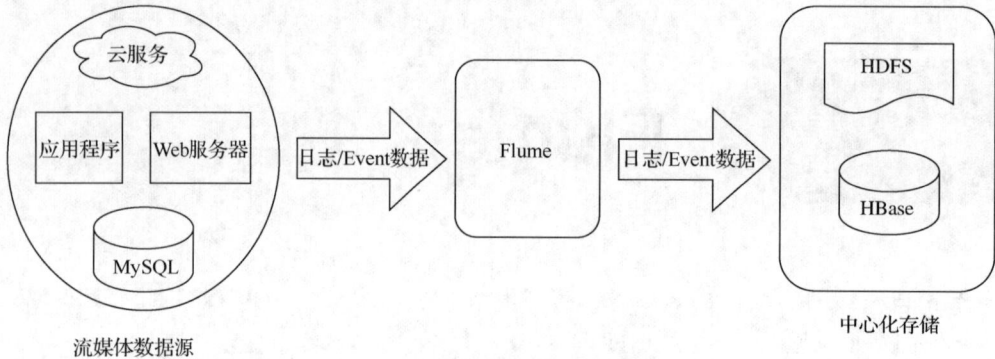

图 10-1　Flume 数据传输流程示意图

10.1.2　Flume 的特点

Flume 的特点主要体现在以下几个方面。

（1）具有复杂的流动性

Flume 允许用户构建多跳流，允许使用扇入流和扇出流、上下文路由和故障跳转的备份路由（故障转移）。

① 多跳流。在 Flume 中，可以有多个代理（Agent）。事件（Event）需要通过多个代理才能到达最终目的地，这样的数据流被称为多跳流。Flume 的数据流由事件贯穿始终。

② 扇出流（一对多形式）。从一个源（Source）到多个通道（Channel）的数据流被称为扇出流。

③ 扇入流（多对一形式）。从多个源到一个通道的数据流被称为扇入流。

（2）具有可靠性

Flume 的数据源和接收器（Sink）分别封装在事务中，可以确保事件集在数据流中从一个点到另一个点可靠地传递。

（3）具有可恢复性

事件存储在通道中。当 Flume 出现故障时，通道负责恢复数据。

10.2　Flume 的核心概念

为了深入理解 Flume 的工作原理和应用，需要掌握其核心概念：事件（Event）和代理（Agent），二者构成了 Flume 数据流的基础。本节将对它们的概念和原理进行讲解。

10.2.1　Event

Event 是 Flume 中的基本数据单元，它由有效负载的字节数据流和可选的字符串属性集组成。Event 包括 Header（头部）和 Body（主体）部分。

1. Header

Header 是一个 Map 结构，其中存储了一组字符串属性集。这些属性通常包括事件的元数据信息，如时间戳、源信息、事件 ID 等。Header 提供了关于 Event 的关键描述信息，有助于对事件的跟踪和识别。

< 258 >

2．Body

Body 是一个字节数组，它存储了 Event 的有效负载，即实际的数据内容。有效负载可以是各种形式的数据，例如文本、日志、JSON（JavaScript Object Notion，JavaScript 对象简谱）对象等。Body 部分包含了实际要传输和处理的信息。

Event 在 Flume 的数据传输过程中流动，从数据源开始，经过 Flume 代理的处理和传输，最终到达数据接收方。Event 的结构和内容在整个流程中保持不变，这种一致性确保了数据的可靠传输和处理。

10.2.2　Agent

在 Flume 中，Agent 是数据流的执行者，负责管理事件（Event）的流动和传输。Agent 是一个虚拟机进程，负责将一端外部来源产生的消息转发到另一端外部的目的地。Agent 包括数据源（Source）、通道（Channel）和数据接收方（Sink）等部分。

1．Source

Source 从外部来源读入 Event，并写入 Channel。每个 Source 可以发送 Event 到多个 Channel 中。Source 的常见类型及其说明如表 10-1 所示。

表 10-1　Source 的常见类型及其说明

Source 的常见类型	说明
Netcat Source	监控某个端口，读取流经端口的每一个文本行数据
Exec Source	Source 启动的时候会运行一个预先设置的 Linux 命令。该命令会不断地往标准输出（stdout）中输出数据，这些数据会被打包成 Event 进行处理
Spooling Directory Source	监听指定目录。当该目录有新文件出现时，把文件的数据打包成 Event 进行处理
Syslog Source	读取 Syslog 数据，产生 Event，支持 UDP 和 TCP 两种协议
Stress Source	用户可以配置要发送的事件总数以及要传递的最大事件数，多用于负载测试
HTTP Source	基于 HTTP POST 或 GET 方式的数据源，支持 JSON、BLOB 表示形式
Avro Source	支持 Avro RPC 协议，提供一个 Avro 的接口。往设置的地址和端口发送 Avro 消息，Source 就能接收到。例如，Log4j Appender 通过 Avro Source 将消息发送给 Agent
Taildir Source	监听实时追加内容的文件
Thrift Source	支持 Thrift 协议，提供一个 Thrift 接口，类似 Avro

2．Sink

Sink 从 Channel 中读取 Event 后写入目的地。每个 Sink 只能从一个 Channel 中获取数据。Sink 常见的类型及其说明如表 10-2 所示。

表 10-2　Sink 的常见类型及其说明

Sink 的常见类型	说明
HDFS Sink	将数据写入 HDFS，默认写入格式为 SequenceFile
Logger Sink	将数据写入日志文件
Hive Sink	将数据写入 Hive
File Roll Sink	将数据存储到本地文件系统，多用作数据收集
HBase Sink	将数据写入 HBase
Thrift Sink	将数据转换成 Thrift Event 后发送给配置的 RPC 端口

< 259 >

续表

Sink 的常见类型	说明
Avro Sink	将数据转换成 Avro Event 后发送给配置的 RPC 端口
Null Sink	丢弃所有数据
ElasticSearch Sink	将数据发送给 ElasticSearch 集群
Kite Dataset Sink	写数据到 Kite Dataset，试验性质的

3．Channel

Channel 相当于数据缓冲区，接收 Source 传入的事件后发送给 Sink。Channel 的常见类型及其说明如表 10-3 所示。

表 10-3　Channel 的常见类型及其说明

Channel 的常见类型	说明
Memory Channel	数据存储在内存中，可以实现高速的数据吞吐。但是当 Flume 出现故障后，数据会丢失
File Channel	数据存储在磁盘文件中，可以持久化所有的 Event。当 Flume 出现故障后，数据不会丢失

10.3　Flume 安装

本书使用的是 1.10.1 版本的 Flume，其安装包可以从官网下载或者直接从本书提供的资源中获取。Flume 的安装步骤如下。

① 将 Flume 安装包 apache-flume-1.10.1-bin.tar.gz 放到虚拟机 qf01 的/root/Downloads/目录下，切换到 root 用户，解压 Flume 安装包到/mysoft 目录下，具体命令如下：

```
[root@qf01 ~]# tar -zxvf /root/Downloads/apache-flume-1.10.1-bin.tar.gz -C /mysoft/
```

② 切换到/mysoft 目录下，将 apache-flume-1.10.1-bin 重命名为 flume，具体命令如下：

```
[root@qf01 ~]# cd /mysoft/
[root@qf01 mysoft]# mv apache-flume-1.10.1-bin flume
```

③ 打开/etc/profile 文件，配置 Flume 环境变量，具体命令如下：

```
[root@qf01 mysoft]# vi /etc/profile
```

在文件末尾添加如下 3 行内容：

```
# Flume environment variables
export FLUME_HOME=/mysoft/flume
export PATH=$PATH:$FLUME_HOME/bin
```

④ 使环境变量生效，具体命令如下：

```
[root@qf01 mysoft]# source /etc/profile
```

⑤ 修改 Flume 的配置文件，步骤如下。

a．切换到/mysoft/flume/conf 目录下，具体命令如下：

```
[root@qf01 mysoft]# cd /mysoft/flume/conf
```

< 260 >

b.　将 flume-env.ps1.template 重命名为 flume-env.ps1，具体命令如下：

```
[root@qf01 conf]# mv flume-env.ps1.template flume-env.ps1
```

c.　将 flume-env.sh.template 重命名为 flume-env.sh，具体命令如下：

```
[root@qf01 conf]# mv flume-env.sh.template flume-env.sh
```

d.　修改 flume-env.sh，将# export JAVA_HOME=/usr/lib/jvm/java-8-oracle 一行替换为如下内容：

```
export JAVA_HOME=/usr/java/jdk1.8.0_121
```

⑥　查看 Flume 的版本信息，具体命令如下：

```
[root@qf01 conf]# flume-ng version
Flume 1.10.1
```

至此，Flume 安装完成。

10.4　Flume 数据流模型

Flume 的数据流模型是关于如何管理和传输数据的一种抽象概念，它描述了 Flume 中事件的流动方式和组织结构。Flume 常见的数据流模型有单 Agent 数据流模型、多 Agent 串联数据流模型、多 Agent 汇集数据流模型和单 Agent 多路数据流模型。

1．单 Agent 数据流模型

在单 Agent 数据流模型中，整个数据流程由单个 Flume 代理处理。数据从数据源采集，经过通道缓冲，最终传输给数据接收方，适用于简单的数据采集和传输任务。单 Agent 数据流模型如图 10-2 所示。

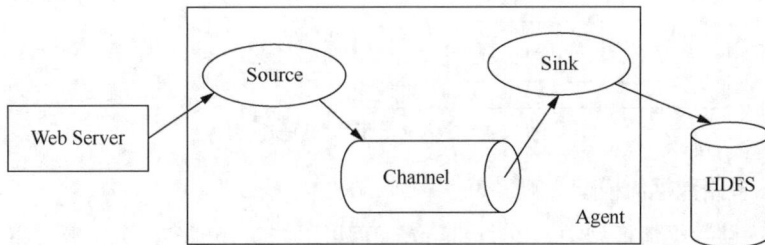

图 10-2　单 Agent 数据流模型

图 10-2 中，一个 Agent 由一个 Source、一个 Channel、一个 Sink 构成。

2．多 Agent 串联数据流模型

在多 Agent 串联数据流模型中，多个 Flume 代理依次串联在一起，构建了数据流的处理链。数据从一个 Agent 的数据源采集，经过该 Agent 的通道，然后传递到下一个 Agent 的数据源；以此类推，最终到达数据接收方。这种模型适用于复杂的数据处理流程，其中不同的代理可以负责不同的数据处理和传输任务。多 Agent 串联数据流模型如图 10-3 所示。

图 10-3 中，为了使数据在多个 Agent 中流通，Agent1 中的 Sink 和 Agent2 中的 Source 需要是 Avro 类型，Agent1 中的 Sink 指向 Agent2 中 Source 的主机名（或 IP 地址）和端口。

< 261 >

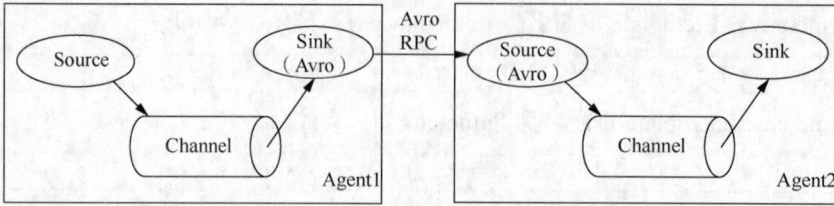

图 10-3　多 Agent 串联数据流模型

3．多 Agent 汇集数据流模型

在多 Agent 汇集数据流模型中，多个 Flume 代理的数据源汇集到一个中央代理，然后再由中央代理传输给数据接收方。这种模型适用于需要将多个数据源的数据集中处理和传输的场景，中央代理负责数据的聚合和整合。多 Agent 汇集数据流模型如图 10-4 所示。

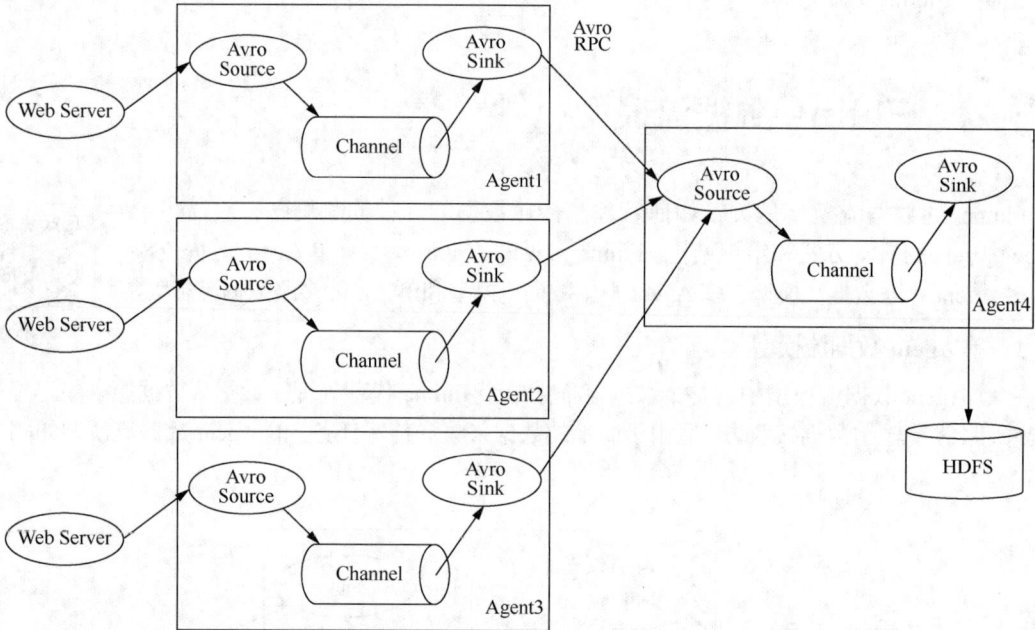

图 10-4　多 Agent 汇集数据流模型

4．单 Agent 多路数据流模型

在单 Agent 多路数据流模型中，单个 Flume 代理可以同时处理多个数据源，将它们分别传输给不同的数据接收方。这种模型适用于需要同时处理多个数据源的情况，例如从多个 Web 服务器同时采集日志数据。单 Agent 多路数据流模型如图 10-5 所示。

图 10-5 中，Agent1 由一个 Source、多个 Channel、多个 Sink 构成。一个 Source 接收 Event，并将 Event 发送给 3 个 Channel，Channel 对应的 Sink 处理各 Channel 内的 Event，然后将数据分别存储到指定的位置。

Source 将 Event 发送到 Channel 中可以采用两种不同的策略：Replicating（复制通道选择器）和 Multiplexing（多路复用通道选择器）。

① 在 Replicating 中，Source 将每个 Event 都发送给与它连接的 Channel，这样就将 Event 复制成 3 份发送给不同的 Channel。

② 在 Multiplexing 中，Source 根据 Header 中的某一个 Key 的值决定将 Event 发送给哪个 Channel。

< 262 >

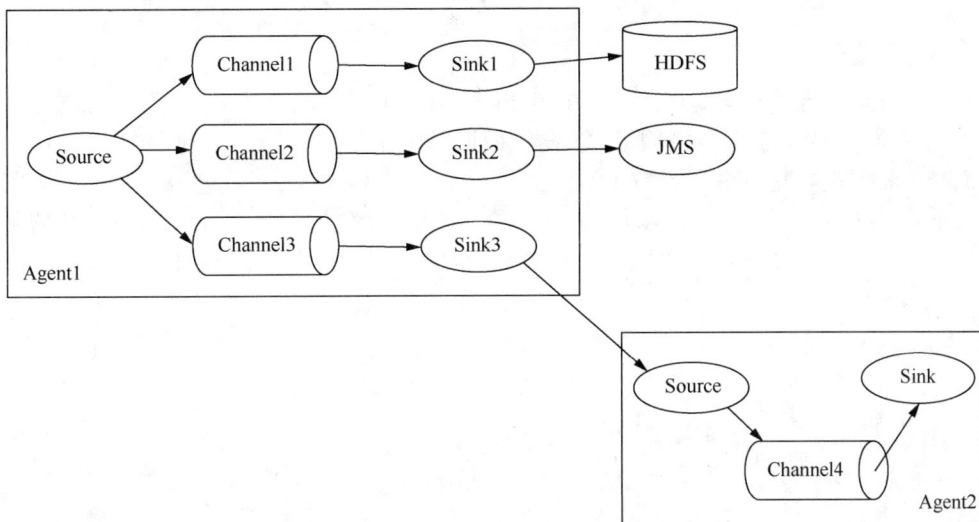

图 10-5　单 Agent 多路数据流模型

10.5　Flume 的可靠性保证

Flume 的一些组件（如 Spooling Directory Source、File Channel）能够保证 Agent 挂掉后不丢失数据。

10.5.1　负载均衡

1．负载均衡概述

负载均衡是一种通过分发工作负载来平衡资源利用的技术。在 Flume 中，负载均衡的主要目标是确保数据流量均匀地分配给多个数据接收方（Sink），避免某个接收方被过度负载，从而提高整个系统的性能。

Flume 提供了多种负载均衡算法，包括轮询（Round Robin）、随机（Random）和权重（Weighted）。

① 轮询：按顺序将数据分发给每个 Sink，确保平均分配。

② 随机：随机选择一个 Sink 来接收数据，适用于均匀分散负载的情况。

③ 权重：根据每个 Sink 的权重按比例分配数据，可用于优先处理某些 Sink 上的数据。

在配置了负载的 FLume 工作流程中，数据从 Source 流经 Channel，进入 Sink 组，在 Sink 组内部根据负载算法选择合适的 Sink 来处理数据。后续用户还可以选择由不同机器上的 Agent 实现负载均衡，以进一步优化数据传输性能。负载均衡流程如图 10-6 所示。

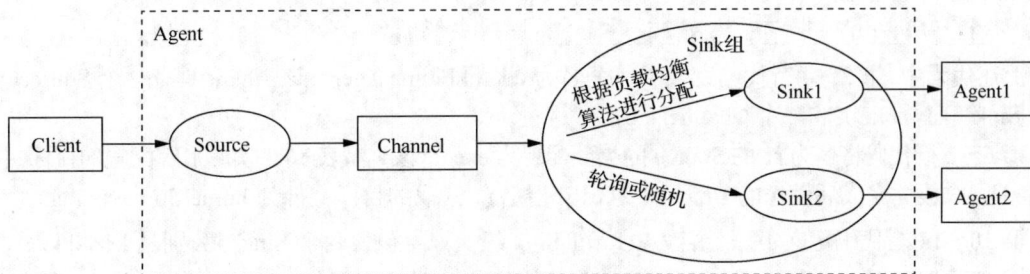

图 10-6　负载均衡流程

< 263 >

2．配置配置文件

在使用 Flume 实现负载均衡时，需要在 Flume 安装目录下的配置文件中配置 Sink 端的处理器、选择器等配置项，使数据从数据源均匀地发送给数据接收方。

下面介绍需要在配置文件中配置的信息。

在 Flume 安装目录下创建一个 job 文件夹，在该文件夹中创建一个名为 balance.conf 的文件，在该文件中配置 Sink 端的处理器、选择器等配置项。balance.conf 文件的内容如下。

```
1   #定义 Flume 代理的组件名称
2   a1.sources = r1
3   a1.sinks = k1 k2
4   a1.channels = c1
5   #配置日志源
6   a1.sources.r1.type = exec
7   a1.sources.r1.channels=c1
8   a1.sources.r1.command=tail -F /home/flume/xx.log
9   #定义 Sink 组，使用轮询策略
10  a1.sinkgroups=g1
11  a1.sinkgroups.g1.sinks=k1 k2
12  a1.sinkgroups.g1.processor.type=load_balance
13  a1.sinkgroups.g1.processor.backoff=true
14  a1.sinkgroups.g1.processor.selector=round_robin
15  #配置 Sink 1
16  a1.sinks.k1.type=avro
17  a1.sinks.k1.hostname=192.168.1.112
18  a1.sinks.k1.port=9876
19  #配置 Sink 2
20  a1.sinks.k2.type=avro
21  a1.sinks.k2.hostname=192.168.1.113
22  a1.sinks.k2.port=9876
23  #配置数据通道
24  a1.channels.c1.type = memory
25  a1.channels.c1.capacity = 1000
26  a1.channels.c1.transactionCapacity = 100
27  #将数据源、数据接收方和数据通道绑定
28  a1.sources.r1.channels = c1
29  a1.sinks.k1.channel = c1
30  a1.sinks.k2.channel=c1
31  #使不同的 Agent 处理同一个 Client 产生的数据
32  log4j.rootLogger=INFO, flume
33  log4j.appender.flume=org.apache.flume.clients.log4jappender.LoadBalancing
    Log4jAppender
34  log4j.appender.flume.Hosts=192.168.1.111:41414,192.168.1.112:41414
```

上述代码中，第 2~4 行代码定义了一个名为 a1 的 Flume Agent，该 Agent 具有一个 Source(r1)、两个 Sink（k1 和 k2）和一个 Channel（c1）。

第 6~8 行代码将名为 r1 的 Source 的类型配置为 exec，该类型表示 r1 实时追踪配置的目标文件；设置 r1 读取数据完成后发送的 Channel 为 c1，指定 r1 读取的目标文件为/home/flume/xx.log。

第 10~14 行代码定义了一个名为 g1 的 Sink 组。该组包含两个 Sink，分别是 k1 和 k2；指定 g1 的处理器类型为 load_balance，用于数据负载均衡；g1 的选择器为 round_robin，表示以轮询方式

< 264 >

向 k1、k2 分发数据。

第 16～18 行代码配置名为 k1 的 Sink 的类型为 avro，设置目标机器的 IP 地址和端口号。这里设置为数据发送给 IP 地址为 192.168.1.113 的机器的 9876 端口。

第 20～22 行代码配置名为 k2 的 Sink 的类型为 avro，设置目标机器的 IP 地址和端口号。这里设置为数据发送给 IP 地址为 192.168.1.113 的机器的 9876 端口。

第 24～26 行代码定义了 Channel 的类型为内存类型，设定 Channel 最大容量为 1000 个事件，并限制每次事务的最大事件数为 100。

第 28～30 行代码将配置的数据源 Sink、数据接收方 Source 和数据通道 Channel 绑定。

第 32～34 行代码配置了 Log4J 的负载均衡 Appender。第 32 行代码设置日志级别为 INFO，并声明了一个名为 flume 的 Appender；第 33 行代码定义了 flume Appender 的类型为 org.apache.flume. clients.log4jappender.LoadBalancingLog4jAppender，表示使用这个 Appender 的日志会被发送给配置的 Flume agents 进行负载均衡；第 34 行代码配置了两个 Flume Agents 的地址和端口，分别设置为 192.168.1.111:41414 和 192.168.1.112:41414。

10.5.2　故障转移

1．故障转移概述

故障转移确保系统中的某个组件不可用时，系统仍然能够保持数据传输的连续性和可用性。在 Flume 中，故障转移通常与负载均衡紧密结合。当某个 Sink 由于故障或其他原因无法接收数据时，Flume 会自动将数据重新路由到可用的 Sink。这意味着即使部分系统组件出现问题，数据流仍然可以顺利传输，不会丢失关键数据。

在配置了故障转移功能的 Flume 工作流程中，使用多个 Sink 组成一个 Sink 故障转移处理器。当其中一个 Sink 处理失败时，Flume 会将这个 Sink 暂时移出工作队列，并设置一个冷却时间，等待其能够正常处理 Event 后再重新启用。

数据流中的 Event 通过一个 Channel 流向一个 Sink 组，在 Sink 组内部根据优先级选择具体的 Sink。如果某个 Sink 由于故障无法正常工作，Flume 会将 Event 转发给下一个可用的 Sink，以保障数据的连续传输。故障转移流程如图 10-7 所示。

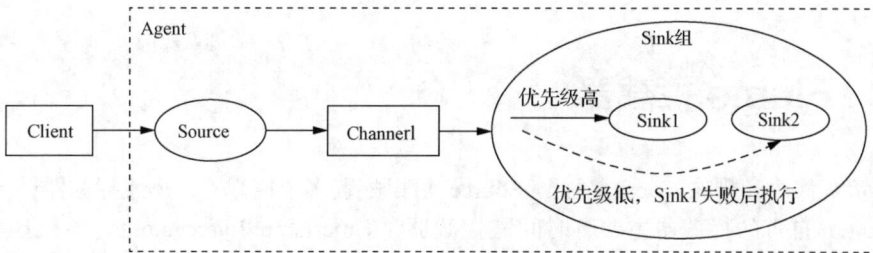

图 10-7　故障转移流程

2．配置配置文件

在使用 Flume 实现故障转移时，需要在 Flume 安装目录下的配置文件中配置 Sink 端的处理器类型，从而实现当 Flume 中其中一个 Sink 发生故障时，数据会发送给另一个 Sink。

下面介绍需要在配置文件中配置的信息。

在 Flume 安装目录下创建一个 job 文件夹，在该文件夹中创建一个名为 failover.conf 的文件，在该文件中配置 Sink 端的处理器为 failover。failover.conf 文件的内容如下。

< 265 >

```
1   #定义 Flume 代理的组件名称
2   a1.sources = r1
3   a1.sinks = k1 k2
4   a1.channels = c1
5   #配置数据源
6   a1.sources.r1.type = exec
7   a1.sources.r1.channels=c1
8   a1.sources.r1.command=tail -F /home/flume/xx.log
9   #配置 Sink 组
10  a1.sinkgroups=g1
11  a1.sinkgroups.g1.sinks=k1 k2
12  a1.sinkgroups.g1.processor.type=failover
13  a1.sinkgroups.g1.processor.priority.k1=10
14  a1.sinkgroups.g1.processor.priority.k2=5
15  a1.sinkgroups.g1.processor.maxpenalty=10000
16  #配置 Sink1
17  a1.sinks.k1.type=avro
18  a1.sinks.k1.hostname=192.168.1.112
19  a1.sinks.k1.port=9876
20  #配置 Sink2
21  a1.sinks.k2.type=avro
22  a1.sinks.k2.hostname=192.168.1.113
23  a1.sinks.k2.port=9876
24  #使用内存通道
25  a1.channels.c1.type = memory
26  a1.channels.c1.capacity = 1000
27  a1.channels.c1.transactionCapacity = 100
28  #将数据源、数据接收方和数据通道绑定
29  a1.sources.r1.channels = c1
30  a1.sinks.k1.channel = c1
31  a1.sinks.k2.channel=c1
```

上述代码中，第 12 行代码定义了 Sink 组的处理器类型为故障转移 failover，表示当其中一个 Sink 发生故障时，数据会被发送给另一个 Sink。

10.6 Flume 拦截器

拦截器负责修改和删除 Event。每个 Source 可以配置多个拦截器，形成拦截器链（Interceptor Chain）。Flume 自带的拦截器主要有时间戳拦截器（Timestamp Interceptor）、主机拦截器（Host Interceptor）、静态拦截器（Static Interceptor）。

① 时间戳拦截器主要用于在 Event 的 Header 中加入时间戳。

② 主机拦截器主要用于在 Event 的 Header 中加入主机名（或者主机地址）。

③ 静态拦截器主要用于在 Event 的 Header 中加入固定的 Key 和 Value。

1. 时间戳拦截器

时间戳拦截器是最常用的拦截器。下面以时间戳拦截器为例，演示拦截器的使用方法。

① 在虚拟机 qf01 上切换到/mysoft/flume/conf 目录下，新建 Flume 配置文件 interceptor_time.conf，具体命令如下：

< 266 >

```
[root@qf01 conf]# vi interceptor_time.conf
```

添加以下内容：

```
1    #命名 Agent
2    a1.sources = r1
3    a1.sinks = k1
4    a1.channels = c1
5    #配置 Source
6    a1.sources.r1.type = netcat
7    a1.sources.r1.bind = localhost
8    a1.sources.r1.port = 8888
9    #命名拦截器
10   a1.sources.r1.interceptors = i1
11   #指定拦截器类型
12   a1.sources.r1.interceptors.i1.type = timestamp
13   #配置 Sink
14   a1.sinks.k1.type = logger
15   #配置 Channel
16   a1.channels.c1.type = memory
17   a1.channels.c1.capacity = 1000
18   a1.channels.c1.transactionCapacity = 100
19   #配置 Source 和 Sink 使用的 Channel
20   a1.sources.r1.channels = c1
21   a1.sinks.k1.channel = c1
```

② 启动 Flume Agent a1，具体命令和输出结果如下：

```
[root@qf01 conf]# flume-ng agent -n a1 -f interceptor_time.conf
...
23/9/12 09:49:58 INFO source.NetcatSource: Created
serverSocket:sun.nio.ch.ServerSocketChannelImpl[/127.0.0.1:8888]
```

③ 在虚拟机 qf01 上重新打开一个终端，启动 Netcat 客户端；输入 hi xiaofeng 后，按下 Enter 键，具体命令和输出结果如下：

```
[root@qf01 ~]# nc localhost 8888
hi xiaofeng
OK
```

④ 查看启动 Flume Agent a1 的终端，出现以下内容：

```
23/9/12 09:51:40 INFO sink.LoggerSink: Event: { headers:{timestamp=1694483500}
body: 68 69 20 78 69 61 6F 66 65 6E 67          hi xiaofeng }
```

由以上内容可知，Flume 通过时间戳拦截器在 Event 的 Header 中加入了时间戳，timestamp= 1694483500。

2. 拦截器链

① 在虚拟机 qf01 上切换到/mysoft/flume/conf 目录下，新建 Flume 配置文件 interceptor_chain.conf，具体命令如下：

```
[root@qf01 conf]# vi interceptor_chain.conf
```

添加以下内容：

< 267 >

```
1   # 命名 Agent
2   a1.sources = r1
3   a1.sinks = k1
4   a1.channels = c1
5   # 配置 Source
6   a1.sources.r1.type = netcat
7   a1.sources.r1.bind = localhost
8   a1.sources.r1.port = 8888
9   #命名拦截器链
10  a1.sources.r1.interceptors = i1 i2 i3
11  #分别指定拦截器类型
12  a1.sources.r1.interceptors.i1.type = timestamp
13  a1.sources.r1.interceptors.i2.type = host
14  a1.sources.r1.interceptors.i3.type = static
15  a1.sources.r1.interceptors.i3.key = city
16  a1.sources.r1.interceptors.i3.value = Beijing
17  #配置 Sink
18  a1.sinks.k1.type = logger
19  #配置 Channel
20  a1.channels.c1.type = memory
21  a1.channels.c1.capacity = 1000
22  a1.channels.c1.transactionCapacity = 100
23  #配置 Source 和 Sink 使用的 Channel
24  a1.sources.r1.channels = c1
25  a1.sinks.k1.channel = c1
```

② 启动 Flume Agent a1，具体命令和输出结果如下：

```
[root@qf01 conf]# flume-ng agent -n a1 -f interceptor_chain.conf
...
23/9/12 10:08:35 INFO source.NetcatSource: Created
serverSocket:sun.nio.ch.ServerSocketChannelImpl[/127.0.0.1:8888]
```

③ 在虚拟机 qf01 上重新打开一个终端，启动 Netcat 客户端；输入 hello 后，按下 Enter 键，具体命令和输出结果如下：

```
[root@qf01 ~]# nc localhost 8888
hello
OK
```

④ 查看启动 Flume Agent a1 的终端，出现以下内容：

```
23/9/12 10:09:05 INFO sink.LoggerSink: Event: { headers:{city=Beijing,
host=192.168.142.131, timestamp=1694484545} body: 68 65 6C 6C 6F
```

由以上内容可知，Flume 通过 3 个拦截器在 Event 的 Header 中加入了指定的相关内容。

10.7 采集案例

当使用 Flume 时，通常需要将数据从不同的源头采集并传输到目标位置，以便进行进一步的处理和分析。将本地文件或目录中的数据采集到 HDFS 中是较为常见的情况。

< 268 >

10.7.1　将目录采集到 HDFS 中

采集需求：某服务器的某特定目录下会不断产生新的文件。每当有新文件出现，就需要把文件采集到 HDFS 中。根据需求，首先定义以下 3 大组件。

① 数据源组件：即 Source，监控文件目录 spooldir。spooldir 有以下特性。

a. 监视一个目录。只要目录中出现新文件，就会采集文件中的内容。

b. 采集完成的文件会被 Agent 自动添加一个后缀：COMPLETED。

c. 所监视的目录中不允许重复出现相同文件名的文件。

② 下沉组件：即 Sink。HDFS 文件系统：hdfs sink。

③ 通道组件：即 Channel。可用 file channel，也可以用内存 channel。

在使用 Flume 实现特定目录下的文件采集时，需要在 Flume 安装目录下的配置文件中配置 Sink、Source 和 Channel 的各个参数，使 Flume 可以将特定目录下的新文件采集到 HDFS 中。

下面介绍配置文件中的配置项信息。

在 job 目录下新创建一个名为 dir_hdfs.conf 的配置文件，在该文件中配置 Sink、Channel 和 Source 的各个参数，以便将服务器上某特定目录下的文件采集到 HDFS 中。dir_hdfs.conf 文件的内容如下：

```
1   #定义 3 大组件的名称
2   agent1.sources = source1
3   agent1.sinks = sink1
4   agent1.channels = channel1
5   #配置 Source 组件
6   agent1.sources.source1.type = spooldir
7   agent1.sources.source1.spoolDir = /home/hadoop/logs/
8   agent1.sources.source1.fileHeader = false
9   #配置拦截器
10  agent1.sources.source1.interceptors = i1
11  agent1.sources.source1.interceptors.i1.type = host
12  agent1.sources.source1.interceptors.i1.hostHeader = hostname
13  #配置 Sink 组件
14  agent1.sinks.sink1.type = hdfs
15  agent1.sinks.sink1.hdfs.path =hdfs://hdp-node-01:9000/weblog/flume-
    collection/%y-%m-%d/%H-%M
16  agent1.sinks.sink1.hdfs.filePrefix = access_log
17  agent1.sinks.sink1.hdfs.maxOpenFiles = 5000
18  agent1.sinks.sink1.hdfs.batchSize= 100
19  agent1.sinks.sink1.hdfs.fileType = DataStream
20  agent1.sinks.sink1.hdfs.writeFormat =Text
21  agent1.sinks.sink1.hdfs.rollSize = 102400
22  agent1.sinks.sink1.hdfs.rollCount = 1000000
23  agent1.sinks.sink1.hdfs.rollInterval = 60
24  #agent1.sinks.sink1.hdfs.round = true
25  #agent1.sinks.sink1.hdfs.roundValue = 10
26  #agent1.sinks.sink1.hdfs.roundUnit = minute
27  agent1.sinks.sink1.hdfs.useLocalTimeStamp = true
28  #Use a channel which buffers events in memory
29  agent1.channels.channel1.type = memory
30  agent1.channels.channel1.keep-alive = 120
31  agent1.channels.channel1.capacity = 500000
32  agent1.channels.channel1.transactionCapacity = 600
```

< 269 >

```
33   #Bind the source and sink to the channel
34   agent1.sources.source1.channels = channel1
35   agent1.sinks.sink1.channel = channel1
```

Channel 的参数解释如下：

① capacity：默认该通道中可以存储的最大 Event 数量。

② trasactionCapacity：每次可以从 Source 中拿到或者送到 Sink 中的最大 Event 数量。

③ keep-alive：event 添加到通道中或者移出的允许时间。

10.7.2　将文件采集到 HDFS 中

采集需求：业务系统使用 Log4J 生成的日志。随着日志内容的不断增加，需要把追加到日志文件中的数据实时采集到 HDFS 中。

根据需求，首先定义以下 3 大组件。

① Source：使用 Exec Source 监控文件 tail -F file 的内容。

② Sink：类型为 HDFS Sink。

③ Channel：可用 file channel，也可以用内存 channel。

在使用 Flume 采集某个内容不断增加的文件时，需要在 Flume 安装目录下的配置文件中配置 Sink、Source 和 Channel 的各个参数，从而使 Flume 可以将新增的内容采集到 HDFS 中。

下面介绍配置文件中的配置项信息。

在 job 目录下新创建一个名为 file_hdfs.conf 的配置文件，在该文件中配置 Sink、Channel 和 Source 的各个参数，以便将服务器上文件的新增内容采集到 HDFS 中。file_hdfs.conf 文件的内容如下：

```
1    agent1.sources = source1
2    agent1.sinks = sink1
3    agent1.channels = channel1
4    #Describe/configure tail -F source1
5    agent1.sources.source1.type = exec
6    agent1.sources.source1.command = tail -F /home/hadoop/logs/access_log
7    agent1.sources.source1.channels = channel1
8    #configure host for source
9    agent1.sources.source1.interceptors = i1
10   agent1.sources.source1.interceptors.i1.type = host
11   agent1.sources.source1.interceptors.i1.hostHeader = hostname
12   #Describe sink1
13   agent1.sinks.sink1.type = hdfs
14   #a1.sinks.k1.channel = c1
15   agent1.sinks.sink1.hdfs.path=hdfs://hdp-node-01:9000/weblog/
16   flume-collection/%y-%m-%d/%H-%M
17   agent1.sinks.sink1.hdfs.filePrefix = access_log
18   agent1.sinks.sink1.hdfs.maxOpenFiles = 5000
19   agent1.sinks.sink1.hdfs.batchSize= 100
20   agent1.sinks.sink1.hdfs.fileType = DataStream
21   agent1.sinks.sink1.hdfs.writeFormat =Text
22   agent1.sinks.sink1.hdfs.rollSize = 102400
23   agent1.sinks.sink1.hdfs.rollCount = 1000000
24   agent1.sinks.sink1.hdfs.rollInterval = 60
25   agent1.sinks.sink1.hdfs.round = true
26   agent1.sinks.sink1.hdfs.roundValue = 10
27   agent1.sinks.sink1.hdfs.roundUnit = minute
28   agent1.sinks.sink1.hdfs.useLocalTimeStamp = true
```

< 270 >

```
29  #Use a channel which buffers events in memory
30  agent1.channels.channel1.type = memory
31  agent1.channels.channel1.keep-alive = 120
32  agent1.channels.channel1.capacity = 500000
33  agent1.channels.channel1.transactionCapacity = 600
34  # Bind the source and sink to the channel
35  agent1.sources.source1.channels = channel1
36  agent1.sinks.sink1.channel = channel1
```

本章小结

　　本章对 Flume 的安装、数据流模型、Source、Sink、Channel、拦截器进行了详细介绍，重点讲述了 Flume 实际开发工作中经常用到的自定义 Sink 和自定义拦截器。通过 Source、Sink、Channel 的使用，读者可以深刻理解 Flume 的应用场景以及 Flume 的实际开发工作。

习题

一、填空题

1. _____是 Flume 传送数据的基本单位。
2. Agent 由_____、_____和_____构成。
3. Flume 自带的通道选择器主要有_____和_____。
4. 复制通道选择器主要用于从一个 Source 复制 Event 到多个_____中。
5. Flume 是_____提供的一个高可用的、高可靠的、分布式的海量日志采集、聚合和传输系统。

二、选择题

1. Flume 是一种可配置的、高可用的（　　　）。
   A. 数据采集工具　　 B. 数据挖掘工具　　 C. 数据驱动工具　　 D. 数据可视化工具
2. Event 由下列选项中的（　　　）和（　　　）组成。
   A. Header　　　　　 B. Body　　　　　　 C. Leg　　　　　　 D. Arm
3. 下列选项中，属于 Flume 中常见的 Source 的有（　　　）。
   A. Netcat Source　　　　　　　　　 B. Exec Source
   C. Spooling Directory Source　　　　 D. Syslog Source
4. 下列选项中，属于 Flume 中常见的 Sink 的有（　　　）。
   A. HDFS Sink　　 B. File Roll Sink　　 C. Hive Sink　　 D. HBase Sink
5. 下列选项中，属于 Flume 最小独立运行单位的是（　　　）。
   A. Stage　　　　　 B. Agent　　　　　　 C. Task　　　　　　 D. Job

三、简答题

1. Flume 的数据流模型有哪些?
2. Flume 自带的拦截器有哪些?

< 271 >

综合项目——基于 Hadoop 的云盘设计与实现

学习目标

- 了解云盘项目的背景、主要功能和项目亮点。
- 掌握项目的架构设计和数据请求处理流程。
- 掌握获取文件和子目录列表的方式。
- 掌握创建文件夹的步骤，能够在 HDFS 上创建文件夹。
- 掌握上传文件功能的实现步骤，能够在 HDFS 上上传文件。
- 掌握新增目录功能的实现步骤，能够在 HDFS 上新增目录。
- 掌握文件下载功能的实现步骤，能够在 HDFS 上下载文件。
- 掌握文件删除功能的实现步骤，能够在 HDFS 上删除文件。
- 掌握文件重命名功能的实现步骤，能够在 HDFS 上重命名文件。
- 掌握文件检索功能的实现步骤，能够在 HDFS 上对文件进行检索。

为了巩固前面所学的知识，本章将带领读者开发一款基于 Hadoop 的云盘项目。该项目将模拟日常使用的云盘功能，包括云盘中文件的上传、下载、删除、检索等功能。通过此项目，读者也可以了解 HDFS 的 JavaAPI 的实际应用场景。为了让读者掌握仿云盘项目中用到的知识点，本章将从项目概述开始介绍，逐步引导读者设计与实现基于 Hadoop 的云盘项目。

11.1 项目概述

11.1.1 项目简介

伴随着文件数据量的持续增长，人们对于数据存储和管理的需求也日益增加。云盘作为一个提供文件存储和共享的工具，已经逐渐融入人们的日常生活和工作中。而在大数据时代，如何结合 Hadoop 技术优化云盘的存储、检索等功能也成为一个热门话题。

基于 Hadoop 的云盘项目旨在使用 Hadoop 技术构建一个仿云盘系统。在该系统中，用户可以在页面上上传与下载文件，利用 Hadoop 的分布式特性高效地存储和管理大量文件。除此之外，该系统还提供了新增目录、重命名文件和检索文件的功能。

本项目的亮点在于结合了 Hadoop 中的先进技术进行设计与实现。首先，它采用 HDFS 实现了文件的分布式存储；其次，得益于 Hadoop 的弹性架构，本系统能够轻松应对存储需求的增长，随时增加新的节点，确保持续的伸缩性和高效性；最后，为了保证系统性能和可靠性，项目使用分布式存储和容错技术，如使用多节点的 Hadoop 集群、备份策略和负载均衡等。此架构设计的目标是使用户可以快速、安全地存储和检索文件，同时保持云盘系统的高可靠性和可扩展性。

11.1.2　开发环境

在开发云盘项目之前，需确保项目的开发环境满足以下要求。
① 操作系统：CentOS 7.5。
②开发工具：IntelliJ IDEA 2021.1。
③ 配置环境：JDK 8、Apache Hadoop 3.3.0。
④ 构建工具：Apache Maven 3.6.x。

11.1.3　项目架构设计

1．项目的 4 个层次

在设计基于 Hadoop 的云盘项目时，本书采用了分层的架构设计，确保每一层都有明确的职责和功能，从而提高代码的可读性、可维护性和扩展性。本项目主要分为 4 层，分别是 View（视图）层、Control（控制）层、Model（模型）层和 HDFS 层。

下面对项目 4 个主要层次的职责、包含的内容以及与其他层的交互情况进行介绍。

（1）View 层
① 职责：主要负责向用户展示可视化界面。
② 内容：包含用于动态生成 HTML 内容的 JSP（Java Server Pages，Java 服务器页面）文件、用于页面样式定义的 CSS（Cascading Style Sheets，层叠样式表）文件以及用于与前端进行交互的 JS（JavaScript）文件等。
③ 与其他层的交互：与 Control 层交互，接收用户的请求并将处理结果返回给用户。

（2）Control 层
① 职责：主要负责处理用户的请求，调用后端服务，并返回处理结果。
② 内容：包括各种控制器，这些控制器负责处理特定的业务逻辑。
③ 与其他层的交互：与 Model 层和 HDFS 层交互，获取数据或执行文件操作。

（3）Model 层
① 职责：主要负责数据的封装和处理。
② 内容：包含与文件相关的实例，如封装了文件名、文件存储路径等文件属性信息的 FileIndex 类。
③ 与其他层的交互：为 Control 层提供数据封装的支持。

（4）HDFS 层
① 职责：主要负责与 HDFS 文件存储系统进行交互。
② 内容：包括对 HDFS 中文件的各种操作的封装，如上传、下载、重命名等。
③ 与其他层的交互：为 Control 层提供文件操作的实际执行。

2．数据请求处理流程

云盘项目的数据请求处理流程主要可以分为以下 6 个步骤。

< 273 >

① 用户发送 HTTP 请求到 View 层。

② View 层处理请求并将其传递给 Control 层。

③ Control 层解析用户请求的内容，根据请求的类型确定需要执行的操作，并调用相关的功能来完成操作。此处的相关功能包括返回一个文件的对象、上传与下载文件等。

④ Control 层与 Model 层、HDFS 层进行数据交互。例如，如果用户想查看文件列表，Control层会请求 Model 层封装文件列表的数据；如果用户想要对 HDFS 中的文件进行上传、下载、删除等操作，此时 Control 层可以直接与 HDFS 层进行交互。

⑤ Control 层处理完请求后，将处理结果返回给 View 层。

⑥ View 层最后将响应返回给用户。

云盘项目的数据请求处理流程与项目架构如图 11-1 所示。

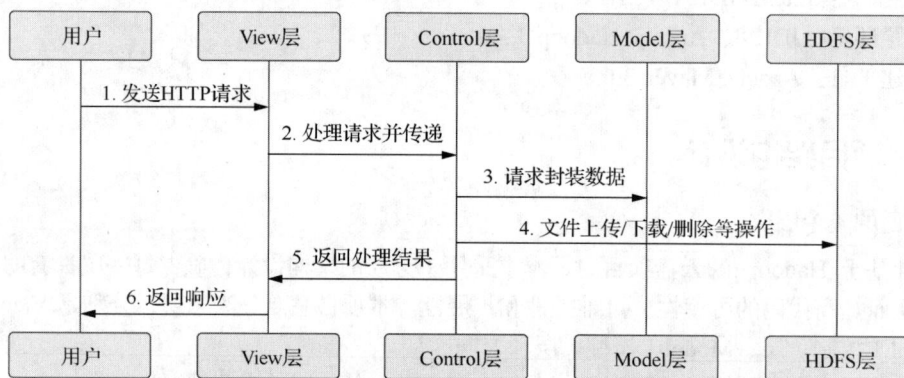

图 11-1　云盘项目的数据请求处理流程与项目架构

11.2　云盘页面效果展示

在实现云盘项目之前，需要先了解云盘中各个页面的效果展示，云盘项目中的页面和对话框包括云盘主页、"新增目录"对话框、"上传文件"对话框、操作文件的下拉菜单、"重命名"对话框、文件管理的下拉菜单。本节将围绕这些页面和对话框的效果展示进行讲解。

11.2.1　云盘主页

当云盘程序启动后，首先进入的是云盘主页。主页效果如图 11-2 所示。

图 11-2　云盘主页

< 274 >

图 11-2 中，云盘主页顶部显示的是云盘的导航栏。该导航栏中包括 4 个链接，分别是"主页""消息""好友"和"退出"。除此之外，还包含一个"文件管理"下拉菜单。导航栏下方是对根目录进行操作的一些按钮，包括"新增目录"按钮、"上传文件"按钮和"重命名"按钮，这些按钮分别是"新增目录"对话框、"上传文件"对话框和"重命名"对话框的跳转入口；右侧为一个静态的输入框。对根目录进行操作的按钮下方显示的是根目录中的文件夹和文件信息，每个文件夹或文件都显示了对应的图标、名称和"操作"下拉菜单。

11.2.2 "新增目录"对话框

单击云盘主页中的"新增目录"按钮，页面会弹出一个"新增目录"对话框。在该对话框中需要输入新增目录的名称，此处将新增目录的名称设置为"qianfeng"。该对话框的效果如图 11-3 所示。

图 11-3 "新增目录"对话框

在图 11-3 中单击"保存"按钮，程序会关闭当前对话框，显示云盘主页。此时，云盘主页中会显示新增的 qianfeng 目录（文件夹），如图 11-4 所示。

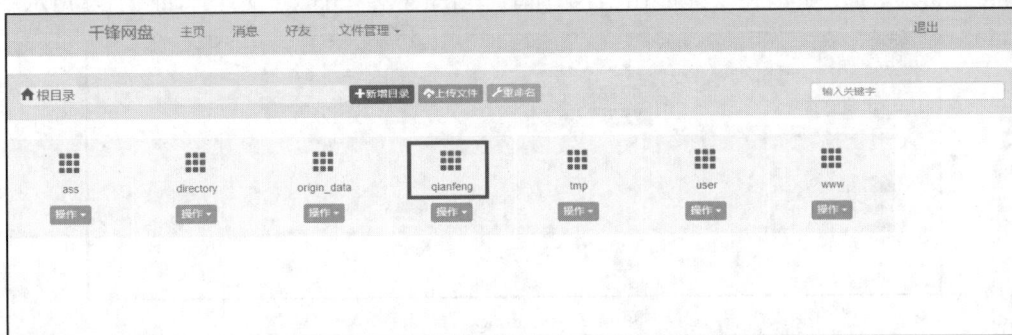

图 11-4 新增 qianfeng 目录

11.2.3 "上传文件"对话框

在云盘主页中单击"上传文件"按钮，会弹出一个"上传文件"对话框。在该对话框中可以将文件上传到对应的目录中。此处以新增的 qianfeng 目录为例进行讲解。单击该目录，弹出"上传文件"对话框，在该对话框中可以上传任意文件到 qianfeng 目录中。上传文件对话框的效果如图 11-5 所示。

在图 11-5 中单击"选择文件"按钮，会弹出一个"打开"对话框；在该对话框中选择要上传的文件，此处以"活动补贴率.pptx"文件为例进行上传。"打开"对话框的效果如图 11-6 所示。

< 275 >

图 11-5 "上传文件"对话框

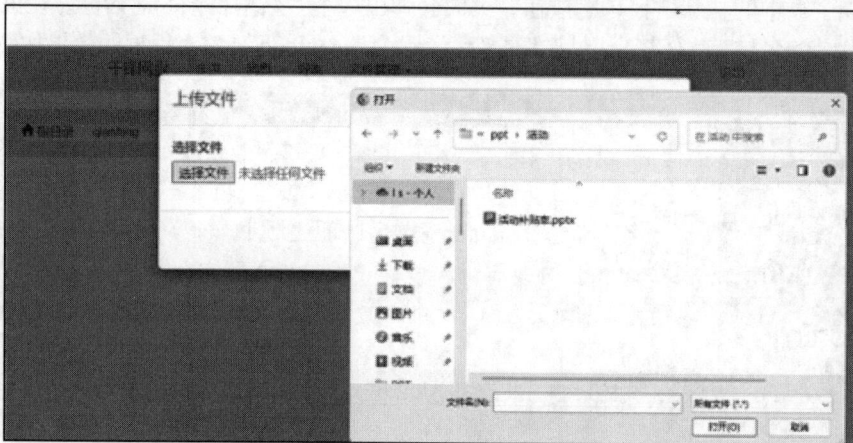

图 11-6 "打开"对话框

在图 11-6 中选择"活动补贴率.pptx"文件，单击"打开"按钮，程序会关闭"打开"对话框，显示"上传文件"对话框；单击该对话框中的"上传"按钮，程序会关闭"上传文件"对话框，显示 qianfeng 目录页面，此时在该页面中已经添加了"活动补贴率.pptx"文件，如图 11-7 所示。

图 11-7　qianfeng 目录页面

11.2.4 操作文件的下拉菜单

云盘主页中显示的每个文件或文件夹下方都有一个操作下拉菜单，单击"操作"按钮会显示一个下拉菜单；该菜单中会显示"下载""重命名"和"删除"选项，单击"下载"选项会下载当前文件，单击"重命名"选项会弹出重命名对话框，单击"删除"选项会删除当前文件。以 qianfeng 目录下的"活动补贴率.pptx"文件为例，单击该文件下方的"操作"按钮会弹出一个下拉菜单，如图 11-8 所示。

图 11-8　操作文件的下拉菜单

在图 11-8 中单击"下载"选项，程序会下载"活动补贴率.pptx"文件；

< 276 >

　　单击"重命名"选项，会弹出一个重命名对话框；单击"删除"选项，会删除"活动补贴率.pptx"文件。

　　需要注意的是，如果要操作的不是一个文件，是一个目录，此时单击"下载"选项是没有效果的。单击"重命名"和"删除"选项可以实现对应的操作。

11.2.5　"重命名"对话框

　　如果想要重命名"活动补贴率.pptx"文件，可以单击图 11-8 中的"重命名"选项，在弹出的"重命名"对话框中输入要修改的文件名称，然后单击"保存"按钮即可修改文件名。"重命名"对话框的效果如图 11-9 所示。

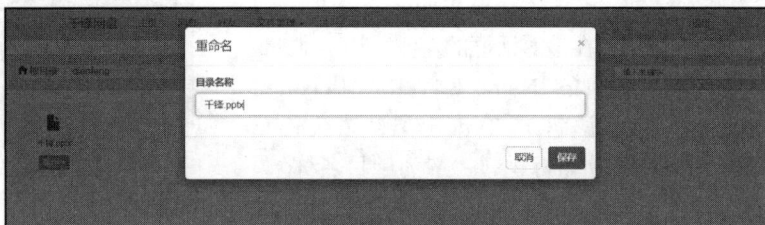

图 11-9　"重命名"对话框

11.2.6　文件管理的下拉菜单

　　单击云盘主页中的"文件管理"，会弹出一个下拉菜单，该下拉菜单中有一个名为"按照文件名称检索"的选项。文件名称检索的下拉菜单如图 11-10 所示。

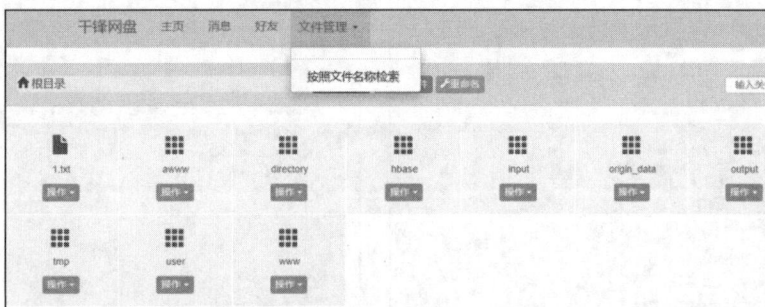

图 11-10　文件名称检索的下拉菜单

　　在图 11-10 中单击"按照文件名称检索"选项，页面中会显示要检索文件的信息，包括查询条件和"搜索"按钮。当需要检索名称为"活动补贴率"的文件信息时，首先在查询条件对应的输入框中输入"活动补贴率"，然后单击"搜索"按钮，页面中就会显示搜索到的名称为"活动补贴率"的文件信息，包括文件 ID、文件名称、文件路径、是否文件。检索文件信息的页面如图 11-11 所示。

图 11-11　检索文件信息页面

　　由图 11-11 可知，检索到的"活动补贴率.pptx"文件不仅在"/qianfeng"目录下存在，在"/awww"目录下也存在。

< 277 >

11.3 创建云盘项目并配置环境

在开发云盘项目之前，需要创建云盘项目并配置其开发环境，具体步骤如下。

① 检查 Hadoop 是否已成功启动。在虚拟机的终端窗口中使用 jps 命令查看 Hadoop 是否启动成功，主要观察 NameNode 和 DataNode 进程是否正常启动。Hadoop 正常启动的进程显示情况如图 11-12 所示。

```
--------- hadoop102 ---------
2624 JobHistoryServer
2097 DataNode
1955 NameNode
6616 Jps
2445 NodeManager
--------- hadoop103 ---------
2194 NodeManager
2058 ResourceManager
6268 Jps
1855 DataNode
--------- hadoop104 ---------
1969 SecondaryNameNode
6610 Jps
2084 NodeManager
1853 DataNode
```

图 11-12　Hadoop 正常启动的进程显示情况

② 打开 IDEA 开发工具，单击"New Project"选项，弹出一个"New Project"对话框；在该对话框的左侧选择"Spring Initializr"选项，右侧设置项目的 Name（名称）、Location（存放位置）、Language（使用语言）、Type（类型）、Group（组织或公司域名）、Artifact（项目标识，一般为项目名称）、Package Name（包名）、Project SDK、Java 版本和 Packaging（打包方式），如图 11-13 所示。

③ 在图 11-13 中单击"Next"按钮进入设置 Spring Boot 版本的对话框中。此处选择 Spring Boot 的版本为 3.1.3，因为此版本相对稳定且为较新版本，如图 11-14 所示。

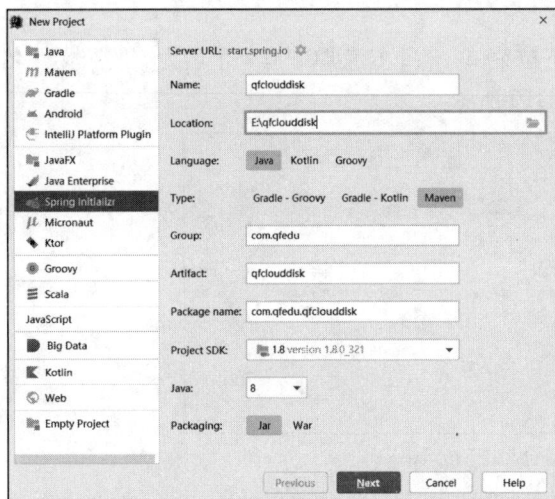

图 11-13　"New Project"对话框　　　　图 11-14　设置 Spring Boot 版本的对话框

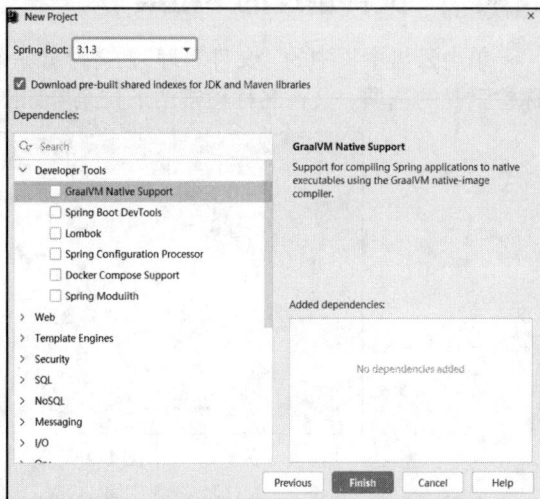

④ 在图 11-14 中单击"Finish"按钮即可完成创建一个名为 qfclouddisk 的 Spring Boot 项目。创建完成的项目的目录结构如图 11-15 所示。

下面介绍图 11-15 中的主要目录和文件，具体内容如下。

src/main/java：用于存放项目中的代码文件。

src/main/resources：用于存放所有的配置文件和静态资源文件，如 application.properties 或 application.yml。

src/test/java：用于存放所有的测试类。

pom.xml：项目的构建脚本，该文件中列出了项目的所有依赖。

target：用于存放编译后的代码和生成的 JAR 文件。

⑤ 项目创建完成后，需要在项目的 pom.xml 文件中添加项目运

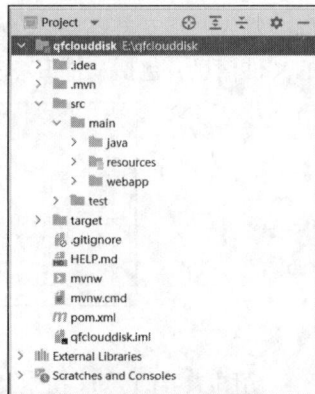

图 11-15　项目目录结构

< 278 >

行需要的 Spring 依赖和 Hadoop 的客户端依赖等，这些依赖的具体内容如下：

```
1    <dependencies>
2       <dependency>
3          <groupId>org.springframework.boot</groupId>
4          <artifactId>spring-boot-starter-web</artifactId>
5       </dependency>
6       <dependency>
7          <groupId>org.springframework.boot</groupId>
8          <artifactId>spring-boot-starter</artifactId>
9       </dependency>
10      <dependency>
11         <groupId>org.springframework.boot</groupId>
12         <artifactId>spring-boot-starter-test</artifactId>
13         <scope>test</scope>
14      </dependency>
15      <dependency>
16         <groupId>org.apache.tomcat.embed</groupId>
17         <artifactId>tomcat-embed-jasper</artifactId>
18      </dependency>
19      <dependency>
20         <groupId>javax.servlet</groupId>
21         <artifactId>jstl</artifactId>
22         <version>1.2</version>
23      </dependency>
24      <dependency>
25         <groupId>com.github.pagehelper</groupId>
26         <artifactId>pagehelper</artifactId>
27         <version>5.0.1</version>
28      </dependency>
29      <dependency>
30         <groupId>org.apache.hadoop</groupId>
31         <artifactId>hadoop-client</artifactId>
32         <version>3.3.0</version>
33            <exclusions>
34               <exclusion>
35                  <groupId>javax.servlet</groupId>
36                  <artifactId>servlet-api</artifactId>
37               </exclusion>
38            </exclusions>
39      </dependency>
40      <dependency>
41         <groupId>junit</groupId>
42         <artifactId>junit</artifactId>
43         <scope>test</scope>
44      </dependency>
45      <dependency>
46         <groupId>org.junit.jupiter</groupId>
47         <artifactId>junit-jupiter</artifactId>
48         <version>5.7.2</version>
49      </dependency>
50   </dependencies>
```

至此，云盘项目的创建和环境配置已完成。

< 279 >

11.4 实现云盘页面效果

云盘项目页面中显示的按钮、图片、样式等效果，都是由 CSS、HTML、JavaScript 和 JSP 等文件渲染的结果。由于这些渲染文件是前端技术中的文件，而本书主要学习 Hadoop 技术，因此我们将渲染云盘页面效果的文件放在资源包中，读者只需知道这些文件存放在云盘项目中的哪些文件夹中即可。

下面在云盘项目中创建一些文件夹，并将渲染页面效果的文件存放在这些文件夹中，具体步骤如下。

① 创建 3 个文件夹。在 qfclouddisk 项目的 com.qfedu.qfclouddisk 包中分别创建 model、hdfs 和 controller 文件夹，其中 model 文件夹用于存放实体类，hdfs 文件夹用于存放与 HDFS 交互的代码文件，controller 文件夹用于存放程序中的控制器，属于程序的控制层。qfclouddisk 项目的目录结构如图 11-16 所示。

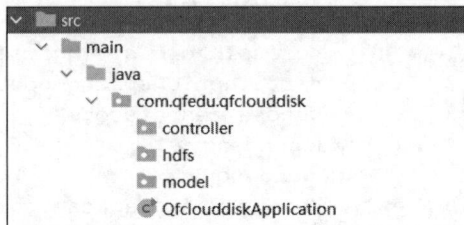

图 11-16　qfclouddisk 项目的目录结构

② 在 src\main\resources 目录下创建 static 文件夹，用于存放静态页面文件、页面的样式和脚本文件；在 static 文件夹中创建 css 和 js 文件夹，分别用于存放页面的样式文件和脚本文件；将资源包中提供的样式文件 docs.min.css、jumbotron-narrow.css、navbar-static-top.css 和 signin.css 放入 css 文件夹中，将文件夹 bootstrap-3.3.7-dist 以及页面脚本文件 echarts.min.js、jquery-3.2.1.min.js、spark-md5.min.js 放入 js 文件夹中。resources 文件夹的目录结构如图 11-17 所示。

③ 在 src\main\ 目录下创建 webapp 文件夹，作为 Web 项目的根目录；在 webapp 文件夹中创建 WEB-INF 文件夹，在 WEB-INF 文件夹中创建 jsp 文件夹；将程序中需要的 JSP 文件 bottom.jsp、hello.jsp、index.jsp、searchResult.jsp、stasticfiles.jsp 和 top.jsp 放入 jsp 文件夹中。webapp 文件夹的目录结构如图 11-18 所示。

图 11-17　resources 文件夹的目录结构

图 11-18　webapp 文件夹的目录结构

④ 在项目中找到 src\main\resources 目录并打开 application.properties 文件，在该文件中进行以下配置，如图 11-19 所示。

图 11-19 中，第 1 行代码设置服务器端口为 9090，第 2 行代码定义了一个视图模板文件的前缀路径，

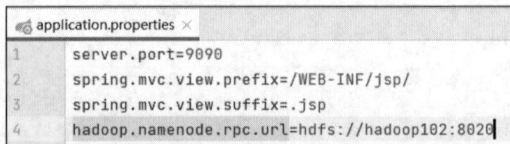

图 11-19　application.properties 文件

第 3 行代码定义了视图模板文件的后缀。结合第 2 行代码配置的前缀路径，如果 Spring MVC 控制器中返回的一个视图名称为"index"，则 Spring MVC 会将\WEB-INF\jsp\index.jsp 作为模板进行查找。第 4 行代码指定了 NameNode 节点的 IP 地址和端口号。

< 280 >

11.5　前后端交互

云盘项目中有一些前后端交互的处理逻辑，例如用户单击"操作"下拉菜单中的"删除"选项时，前端页面会发送删除请求，经过前后端的交互层才能将请求和最终的响应对应起来，实现删除文件的操作。下面介绍云盘项目中实现前后端交互的操作步骤。

① 在 qfclouddisk 项目的 com.qfedu.qfclouddisk.model 包中创建 FileIndex 实体类，用于对文件信息的数据进行封装，并为 Control 层提供数据支持。FileIndex 类的具体内容如例 11-1 所示。

【例 11-1】FileIndex.java

```
1   public class FileIndex {
2       private Long fileIndexId;
3       private Long userId;
4       private Long pFileIndexId;
5       private String name;
6       private String path;
7       private Long parentId;
8       private String isFile;
9       @DateTimeFormat(pattern="yyyy-MM-dd HH:mm:ss")
10      private Date createTime;
11      private String deleteFlag;
12      public Long getFileIndexId() {
13          return fileIndexId;
14      }
15      public void setFileIndexId(Long fileIndexId) {
16          this.fileIndexId = fileIndexId;
17      }
18      public Long getUserId() {
19          return userId;
20      }
21      public void setUserId(Long userId) {
22          this.userId = userId;
23      }
24      public Long getpFileIndexId() {
25          return pFileIndexId;
26      }
27      public void setpFileIndexId(Long pFileIndexId) {
28          this.pFileIndexId = pFileIndexId;
29      }
30      public String getName() {
31          return name;
32      }
33      public void setName(String name) {
34          this.name = name;
35      }
36      public String getPath() {
37          return path;
38      }
39      public void setPath(String path) {
40          this.path = path;
41      }
42      public Long getParentId() {
```

< 281 >

```
43          return parentId;
44      }
45      public void setParentId(Long parentId) {
46          this.parentId = parentId;
47      }
48      public String getIsFile() {
49          return isFile;
50      }
51      public void setIsFile(String isFile) {
52          this.isFile = isFile;
53      }
54      public Date getCreateTime() {
55          return createTime;
56      }
57      public void setCreateTime(Date createTime) {
58          this.createTime = createTime;
59      }
60      public String getDeleteFlag() {
61          return deleteFlag;
62      }
63      public void setDeleteFlag(String deleteFlag) {
64          this.deleteFlag = deleteFlag;
65      }
66      @Override
67      public String toString() {
68          return "FileIndex [fileIndexId=" + fileIndexId + ", userId=" + userId
             + ", pFileIndexId=" + pFileIndexId
69                  + ", name=" + name + ", path=" + path + ", parentId=" + parentId
                  + ", isFile=" + isFile
70                  + ", createTime=" + createTime + ", deleteFlag=" + deleteFlag
                  + "]";
71      }
72  }
```

② 在 qfclouddisk 项目的 com.qfedu.qfclouddisk.controller 包中创建 IndexController 类，用于接收前端页面发送的请求并调用 HDFS 层中对应的程序。可直接在资源包中找到 IndexController.java 文件，将该文件拷贝到项目中即可。IndexController.java 文件的具体内容如例 11-2 所示。

【例 11-2】 IndexController.java

```
1   @Controller
2   public class IndexController {
3       @Autowired
4       private IFileSystem fileSystem = null;
5       @RequestMapping("/")
6       public String index(String path,Model model) {
7           FileIndex fileIndex = new FileIndex();
8           path = (path==null || path.trim().isEmpty()) ? "/": path.trim();
9           fileIndex.setPath(path);
10          String fileName = fileSystem.getFileName(path);
11          fileIndex.setName(fileName);
12          model.addAttribute("rootDir",fileIndex);
13          List<FileIndex> list = new ArrayList<FileIndex>();
14          try {
15              list = fileSystem.ls(path);
16          } catch (Exception e) {
```

< 282 >

```
17              e.printStackTrace();
18          }
19          model.addAttribute("rootFiles",list);
20          return "index";
21      }
22      @GetMapping("/download")
23      public String download(HttpServletResponse response, @RequestParam
24      String file) throws Exception {
25          File hFile = new File(file);
26          String filename = hFile.getName();
27              response.setHeader("Content-Disposition",
28                              "attachment;fileName=" + filename);
29          fileSystem.download(file,response.getOutputStream());
30          return null;
31      }
32      /**
33       * @param path
34       * @return
35       * @throws Exception
36       */
37      @RequestMapping("/delete")
38      public String delete(@RequestParam String path) throws Exception {
39          String parentPath = fileSystem.rm(path);
40          //跳转到父目录
41          return "redirect:./?path=" + parentPath;
42      }
43      @ResponseBody
44      @RequestMapping(value="/checkMD5",method=RequestMethod.POST)
45      public String checkMD5(String md5code){
46          //校验云盘中是否已存在 MD5 等于 md5code 的文件
47          return "no";
48      }
49      @PostMapping("/uploadFile")
50      public String singleFileUpload(@RequestParam("file") MultipartFile file,
51      String parentPath,RedirectAttributes
52      redirectAttributes) throws IOException {
53          String fileName = getOriginalFilename(file.getOriginalFilename());
54          InputStream is = file.getInputStream();
55          Long size = file.getSize();
56          if (file.isEmpty()) {
57              redirectAttributes.addFlashAttribute("message", "Please select a
58              file to upload");
59              return "redirect:uploadStatus";
60          }
61          try {
62              String dstPath = parentPath.endsWith("/")?
63              (parentPath+fileName) : (parentPath +"/"+fileName);
64              fileSystem.upload(is,dstPath);
65              redirectAttributes.addFlashAttribute("message",
66                  "You successfully uploaded '" +
67                      file.getOriginalFilename()
68                      + "'");
69          } catch (IOException e) {
70              e.printStackTrace();
```

< 283 >

```
71              } catch (Exception e) {
72                 e.printStackTrace();
73              }
74           return "redirect:./?path="+parentPath;
75         }
76        @PostMapping("/mkdir")
77        public String mkdir(String directName,String parentPath) throws
78        Exception
79        {
80           String newDir =
81           parentPath.endsWith("/")?(parentPath+directName):
82           (parentPath+"/"+directName);
83           fileSystem.mkdir(newDir);
84           return "redirect:./?path="+parentPath;
85        }
86        @RequestMapping("renameForm")
87        public String renameForm(String directName,String isRoot,String path)
88        throws Exception {
89           //修改 fileindex 的 name 和 path
90           //修改子目录下的 path
91           String[] arr= fileSystem.rename(path,directName);
92           if(isRoot!=null && isRoot.equals("yes")){
93              return "redirect:./?path=" + arr[1];  //mypath
94           }else{
95              return "redirect:./?path=" + arr[0];//parent
96           }
97        }
98        @RequestMapping("/getOptionalPath")
99        @ResponseBody
100       public List getOptionalPath(String path){
101          List result = fileSystem.getOptionTranPath(path);
102          return result;
103       }
104       @RequestMapping("/searchFiles")
105       public String searchFiles(String
106       keyWord,@RequestParam(value="pageNum",defaultValue="1")int
107       pageNum,Model model) throws Exception {
108          int pageSize = 3;
109          List<FileIndex> result =
110          fileSystem.searchFileByPage(keyWord,pageSize,pageNum);
111          com.github.pagehelper.Page<FileIndex> page =new
112          com.github.pagehelper.Page<FileIndex>();
113          page.addAll(result);
114          model.addAttribute("result", page);
115          model.addAttribute("keyWord",keyWord);
116          return "searchResult";
117       }
118       @RequestMapping("/stasticFiles")
119       public String stasticFiles(Model model){
120          List<Map> staticResult = new ArrayList<Map>();
121          Map map = new HashMap();
122          map.put("doc_number",100);
123          map.put("video_number",87);
124          map.put("pic_number",66);
125          map.put("code_number",44);
126          map.put("other_number",23);
```

< 284 >

```
127         staticResult.add(map);
128         model.addAttribute("staticResult", staticResult);
129         return "stasticfiles";
130     }
131     private String getOriginalFilename(String originalFilename){
132         if(originalFilename == null)
133         {
134             return "";
135         }
136         if(originalFilename.contains("/") ||
137         originalFilename.contains("\\")){
138             File file = new File(originalFilename);
139             return file.getName();
140         }
141         return originalFilename;
142     }
143     @RestController
144     public class FileController {
145         @GetMapping("/file/{filePath}")
146         public String readFile(@PathVariable String filePath) {
147             try {
148                 String realFilePath = filePath.replace(":", "/");
149                 String content = new
150                 String(Files.readAllBytes(Paths.get
151                 (ResourceUtils.getFile("classpath:" +
152                 realFilePath).getPath()))));
153                 return content;
154             } catch (IOException e) {
155                 e.printStackTrace();
156                 return "Error reading file";
157             }
158         }
159     }
160 }
```

③ 在 com.qfedu.qfclouddisk.hdfs 包中创建接口 IFileSystem，在接口中声明一些抽象方法，例如上传方法 upload()、下载方法 download() 等。IFileSystem 接口中的内容如例 11-3 所示。

【例 11-3】IFileSystem.java

```
1   public interface IFileSystem {
2       List<FileIndex> ls(String dir) throws Exception;
3       void mkdir(String dir)throws Exception;
4       String rm(String path) throws Exception;
5       void upload(InputStream is, String dstHDFSFile) throws Exception;
6       void download(String file, OutputStream os) throws Exception;
7       void mv() throws URISyntaxException, IOException,
8        InterruptedException;
9       String[] rename(String path, String dirName) throws Exception;
10      String getFileName(String path);
11      List getOptionTranPath(String path);
12      List<FileIndex> searchFileByPage(String keyWord, int pageSize,
13      int pageNum) throws Exception;
14      List getStaticNums();
15  }
```

④ 在 qfclouddisk 项目的 com.qfedu.qfclouddisk.hdfs 包中创建接口 IFileSystem 和该接口的实现

< 285 >

类 FileSystemImpl。光标定位在 FileSystemImpl 类名上同时按下键盘上的"Alt+Enter"键，会出现 FileSystemImpl 类需要实现的方法，如图 11-20 所示。单击图 11-20 中的"OK"按钮，即可自动在 FileSystemImpl 类中实现这些方法。

⑤ 单击项目中的 QfclouddiskApplication.java 文件，在弹出的"Show Context Actions"列表中选择"Run QfclouddiskApplication"选项，单击该选项运行云盘项目。当看到如图 11-21 所示的控制台输出信息"Completed initialization in 3 ms"后，说明云盘服务启动成功。

图 11-20 FileSystemImpl 类需要实现的方法

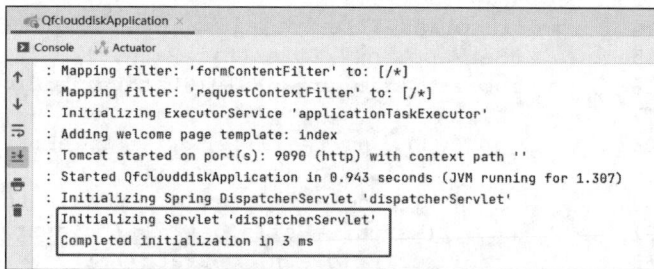

图 11-21 控制台输出信息

⑥ 在浏览器地址栏中输入 http://hadoop102:9090/，按下 Enter 键，页面中会显示云盘主页信息，如图 11-22 所示。

图 11-22 云盘主页信息

图 11-22 中，云盘主页显示了 HDFS 文件存储系统上的所有文件，说明云盘项目的环境部署完成。

11.6 实现云盘页面功能

云盘页面中的主要功能包括获取文件和子目录列表、创建目录、上传文件、下载文件、重命名文件、删除文件和检索文件。本节将针对这些功能的实现进行讲解。

11.6.1 获取文件和子目录列表

当程序进入云盘主页时，需要获取云盘中的目录和文件列表信息，这些信息包括文件或子目录

< 286 >

的名称、路径等。除此之外，单击云盘主页中的任意目录时，也需要获取该目录下的文件和子目录列表。为了获取云盘中的文件和子目录列表，需要在 FileSystemImpl 类中实现 ls()方法。该方法的具体代码如下。

```
1    @Override
2    public List<FileIndex> ls(String dir) throws Exception{
3           Configuration conf=new Configuration();
4           //配置 NameNode 地址
5           URI uri=new URI(namenodeRpcUrl);
6           //指定用户名,获取 FileSystem 对象
7           FileSystem fs=FileSystem.get(uri,conf,"hadoop");
8           Path path = new Path(dir);
9           if(! fs.exists(path)){
10              logger.error("dir:"+dir+" not exists!");
11              throw new RuntimeException("dir:"+dir+" not exists!");
12          }
13          List<FileIndex> list = new ArrayList<FileIndex>();
14          FileStatus[] filesStatus = fs.listStatus(path);
15          for(FileStatus f:filesStatus){
16              FileIndex fileIndex = new FileIndex();
17              fileIndex.setIsFile(f.isDirectory()?"0":"1");
18              fileIndex.setName(f.getPath().getName());
19              fileIndex.setPath(f.getPath().toUri().getPath());
20              fileIndex.setCreateTime(new Date());
21              list.add(fileIndex);
22          }
23          //不需要再操作 FileSystem 了,关闭连接
24          fs.close();
25          return list;
26   }
```

上述代码中，第 1、2 行代码定义了一个 ls()方法。该方法中传递了一个参数 dir，该参数表示用户访问的目录地址。该方法会返回一个目录地址下的文件列表。

第 3 行代码通过 new 关键字创建了一个 Hadoop 配置对象 conf。第 5 行代码通过 new 关键字创建了一个 URI 对象，并在该对象中配置了 NameNode 地址。第 7 行代码调用 get()方法创建了 FileSystem 对象 fs。get()方法中传递了 3 个参数，第 1 个参数 uri 表示 NameNode 地址，第 2 个参数 conf 表示 Hadoop 的配置对象，第 3 个参数 hadoop 表示用户名。

第 8 行代码调用 new 关键字创建了指定路径的对象 path。第 9～12 行代码通过 if 条件语句判断指定的路径对象 path 是否存在于文件系统中。如果不存在，则会调用 error()方法输出 dir 路径不存在的信息，同时调用 throw 关键字抛出 dir 路径不存在的异常信息。

第 13～21 行代码首先创建了一个 list 对象，用于存储文件和目录列表信息；然后调用 listStatus()方法获取指定路径下的所有文件和目录信息；最后调用 for 循环将获取的文件和目录信息遍历出来，并添加到对象 list 中。

第 24 行代码调用 close()方法关闭了与 Hadoop 文件系统的连接。第 25 行代码返回获取的文件和目录的列表信息。

11.6.2　新增目录

在云盘主页单击"新增目录"按钮，程序会创建一个新的目录显示到云盘主页。新增目录的功能需要用 FileSystemImpl 类中的 mkdir()方法实现，该方法的具体代码如下。

< 287 >

```
1    @Override
2    public void mkdir(String dir) throws Exception{
3        Configuration conf=new Configuration();
4        URI uri=new URI(namenodeRpcUrl);
5        //指定用户名,获取 FileSystem 对象
6        FileSystem fs=FileSystem.get(uri,conf,"hadoop");
7        fs.mkdirs(new Path(dir));
8        //不需要再操作 FileSystem 了, 关闭 Client
9        fs.close();
10       System.out.println("mkdir "+dir+" Successfully!" );
11   }
```

上述代码中，第 1、2 行代码定义了 mkdir()方法，该方法中传入了一个 dir 参数，表示要创建目录的路径地址；第 7 行代码调用 mkdirs()方法创建了新目录。

11.6.3　上传文件

在云盘主页单击"上传文件"按钮，程序会弹出"上传文件"对话框，通过该对话框可实现上传文件的功能。上传文件的功能需要用 FileSystemImpl 类中的 upload()方法实现，该方法的具体代码如下。

```
1    @Override
2    public void upload(InputStream is, String dstHDFSFile) throws Exception {
3        Configuration conf = new Configuration();
4        //配置 NameNode 地址
5        URI uri = new URI(namenodeRpcUrl);
6        //指定用户名,获取 FileSystem 对象
7        FileSystem fs = FileSystem.get(uri, conf, "hadoop");
8        //创建输出流, 指定 HDFS 文件的路径
9        FSDataOutputStream outputStream = fs.create(new Path(dstHDFSFile));
10       //创建缓冲区
11       byte[] buffer = new byte[1024];
12       int bytesRead = -1;
13       //从输入流中读取数据, 然后写入到输出流
14       while ((bytesRead = is.read(buffer)) != -1) {
15           outputStream.write(buffer, 0, bytesRead);
16       }
17       //关闭输入流和输出流
18       is.close();
19       outputStream.close();
20       System.out.println("Upload Successfully!");
21   }
```

上述代码中，第 1、2 行代码重写了 upload()方法。该方法中传递了 2 个参数，第 1 个是 is，代表要上传文件的输入流；第 2 个是 dstHDFSFile，表示文件在 HDFS 中的存储路径。该方法的主要功能是将输入的文件流写入 HDFS 中。

第 9 行代码使用 create()方法和指定的 HDFS 文件路径 dstHDFSFile 创建了一个 HDFS 输出流对象 outputStream。第 11、12 行代码初始化了一个字节数组 buffer，用于缓存从输入流中读取的数据；并设置了一个 bytesRead 变量，用于记录每次读取的字节量。

第 14~16 行代码构成了一个循环，用于从 is 输入流中读取数据并写入到 HDFS 的 outputStream

< 288 >

中。当读取到文件末尾时，is.read(buffer)的返回值为 - 1，循环结束。

第 18、19 行代码分别关闭了输入流 is 和输出流 outputStream。第 20 行代码调用 println()方法向控制台输出"Upload Successfully!"，提示用户文件已成功上传至 HDFS。

11.6.4　下载文件

单击云盘主页任意文件下方的"操作"下拉菜单，选择"下载"选项，程序会自动下载该文件。文件下载完成后，在浏览器上会显示下载完成的信息。下载文件的功能需要用 FileSystemImpl 类中的 download()方法实现，该方法的具体代码如下所示。

```
1   @Override
2   public void download(String file, OutputStream os) throws Exception {
3       Configuration conf = new Configuration();
4       //配置 NameNode 地址
5       URI uri = new URI(namenodeRpcUrl);
6       //指定用户名,获取 FileSystem 对象
7       FileSystem fs = FileSystem.get(uri, conf, "hadoop");
8       //创建输入流, 指定 HDFS 文件的路径
9       FSDataInputStream inputStream = fs.open(new Path(file));
10      //创建缓冲区
11      byte[] buffer = new byte[1024];
12      int bytesRead;
13      //从输入流中读取数据，然后写入到输出流
14      while ((bytesRead = inputStream.read(buffer)) != -1) {
15          os.write(buffer, 0, bytesRead);
16      }
17      //关闭输入流和输出流
18      inputStream.close();
19      os.close();
20      System.out.println("Download Successfully!");
21  }
```

上述代码中，第 1、2 行代码定义了 download()方法。该方法中传递了 2 个参数，第 1 个是 file，代表要下载的文件在 HDFS 中的路径；第 2 个是 os，表示文件的输出流。该方法主要用于从 HDFS 中读取文件并将其写入到用户指定的输出流中。

第 9 行代码使用 open()方法和指定的 HDFS 文件路径 file 创建了一个 HDFS 输入流 inputStream。第 11~13 行代码初始化了一个字节数组 buffer，用于缓存从输入流中读取的数据；并设置了一个 bytesRead 变量，用于记录每次读取的字节量。

第 14~16 行代码构成了一个循环，用于从 inputStream 输入流中读取数据并写入到 os 输出流中。当读取到文件末尾时，inputStream.read(buffer)的返回值为 - 1，循环结束。

11.6.5　重命名文件

单击云盘主页任意文件下方的"操作"下拉菜单，选择"重命名"选项，程序会弹出"重命名"对话框。在该对话框中输入新的文件名，单击"保存"按钮即可重命名文件。重命名文件的功能需要用 FileSystemImpl 类中的 rename()方法实现，该方法的具体代码如下。

```
1   @Override
2   public String[] rename(String path, String dirName) throws Exception {
```

< 289 >

```
3       Configuration conf = new Configuration();
4       //配置 NameNode 地址
5       URI uri = new URI(namenodeRpcUrl);
6       //指定用户名,获取 FileSystem 对象
7       FileSystem fs = FileSystem.get(uri, conf, "hadoop");
8       Path oldPath = new Path(path);
9       if (oldPath.getParent() == null) {
10          String[] arr = new String[2];
11          arr[0] = "/";
12          arr[1] = "/";
13          return arr;
14      }
15      String parentPath = oldPath.getParent().toUri().getPath();
16      String newPathStr = parentPath.endsWith("/") ? (parentPath + dirName) :
17      (parentPath + "/" + dirName);
18      Path newPath = new Path(newPathStr);
19      fs.rename(oldPath, newPath);
20      //不需要再操作 FileSystem 了, 关闭 Client
21      fs.close();
22      String[] arr = new String[2];
23      arr[0] = parentPath;
24      arr[1] = newPathStr;
25      System.out.println("rename Successfully!");
26      return arr;
27  }
```

上述代码中，第 1、2 行定义了一个 rename()方法。该方法中传递了 2 个参数，第 1 个是 path，代表文件或目录的路径；第 2 个是 dirName，代表文件或者目录的新名称。rename()方法主要用于重命名 HDFS 中的文件或目录，并返回重命名之前和之后的路径。

第 9 行代码利用 new 关键字和传入的 path 创建了一个表示旧路径的 Path 对象 oldPath。第 10～14 行代码调用 if 条件语句判断 oldPath 是否有父目录（根目录）。如果没有父目录，那么返回一个包含两个根目录路径的数组。

第 15 行代码获取了 oldPath 的父目录路径，并存储在 parentPath 对象中。第 16 行代码构建了新的路径字符串 newPathStr，这个新路径在 parentPath 的基础上添加了新的目录名 dirName。第 17 行代码根据新路径字符串 newPathStr 创建了一个新的 Path 对象 newPath。

第 19 行代码调用 rename()方法将 oldPath 重命名为 newPath。

第 22～25 行代码构建了一个字符串数组 arr。该数组的第 1 个元素是重命名前的父路径 parentPath，第 2 个元素是重命名后的完整路径 newPathStr。

第 26 行代码返回 arr 数组，返回值中包含了重命名前后的路径信息。

11.6.6 删除文件

单击云盘主页任意文件下方的"操作"下拉菜单，选择"删除"选项，程序会自动将文件删除。删除文件的功能需要用 FileSystemImpl 类中的 rm()方法实现，该方法的具体代码如下。

```
1   @Override
2   public String rm(String path) throws Exception {
3       Configuration conf=new Configuration();
4       //配置 NameNode 地址
5       URI uri=new URI(namenodeRpcUrl);
```

< 290 >

```
6      //指定用户名,获取 FileSystem 对象
7      FileSystem fs=FileSystem.get(uri,conf,"hadoop");
8      Path filePath = new Path(path);
9      fs.delete(filePath,true);
10     //不需要再操作 FileSystem 了, 关闭 Client
11     fs.close();
12     System.out.println( "Delete "+path+" Successfully!" );
13     return filePath.getParent().toUri().getPath();
14  }
```

上述代码中，第 1、2 行代码重写了 rm()方法。该方法中传递了参数 path，表示用户需要删除的文件或目录的路径。rm()方法的主要功能是在 HDFS 中删除指定的文件或目录，并返回被删除文件或目录的父路径。

第 8 行代码使用 new 关键字和传入的 path 参数创建了一个 Path 对象 filePath。

第 9 行代码调用 delete()方法在 HDFS 中删除了指定的 filePath。delete()方法中的第 2 个参数 true 表示如果 filePath 是一个目录,并且目录内有其他文件或子目录,那么连同子文件或子目录一并删除。

11.6.7　检索文件

在云盘项目中，检索文件功能可以让用户通过关键词快速查找需要的文件或文件夹。为了实现这一功能，需要用 FileSystemImpl 类中的 searchFileByPage()方法根据指定的文件名或目录名定位文件或目录的位置。

可在后台程序中调用特定的方法在 HDFS 上搜索与关键词匹配的文件或文件夹。在实现类中已经定义了一个名为 searchFileByPage()的方法，该方法用于根据用户给定的文件名或者目录名定位文件或者目录的位置。searchFileByPage()方法的具体代码如下。

```
1   @Override
2   public List<FileIndex> searchFileByPage(String keyWord, int pageSize, int
    pageNum) throws Exception {
3       //1. 初始化 Hadoop 配置
4       Configuration conf = new Configuration();
5       //2. 设置 NameNode 的 URI
6       URI uri = new URI(namenodeRpcUrl);
7       //3. 获取 FileSystem 的实例
8       FileSystem fs = FileSystem.get(uri, conf, "hadoop");
9       //4. 定义一个文件路径过滤器, 用于匹配文件名中包含指定关键字的文件
10      PathFilter filter = new PathFilter() {
11          @Override
12          public boolean accept(Path path) {
13              return keyWord != null && !keyWord.trim().isEmpty() &&
14              path.getName().contains(keyWord);
15          }
16      };
17      //5. 初始化结果列表
18      List<FileIndex> list = new ArrayList<>();
19      //6. 使用堆栈来递归地搜索目录。开始时, 只有 HDFS 的根目录在堆栈中
20      Stack<Path> pathsToSearch = new Stack<>();
21      pathsToSearch.push(new Path("/"));
22      //7. 只要堆栈中还有路径, 就继续搜索
23      while (!pathsToSearch.isEmpty()) {
```

< 291 >

```
24      //8. 从堆栈中弹出一个路径
25      Path currentPath = pathsToSearch.pop();
26      //9. 获取该路径下的所有文件和目录
27      FileStatus[] fileStatusArr = fs.listStatus(currentPath);
28      //10. 遍历这些文件和目录
39      for (FileStatus status : fileStatusArr) {
30          //11. 如果是目录，将其添加到堆栈中以供后续搜索
31          if (status.isDirectory()) {
32              pathsToSearch.push(status.getPath());
33          }
34          //12. 如果是文件，并且满足过滤条件，则将其信息添加到结果列表中
35          else if (filter.accept(status.getPath())) {
36              FileIndex fileIndex = new FileIndex();
37              fileIndex.setPath(status.getPath().toUri().getPath());
38              fileIndex.setName(status.getPath().getName());
39              fileIndex.setIsFile(status.isFile() ? "1" : "0");
40              list.add(fileIndex);
41          }
42      }
43  }
44  //13. 关闭 FileSystem 连接
45  fs.close();
46  //14. 打印成功消息
47  System.out.println("Search Successfully!");
48  //15. 返回搜索结果
49  return list;
50  }
```

上述代码中，第 1、2 行代码定义了一个 searchFileByPage()方法。该方法中传递了 3 个参数，分别是 keyWord、pageSize 和 pageNum。其中 keyWord 是用户要搜索的关键词，pageSize 和 pageNum 用于实现分页功能。该方法会返回一个与关键词匹配的文件或目录列表。

第 10～16 行代码通过一个匿名内部类定义了一个文件路径过滤器 filter，该过滤器用于匹配文件名中包含指定关键词的文件。

第 18 行代码初始化了一个用于存储文件索引的列表 list。第 20、21 行代码使用堆栈来递归地搜索目录，并将 HDFS 的根目录信息存储到堆栈中。

第 23～42 行代码调用 while 循环实现了检索文件或目录的功能。

本章小结

本章主要讲解了基于 Hadoop 的云盘项目的开发过程，该项目主要包括的页面和对话框有云盘主页、"新增目录"对话框、"上传文件"对话框、操作文件的下拉菜单、"重命名"对话框和操作文件的下拉菜单，需要实现的功能包括获取文件和子目录列表、新增目录、上传文件、下载文件、重命名文件、删除文件和检索文件。在实现云盘项目的过程中，涉及的技术包括 Hadoop 的配置、文件状态检索以及程序异常处理等，这些技术在大数据项目开发过程中会经常用到，需要读者掌握，以提升自己的大数据项目开发能力。

< 292 >